U0004518

台灣自然圖鑑 021

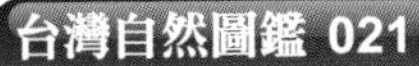

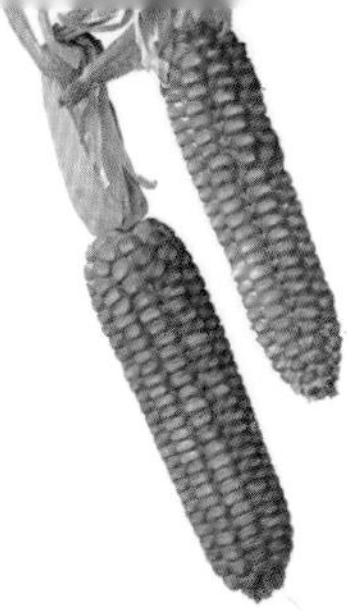

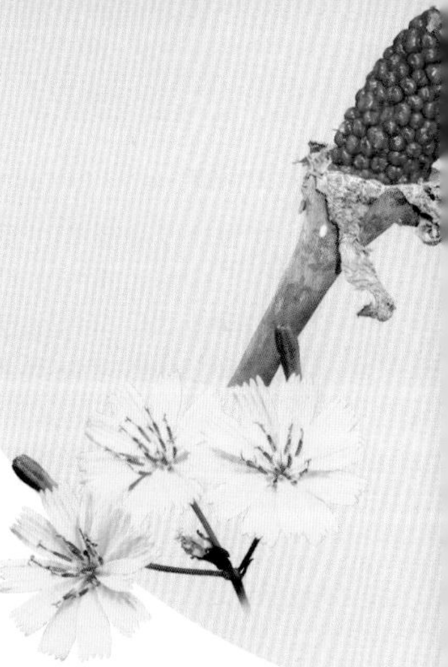

台灣民族植物圖鑑

An ethnobotanical memory of Taiwan

鍾明哲/楊智凱 著

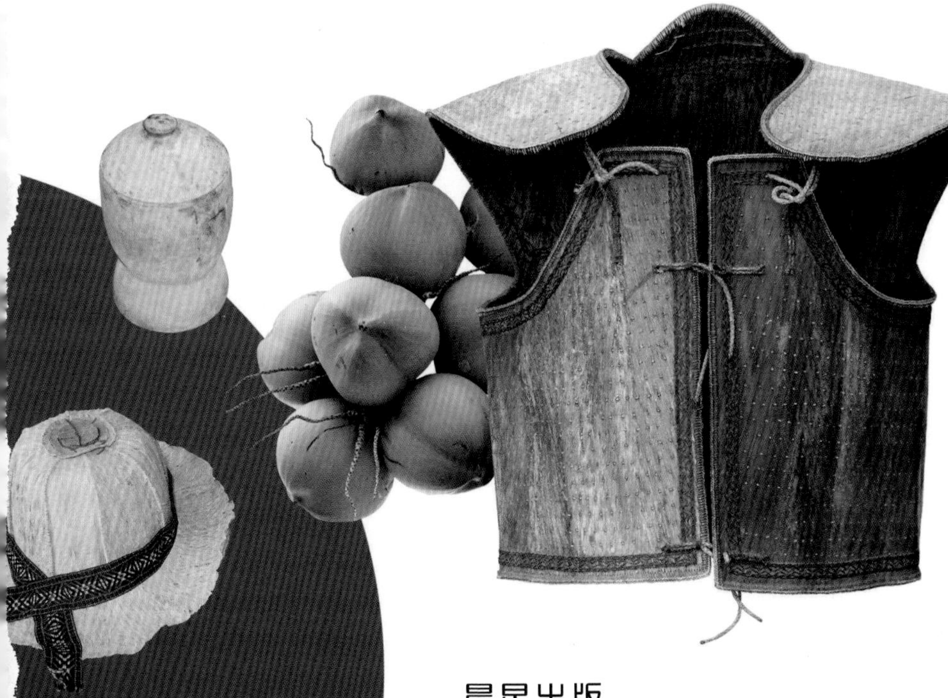

晨星出版

聯合推薦序

潘大州 ●苗栗縣巴宰族群協會 理事長

全書以作者豐富的植物學識為基礎，以族群植物運用為主軸，描繪出「台灣民族植物圖鑑」，對各民族植物不同運用的詮釋，突顯其民族特性，本書兼具圖鑑與族群認識雙重功用，讀者從書中可認識多樣性植物廣泛利用在各族群中，體會先民就地取材的智慧。

巴宰族有許多善用植物特性之傳承，如用竹編器具到溪裡捕撈魚蝦，帶回青苔以涼拌入菜；外出打獵時採回食茱萸等野菜食用，密植刺竹於部落四周，藉以防禦外敵入侵。巴宰族先人以臭腥草食療強身改善體質，但在泰雅部落中，個人亦曾受到族人以臭腥草引膿，如同書中提及植物運用在各族是有些差異性。

民族植物運用存在你我周遭，竭誠推薦讀者可透過「台灣民族植物圖鑑」，以了解台灣豐富多樣化的物種及各族群先人的智慧結晶。

邦卡兒海放南 ●玉山國家公園管理處 遊憩服務課課長

這本「台灣民族植物圖鑑」內容相當豐富，有許多島上各族群使用的相關資料，對於住在台灣的人是一本極佳的植物書籍。布農族的我在欣賞的同時，內心亦隨雀躍，作者花了相當的時間蒐集以及整理，值得我們細細品味裡頭的花香，非常高興作者為台灣留下族群的腳跡，這都是許多耆老的共同記憶，從他們臉上紋路的歲月漣漪，以及書中各種植物的利用，足以窺探出祖先的智慧，我們應更加珍惜愛護我們的土地。祝福每一位讀者：健康、平安，天天快樂。

邦卡兒海放南

楊勝任 ●國立屏東科技大學森林系 教授

台灣近幾年來出版各種圖鑑，獨缺原住民族植物圖鑑。作者鍾明哲與楊智凱先生致力於植物分類研究，以多年野外經驗撰寫完成此民族植物圖鑑，精神令人敬佩。本書以說故事方式描述植物特性，圖文並茂，深入淺出，對一些容易誤判的相似物種以圖文作簡易區分；物種鑑定與學名考證相當慎重，植物圖片清晰且拍攝重要特徵；更詳載原住民如何利用植物各種部位及其特殊用途，使民族植物資料庫得以永續保存，是研究台灣民族植物不可或缺的書籍。全書如實的陳述相當吸引人，是值得您細嚼品味、一窺全貌的好書。

楊勝任

葉慶龍 ●國立屏東科技大學 兼任教授

當認識了都會空地、牆角的野花野草，您會更想知道台灣各民族對常用植物的傳統利用方式；坊間的民族植物應用書籍，大多以單一地區的特定民族為對象，或以某一民族的單一用途為專書；本圖鑑有系統地整理各民族對同一種植物的傳統利用，內容囊括形態特徵、分布、各民族的應用方式、引進栽培史等，以優質的圖像、雋永的文筆，呈現植物在食衣住行育樂、醫藥、禮俗、信仰與禁忌等之應用方式與製造成品，誠為一本民族植物智慧結晶的好書，值得先睹為快！

葉慶龍

鄭元春 ●國立台灣博物館 前植物學組組長

好的民族植物圖鑑首重圖文並茂，圖片不僅要清晰，更要拍到重點、拍到足供辨識與說明的特徵；除了文字通暢，還得會說故事，將植物分類、植物地理與植物生態等專業知識帶進有限的篇幅中。翻閱這本書，讓我頗有欣喜與豐收之感，明哲與智凱都是植物分類學與生態學的新銳，既年輕又充滿幹勁，他們風塵僕僕地走訪台灣各地，用心訪談、記錄並拍照，且焚膏繼晷地整理與書寫，終於完成這本賞心悅目的佳作，值得嘉許與鼓勵也！

個人從事植物科普化的工作已三十有五年，迄今仍孜孜不倦、不敢懈怠。但年逾耳順，田野工作每每有力不從心之感，亟待有更多的賢達後進一起耕耘。本書的出現，讓我深感後繼有人，且更為精進，民族植物學乃至一般的花草愛好者真的有福了！

鄭元春

呂勝由 ●林業試驗所

大約二十幾年前，在一次石垣、西表島採集旅程中，為了查閱當地植物的相關資料，去了一趟石垣市立圖書館，該館採開放式閱覽，有關當地的人文及自然的藏書極多。令我驚訝的是，我的日本友人深石隆司（博物學家）告知：那些書的作者很多都是當地的作家，他們把日常所見所聞，一點一滴詳實的記錄起來，在這裡您可以查到任何有關石垣島的事物，這讓我體驗到文化傳承的重要。

我們知道，許多臨床的藥物是來自民族（俗）植物的研究，例如全球使用最廣的成藥阿斯匹靈（Aspirin），就是從歐洲合葉子（*Filipendula ulmaria*）提煉出來的（台灣的高山也有生長一種該屬的植物－奇萊合葉子）。在原始森林裡面，究竟還有多少不為人知的聖藥還未被發現？透過研究不同民族尚未公諸於世的經驗或秘方，說不定可以找到治療不治之症的藥方。這也是民族植物研究重要的目的之一。

「民族植物」就是先民對各種植物資源的利用，我們若能將其完整、有系統的記錄下來，將有助於先民文化遺產的保存。據悉即將出版《台灣民族植物圖鑑》的兩位作者，目前正在國立台灣師範大學生命科學系，攻讀博士學位，能夠在百忙之中，抽空為讀者們撰寫科普的書籍，誠屬不易。《台灣民族植物圖鑑》採取綜合性的方式論述「台灣」的民族植物，讓我們深刻感受到作者的用心與專業。這是一本植物愛好者入門學習及專業參考的好書。本人能夠受邀寫序，感到無比的榮幸與快樂，除了要與讀者一起分享讀書的樂趣之外，也預祝兩位好友學業有成，再創事業高峰。

呂勝由

歐辰雄 ●國立中興大學森林學系

植物長期以來提供人類文明發展的所有素材，舉凡食、衣、住、行之所需，無不包括在內，不僅種類眾多，應用的層面既深也廣。智凱是年輕一代學者中，從事森林植物分類的佼佼者，也是我門下最優秀的學生之一，在溪頭林管處公務之餘，仍不時出入山野、採集拍攝，今與鍾明哲先生合力將其田野調查所得的原始資料編著成冊，不僅材料豐富、圖片精美而清晰，說明流暢，是一本不可多得的佳作。看到智凱的努力，已有豐碩成果，我感到很開心，所以很高興在此向讀者推薦此圖鑑！

歐辰雄

郭長生 ●國立成功大學生命科學系 副教授

本書羅列民族植物的基本特徵與分布資料外，用途典故更是重點所在，諸多各民族的奇聞軼事讓人耳目一新！配合精美圖片與特別編排的小圖註，一眼就能認識植物的主要用途、花季、株高及性狀等。在有限的篇幅內作者處處用心，將訪查收集的資料和照片巧妙地安排，圖文並茂，當作工具書查對使用或是隨意翻閱品讀均是賞心悅目。這是一本對藥用、民俗及植物學相關領域有興趣的讀者都會喜歡的好書。特別鄭重推薦加以珍藏！

郭長生

作者序

遇見跨時代的民族植物

與一株生意盎然的植物相見，您有什麼念頭？油然地評賞它的個頭、儀態、芬芳？制式地陳述它的葉形、花序、種實？老練地說出滋味、藥效、順手採摘它一把？還是摸不著頭緒地匆匆一瞥？

「都會野花野草圖鑑」的誕生，便是把這樣的場景套用在人口稠密的都會區，設想這些藏身在都市叢林的綠色精靈，如何與隨時和時間賽跑的「都市人」邂逅。其實無論都會或鄉野、平地或山間、海濱或內陸，人、生命與萬物都沿著時間的長河賽跑。阿公阿嬤曾經留意樹梢的新芽與花苞，決定稻穀、菜籽下種的日子，好為今年的豐收做準備；留意同樣的芽苞，阿爸阿母曾為此算準日子，以省吃儉用的積蓄去賞櫻、賞楓，好放鬆長期緊張的情緒；新一代的台灣子民呢？透過日新月異的虛擬科技，天地萬物都「躍然紙上、螢幕上、網路上」，真實的世界似乎原封不動地保留在字裡行間、個人硬碟或是雲端伺服器裡，獨不見大自然與人類的真實接觸。

真實的世界其實正隨著歲時更迭而漸變。每年吐露新芽、花苞、果實的櫻花年年成長、茁壯；春天布滿花朵的草地，因為訪客帶來新的種類、品系或族群，開出形形色色的花草；綠草如茵的河畔，因為樹苗奮力的扎根、沉積，逐漸陸化而穩固。人們對於自然的印象隨之改變，阿公阿嬤不用再抬頭仰望，就能準時下種、耕耘；不用再留意時令與當年的氣象變化，只為找尋一味草藥、野菜，反正勤奮的園丁會隨時更換花圃內的植栽、介質。「人對自然環境的記憶」成為現代人的回憶，化做不同世代間的「代溝」，在時代進步、科技發達的現代化成果下，不同世代對於土地、萬物不同的價値觀，也加速了傳統智慧與民族記憶的流失。不用再漏夜備料、辛勤翻炒、細心綑綁、細火蒸煮，就能享用原本端午節才能吃到的肉粽；場景從龍舟賽道轉移到文昌廟埕，吃粽子的目的不再是為了紀念屈原，而是互相祝福金榜題名、考試包中。平地漢族的傳統生活流失至此，更何況是離鄉背井、長路迢迢來到都市討生活的原住民族？傳統的干欄高架草屋被厚重的紅瓦鋼筋水泥取代，只有豐年才能喝到的香醇美酒早已成為隨身飲料；或許不用多久，就再也聽不到有人用親切的族語名呼喊：小米、紅藜、刺桐、巨竹了！

這本「台灣民族植物圖鑑」的構想由此而生，期望它成為每一位長老腦海中「傳統記憶百科全書」的那條紅色緞帶，當成每處藍衫村落裡，夾在生活回憶中的樹葉書籤，成為回鄉過節時重回田野的那支木杖、竹枴，作為西風東漸下找尋在地文化的那一處起點！

鍾明哲

探尋民族植物祕境

聖經記載最早的人類——亞當與夏娃，乃由上帝利用泥土所捏造而來，創世紀的起初，在美麗伊甸園中，亞當與夏娃利用無花果樹的葉子編製裙子，成為人類自製的第一件衣服。

熱門電影《賽德克巴萊》陳述了1930年日本殖民台灣時所發生的抗日行動，電影配樂中所傳來的陣陣口簧琴聲音，乃是利用桂竹或者玉山矢竹加上銅片所製作，早年較常使用口簧琴的通常是年輕男性，除了在慶典上提高歡樂氣氛之外，也是男女戀愛的利器。當男生心儀某位女生時，就會邊吹奏口簧琴邊繞著對方跳舞，當女生看上眼時就會駐足欣賞，不喜歡則逕自離去。每當約會成功一次，就會在口簧琴的綿線上打一個代表女方家族的獨特繩結，這些「結」是未來嫁娶最有利的證據，長輩們認為，結越多越是象徵雙方兩情相悅。除此之外，由於每個部落之間母語皆有些微差異，且口簧琴的聲音也不同，因此不同族人所吹奏的口簧琴，在不知情的外人看來會以為只是純粹的樂器演奏，但實際上卻是「暗通款曲」，過去要獵殺部落亦是透過口簧琴來進行溝通，似「摩斯密碼」般的神奇，所以在日治時期遭到禁吹，違者要被砍斷手指。

從古到今，當人類出現在地球上，便開始與植物打交道，從此建立了千百萬年的親密關係。 台灣這個蕞爾小島有著豐富植物資源，奇特多樣的地域差異和絢麗多彩的民族多樣性，包含了閩南、客家及最具有特色的原住民族群，在漫長的歷史過程中，利用植物的豐富經驗，各自透過文字、圖形、實物、語言和風俗習慣，一代代地流傳下來，部分經驗經過專家學者的研究、鑑別、整理、記錄，已為人們普遍知曉和廣泛使用，但是許多尚未整理和研究，也無正式文字記載的經驗，卻藉由反映在日常生活和傳統習慣中，成為各民族一種獨特的文化形式。隨著科學技術的進步與發展，世界經濟和社會生活快速變遷，迅速改變了人類生活的習慣與價值觀。科學家們已經注意到，民間利用植物的傳統知識是尋找新藥物、新型食品、新工業原料的巨大寶庫，為搶救這一寶貴的民族文化遺產，廣泛發展民族植物學的調查和研究已是刻不容緩。筆者希望透過本書整理的台灣各個民族對植物的認識和利用，讓讀者了解人類活動與植物環境之間的相互影響，藉由照片與文字的描述，讓台灣民族植物的知識寶庫大放異彩！

如何使用本書

本書精選260種常見且具代表性、長期以來被台灣各民族所利用的植物類群，除了形態特徵外，並說明其地理分布、特殊利用方式以及作者多年來的觀察心得等。讓您

台灣特有種 表示植物為台灣特有種　台灣特有變種 表示植物為台灣特有變種　外來種 表示植物為外來種

土肉桂

Cinnamomum osmophloeum Kanehira

科　名	樟科Lauraceae
屬　名	樟屬
英文名	Odour-bark cinnamon, Indigenous cinnamon tree
別　名	台灣土玉桂、假肉桂

中型常綠喬木，樹皮與葉具樟腦味，小分支光滑。葉對生或互生，卵形至卵狀橢圓形，先端銳尖至漸尖，基部鈍形至圓形，表面光滑，葉背灰白，具三出脈。聚繖花序，頂生或腋生，花少數，長橢圓形花被6枚，先端鈍形，被面被氈毛。核果橢圓形。

泛分布於全島中北部中、低海拔闊葉林。土肉桂的外觀與台灣早期引進，現已廣泛種植並逸出的同屬植物陰香（*C. burmannii*）相近，然而，土肉桂的葉背灰白色，小枝常綠色，且宿存花被片先端鈍形，而陰香的葉背綠色，小枝紅色，宿存花被片先端截形，可供區隔。

著名的香料「肉桂」，即是採用樟屬植物的樹皮烘製、研磨而成；土肉桂也是如此，經過研磨後，土肉桂的樹皮、葉片與樹根都能作爲香料使用，經由農會的輔導，目前已轉型爲特色商品加以販售。此外，以往賽夏族人將土肉桂的根部熬煮後，用來治療內傷；唯孕婦不能食用，以免造成流產的悲劇發生。

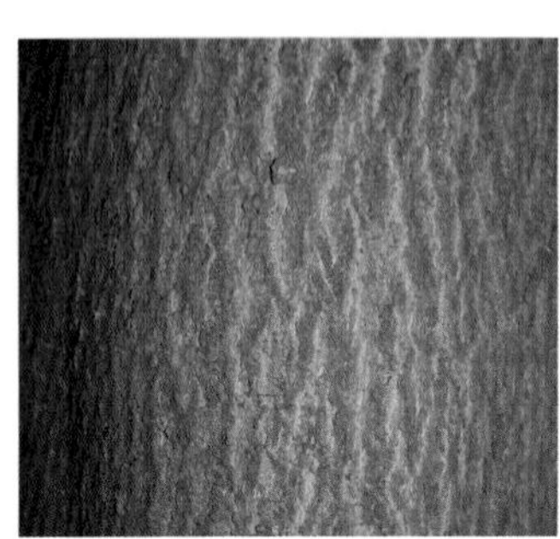

↑樹皮具多數短而交錯的縱向細淺皮孔。

←土肉桂的精油具香氣。

樟科

308

花期 1 2 3 4 5 6 7 8 9 10 11 12

主文

介紹該植物族群的分布環境、形態特徵、相似種辨識，並詳細介紹該植物有何種利用方式。

圖示資訊

1.食用
- 直接食用
- 飲料或釀造

2.藥用

3.編織與染料

4.應用材料
- 芻料、椴木與綠肥
- 薪柴與火種
- 器物（食物器皿）
- 武器、獵具或陷阱
- 洗濯

5.建材與交通工具

6.樂器、裝飾與信仰

在欣賞美麗植物的同時，悠遊於歷史的長河之中，希望透過本書的介紹，讓您看見、了解、體認台灣的多元民族與自然之美！

↑花朵具4輪雄蕊，其中2輪可稔，能散出可萌發的花粉。

↑葉片革質，具明顯的離基三出脈。

簡示植株高度，草本、藤本植物以圖鑑高度22.5cm為基準，灌木、喬木以一般人身高170cm為準。

相似種比較

↑陰香是偶見的栽培樹種，新生枝條略帶紅褐色。

↑聚繖花序的花朵同樣具有兩輪可稔雄蕊。

樟科

309

相似種比較

為了幫助讀者能夠清楚辨識植物形態，特針對幾個容易讓人混淆的相似種提出細部特徵來做解說。

檢索書眉

將各植物分為草本、灌木、喬木及藤本植物作為類群簡單檢索。

科名側欄

提供該種所屬科名以便物種查索。

開花周期

將該植物的開花時間以色塊標示。

目次

草本

民族與民族植物

民族植物是某民族傳統上認識與利用的植物類群，其相關的學門—「民族植物學（ethnobotany）」包含各民族長期以來利用的植物及其互動關係。先民對未知的植物種類進行探索、嘗試，便對有用或特定的種類給予名稱、加以描述，累積相關經驗與知識後代代相傳，成爲特定民族共享的祖先智慧。台灣社會由多民族組成，包括：太魯閣、巴宰、布農、西拉雅、阿美、卑南、邵、泰雅、排灣、魯凱、凱達格蘭、達悟（雅美）、道卡斯、鄒、漢、撒奇·萊雅、噶瑪蘭、賽夏、賽德克等民族；加上台灣地處東亞交通輻輳，先後有西班牙、荷蘭、日本與中國移民遷入，使得民族組成極爲豐富，隨著外來文化傳入的傳統與經濟作物，讓台灣民族植物豐富而多元。

人類是大自然的一分子，極度仰賴其他動植物與環境。在藉由一次又一次的嘗試錯誤中累積經驗，得知哪些植物的果實、種子或根莖能夠取食；從觀察其他動物攝食後的反應得知食用方式與後果，獲悉不同植物各部位的藥效；哪些種類具有足以傷害動物的銳刺、難以下嚥的纖維，使得饑腸轆轆的動物望之卻步；哪些物種具有獨特的香氣、精油與醣類，甚至具有怪味、毒性（或是藥效），或是鮮豔的「警戒色」，令誤食的動物終身難忘。人口的增加、聚落的形成與溝通能力的出現，使得眾多植物的用途、食用方法與藥效得以口耳相傳、綿延不斷。

→日本菟絲子是近年引進的寄生性藥草。

↑魯凱族的傳統服飾包含現今流行的頭巾元素（攝自台東金峰）。

↑假山藥薯為新進栽培的藤本農作，其地下塊莖可供食用。

←達悟族的生活和海洋息息相關（攝自東清，Jason Fai 提供）。

人類對於植物的利用不僅於此，高大的樹木乃至柔軟的葦草，都能化身爲日常用品、燃料或是建材。爲了遮風避雨的居住環境，人類除了利用天然形成的岩穴、樹洞外，也能利用堅硬的石材、燒製的磚瓦、動物的排遺建造居所，然而最廣泛利用者，莫過於維管束植物的莖葉了。纖維素爲自然界含量最高的有機物質，大量的纖維素便是累積在綠色植物之中。利用較易加工的木材與竹材，建造許多傳統建物的主柱棟樑，搭配前述的磚瓦石材，建構出堅固耐用的房屋。易於加工的木竹材，也被製成各式各樣的日常用品，如進食用的鍋碗瓢盆、起居用的門窗桌椅、生產營利的農工商具、搬有運無的車馬舟楫、乃至保家衛民的刀劍兵器，都看得到它們的身影。燃燒是民族植物利用當中重要的一環，藉由乾燥或乾餾後的柴與木炭，或是富含油脂的莖葉種實，能夠產生熱能，得以烹煮食物、煮沸飲水、燒製陶器、冶煉金屬琉璃，爲人類在暗夜中帶來光明與溫暖，也使公共衛生得以改善。

↑向日葵的種子富含油脂，除了食用之外，也成為生質能源之一。

↑木材因易於加工、材質獨特，即使工具與材料進步，依然無法自日常生活中替代。

←卑南族的高架式建築「達古範」利用竹稈作為支架。

若干史料記載早期有些台灣的平地居民僅用樹皮、樹葉或極為精簡的布料遮身，甚至赤著身體便能馳騁原野（包括近代的綠島居民），然而許多民族具有精緻且完整的揉皮、紡織技術與衣飾卻是不爭事實。藉由多種植物汁液加以染色，或是利用貝殼、金屬等材料加以點綴，增加了傳統衣著的光采與內涵。不同族群的傳統衣著不僅是各民族最顯而易見的表徵，也反映了各民族對於纖維與相關技藝的利用與發展。隨著更多的移民與交通貿易，棉、蠶絲等其他布料也輾轉影響各民族的服裝材質與樣式。

↑阿美族吸納多方文化，豐富了自身的衣飾配件。

↓一針一線，織出傳統排灣族人的背袋。

除了民生必需品外，植物也能作為童玩之用，外觀賞心悅目的植物種類可能成為令人心花怒放的盆景、花材，花期穩定、植物景觀四季分明的物種以往為歲時記事的重要依據。特定的民族信仰中，祭祀與信仰相關的特用植物往往具有不可替代的特殊地位，語言發達的民族，甚至利用植物名稱的諧音，取其吉利與避穢的意含，豐富了人類的生活。

每一民族對於生活周遭植物取用的種類及其經驗的累積，形塑了各地獨特的「民族植物」組成。即使科技發達的現代，許多傳統民族植物利用與習俗，仍然存在於你我身邊。

↑西拉雅族人祭祀與信仰的民族植物：華澤蘭、檳榔與香蕉葉，具有獨特的精神與歷史意義。

↓根據瀨川吉孝的記載，西荷時期引進的阿勃勒被南鄒族視為歲時指標之一。

爲有系統地介紹每一種民族植物的用途與涵義，我們將民族植物依照相關性與使用習慣歸併成六大項，概述如下：

食用

1.直接食用：包括各民族的植物性主食、副食與食材來源物種，作爲熱量與風味的來源，無需經過沖泡、發酵，絕大多數人都能直接送入口中而無礙。

2.飲料或釀造：用於沖泡、發酵過程中的用材，並非熱量來源，許多人都能採用的植物用料。

↑豌豆是長期育種下的豆科作物，也是重要的芻料來源。

↑小麥為以往經由雜交育種而來的糧食作物。

藥用

日常生活中無需特別食用、外用的植物，當有疾病損傷時採用的民族植物，甚至是具有毒性，非到緊要關頭不能取食的救命藥。

↑由於白花型的益母草藥性較強，廣獲民眾栽培，因此紅花型日益少見。

編織與染料

植物的纖維直接利用或經過精製，作成人類使用的衣物或配件，或是用於染飾植物纖維的其他植物種類；其半成品可能用於其他器皿的表面或輔助其功能，但不妨礙或干擾該器皿的主要用途。

→手藝細緻的泰雅族藤編帽，採用山區少見的海貝加以裝飾。

應用材料

1.芻料、椴木與綠肥：在傳統農林漁牧業中應用，用以增加地利、促使農作與家禽家畜生長、發育，或是培養其他植物、眞菌的植物用料。

2.薪柴與火種：用於起火、助燃或有助於延續燃燒的草本或木本植物，多爲乾燥後的莖幹與細枝，少數爲較爲潮溼者，或是特定種類的葉片。

3.器物（食物器皿）：能夠用來製作任何工具器物的植物種類，包括正常使用下無礙人體健康，或是能夠特別製成食物器皿、協助取食的物種，但不包括交通工具的特用結構零件。

4.武器、獵具或陷阱：進行打獵漁撈時應用器具的特定植物取材，或是用來引誘狩獵目標的用餌，以及曾經記錄用來殺取、防禦自身安全的用材來源。

5.洗濯：植物體內含有特定化學物質，具有界面活性劑去污、局部清潔的功能。

↑以竹編製成的鹽簍，能耐鹵水浸泡。

↑竹稈多通直而不易彎曲，時常作為晾曬物品的支架。

建材與交通工具

用於搭築房屋與海陸傳統交通工具的木材、草料等主建材，或是易發生毀損、必須更換的房舍與交通用具耗材。

→石材為排灣族與魯凱族的重要建材（攝自屏東縣大社）。

樂器、裝飾與信仰

應用於精神層面的寄託、享受與滿足，於傳統風俗中被常民與特定社會階級採用或特用，藉以達成抽象或具體願望的實現。

由於部分植物種類的功能用途眾多，甚至被深深崇拜，因此多數種類的用途不只一種，極爲分歧。

→竹稈中空，能藉此發出具巨大聲響，創作獨特的音樂。

族群融合的見證——外來種民族植物

全球維管束植物高達三十萬餘種，能供作糧食、藥材、具有實用或觀賞價值的物種不計其數；原產美洲的馬鈴薯、甘薯、玉米；原產亞洲的小麥、甘蔗、稻米、茶；原產非洲的咖啡、鳳凰木等這些習以利用的作物，與它們相關的植物知識便隨著民族的擴張而流傳。不同的民族接觸時，往往造成食品、貨物、生活習慣的交流或融合：原產中南美洲的甘薯傳入大洋洲後，便隨著南島語族的遷移流傳於太平洋島嶼之間，輾轉進入東方世界。到了大航海時代，亞洲與美洲的諸多糧食與嗜好作物伴隨著黃金，被帶入了歐洲與它們所占領的殖民地：多次由美洲引進的馬鈴薯，能生長在溼冷的愛爾蘭，解決當地多次的饑荒問題；早已被中南美洲原住民與南島語族利用的甘薯，也被歐洲殖民船隊帶回歐陸，再傳入所屬的亞、非洲殖民地。

許多經濟作物被刻意引進殖民地栽植。原產東南亞一帶的秀貴甘蔗，隨著歐陸皇室對於蔗糖的喜愛與殖民主義的擴張傳入美洲、非洲；爲了便宜的茶葉，英人福均（Robert Fortune）從中國南方夾帶種原與勞工，將茶從中國帶入印度大量栽種；抽食「菸草」的舉動隨著殖民主義的

→昭和草相傳是用飛機撒下種子而引進台灣的野菜，故俗稱「飛機草」。

↑茶為台灣全島溼潤多雨、土壤排水性佳的山坡地可見的經濟作物。

擴張融入全球許多原住民的日常生活，日本政權在台時，於美濃平原一帶推行菸草種植，使得菸樓成爲當地的建築特色。就這樣，外來物種被各民族自願或非自願地利用，進入了人們的生活圈與族群的記憶之中，甚至取代了原有習俗，成爲生活必需品。時至今日，新奇的外來植物或作物流傳的速度更加地快速，古老的利用經驗也迅速流失。像是基於美觀與取得方便的考量，漢族端午節時門戶懸掛的「水菖蒲」，早以外觀呈鐮形、開出美麗花朵的「唐菖蒲」取代；以往間作以增加茶園土壤肥力的魯冰花（黃花羽扇豆），早被換成廉價的化學肥料。

有些可供利用的外來物種被現代科技取代而自生，或是逸出「歸化」後，大規模改變原有的植物景觀，成爲「入侵植物」。像是最初可能爲了提供大量而穩定的蜜源，引進而逸出

↑今日多以開出花朵的「唐菖蒲」取代單調的「水菖蒲」，於端午時節懸掛在漢人門旁。

後需要投入大量人力與經費刈除、防治的大白花鬼針；具有藥效的寄生植物：日本菟絲子、匍匐草本：小花寬葉馬偕花，與攀緣性灌木：香澤蘭引進後，經過自然或刻意的散播，不僅大幅改變地貌，也危害栽種與原生植被的健康。

此外，新引進的外來物種，可能因爲具有相似的化學成分、生物特性或外觀，取代原先被應用的民族植物。常見於都會公園草坪的矮小多年生草本：「假吐金菊」，便常被誤認爲罕見的草藥「山芫荽」；「小花蔓澤蘭」由於外觀與成分相似，已能取代原生的纏繞藤本植物：「蔓澤蘭」作爲青草藥用；全株具有濃郁香氣的菊科灌木：「美洲闊苞菊」，便被許多民間草藥愛好者誤認爲另一種草藥：「艾納香」。由於近緣物種間常具有相似的生長習性、物候、棲地需求及天敵，當外來物種進駐時，常與近緣原生物種競爭上述資源。若是當地的原生植群健全，生長及繁殖情況良好，原生物種便是抵禦外來物種茁壯、入侵的第一道、也是最有效的防線；若是若干因素使得原生物種族群消失，原有的生育地便成爲外來近緣物種成長、繁殖的溫床。在台灣，許多菊科、豆科、禾本科、茄科及旋花科物種歸化，成爲台灣最大的外來入侵植物分類群，其中不乏許多台灣民族以往所採用的民族植物，以及傳入後改用、甚至是誤用的植物種類。因此，成爲民族植物的外來物種往往具有趣味的流傳野史，値得大家留意。

↑小花寬葉馬偕花自藥草園逸出後，肆虐於台灣中南部。

↑假吐金菊為原產美洲的外來物種，偶被誤認為原生種山芫荽。

↑小花蔓澤蘭入侵台灣後，排擠原生種蔓澤蘭的生存空間。

千日紅

Gomphrena globosa L.

科　　名	莧科Amaranthaceae
屬　　名	千日紅屬
英 文 名	Bachelor button, Globe amaranth
別　　名	圓仔花

一年生、多年生直立至斜倚草本，莖二叉分支，表面被絨毛。葉對生，橢圓形至長橢圓形，先端圓鈍至銳尖，基部楔形。球形或圓柱狀穗狀花序頂生；紫紅色花瓣5枚，披針形，先端漸尖，表面或基部被絨毛；雄蕊5枚，花絲癒合成管狀，雄蕊筒5裂，裂片深2叉；胞果為宿存雄蕊筒包被。種子扁圓形，具光澤。

千日紅原產熱帶美洲，可能是大航海時代經荷蘭人引進亞洲栽培，遂成爲台灣民族植物之一。植株直立至斜倚，全株被毛，能生長在較乾燥的環境。

千日紅的花色豔麗而持久，是製成乾燥花的好材料；以往漢人農曆七月初七祭拜織女或七娘媽時，總會加上一束千日紅一同祭拜。傳說七娘媽是未成年小孩的守護神，台南市的七娘媽廟每年七月初七仍會循古禮，請當年剛成年的人前往祭祀，以感謝七娘媽過去的照顧。千日紅是客家人於男丁新生時，製作「新丁粄」陪襯的花材之一；也是西拉雅族常栽培並奉祀「阿立」的花材之一。

另外，在台灣南部人工常踩踏或刈草的草地或荒野，另有斜倚或匍匐而生的「假千日紅」，花序較小且爲白色，在許多草地及操場旁開出球形至圓柱狀無柄的穗狀花序，外觀與千日紅相似。

↑七夕七娘媽生日時，油飯、胭脂與「圓仔花」是必備的貢品。

樂

花期 1 2 3 4 5 6 7 8 9 10 11 12

莧科

↑千日紅的葉片橢圓，對生於草質莖上。

相似種比較

↑假千日紅為匍匐至斜倚草本，歸化於台灣平野。

↑粉紅色品系的千日紅。

↑近來千日紅栽培出白花品系，與歸化種「假千日紅」相似。

文珠蘭

Crinum asiaticum L.

科　　名	石蒜科Amarylidaceae
屬　　名	文珠蘭屬
英 文 名	Giant crinum lily, Grand crinum lily, Poison bulb, Spider lily

↑文珠蘭的花呈輻射狀開展，花瓣細長且反捲。

大型草本，具球莖及直立莖。葉肉質，帶狀線形，先端漸狹，基部鞘狀而抱莖，表面光滑且微具光澤。繖形花序具多數花，苞片線狀長橢圓形，先端驟漸尖。花白色，花被裂片廣線形；雄蕊花絲纖細，白色帶紫色。蒴果近球形，先端具喙。種子球形或圓形，先端具鈍角，種皮灰白色，海綿質。

↑膨大的子房壁內含大型種子，能隨海潮傳播。

廣布於印度至中國南部、琉球與日本。台灣海濱地區可見，並廣泛栽培為景觀植物。許多具有美麗花朵的植物，中名常被冠上「蘭」這個字，在分類學上卻不歸入蘭科之中，文珠蘭便是一例。文珠蘭的葉片大型，線形的葉片具光澤，基部淺色且肉質，環抱於莖上；葉叢中伸出直挺的花莖，開出一朵朵雪白的花朵，不論是成片或零星生長都極具觀賞價值。

文珠蘭的果實也頗具特色，球形的果實先端具有一枚長喙，當果實成熟開裂後，花莖便會倒下，讓裡頭灰白色的大型種子滾出。可別以為它就這麼安身立命地在老家繁衍，生長在海濱的它，輕飄飄的種

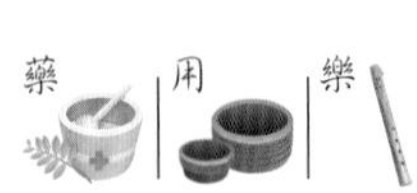

花期 1 2 3 4 5 6 7 8 9 10 11 12

↑白色花瓣中央有纖細且呈紫紅色的花絲。

子能隨著來去的潮水傳播，到下一個灘頭靠岸萌芽。

文珠蘭的植株顯眼、栽培容易，加上植株大型，不易刈除，因此廣受各民族栽培爲景觀植物，甚至刻意種植爲地界之用。許多山區民族也衍生出其他用途，達悟族人以往用它的汁液塗抹於患部藉以止血，排灣族人則摘取它的葉片，天氣熱時敷在額頭上避暑，賽夏族人則把它的葉鞘烤火後，熱敷於患部藉以化瘀；這些利用可都是藉由它肥厚的葉片，內含豐富黏稠的汁液而達成的喔！在濱海而生的達悟族人眼中，將文珠蘭淺色的葉鞘灑入海中能吸引魚群的注意；用傳統製程製造石灰時，需要用文珠蘭的葉鞘封閉陶甕，藉以蒸煮石灰。

↑文珠蘭的植株大型，以往常被栽種於地界上以供標記。

姑婆芋

Alocasia odora (Roxb.) C. Koch

科　名	天南星科Araceae
屬　名	海芋屬
英文名	Giant upright elephant ear, Night-scented lily

↑果序上布滿紅熟的漿果。

多年生直立草本，葉廣卵形，先端漸尖，葉基心形至戟形，表面光滑，葉緣全緣或波浪緣。佛焰苞長橢圓狀披針形，肉穗花序先端銳尖，綠色。雄花位於肉穗花序上半部，雌花位於下半部，其間具群聚的不孕雄花。漿果成熟時呈鮮紅色。

姑婆芋廣泛分布於東亞及東南亞一帶，台灣低海拔山區及蘭嶼、小蘭嶼海濱至淺山林下可見。姑婆芋是台灣低海拔與平地常見的大型多年生草本植物，能在遮蔭、半遮蔭的森林或路邊發現它寬大的卵形葉片，有時葉緣皺褶呈波浪狀，加上葉片光亮，植株又極爲耐陰，因此成爲室內觀葉植栽。在野外，全年皆可看到姑婆芋肥厚的葉柄間抽出包裹著綠色佛燄苞片的「肉穗花序」，花序上聚生了大量的單性花；雌花群聚在花序基部，雄花聚生於花序中段，花序末端則有錐狀的附屬物。雌花成功授粉後，佛燄苞邊緣便逐漸枯萎，留下苞片基部緊緊地保衛著雌花，讓它慢慢地長成果實。漿果成熟後，佛燄苞基部便像剝香蕉皮般地裂開，露出鮮紅色的外觀，吸引貪吃的鳥獸攝食。在台灣，尚能在野外看到同屬海芋屬的「台灣姑婆芋」。台灣姑婆芋又稱「尖尾芋」，葉片如手掌般大小，先端漸尖；花序也比姑婆芋小一號。除了在野外生長外，台灣姑婆芋也被當成

↑姑婆芋的葉脈成為墊料上自然的裝飾。

←肉穗花序由下往上有：雌花、不稔花、雄花與附屬物。

花期 1 2 3 4 5 6 7 8 9 10 11 12

↑葉片心形，葉柄盾狀著生於葉基。

園藝植物栽種在庭園、花圃中。

姑婆芋寬大的廣卵形葉片是許多人在山區遇到驟雨時，順手採用的「克難雨傘」；也是遊客撿拾野果時，信手捻來的「臨時包裝紙」。其實走一趟傳統市場，許多魚販攤位上，仍用滿山遍野生長的姑婆芋葉片作爲襯墊。雖然姑婆芋的全株具有晶簇，誤食會引起消化器官的灼痛，汁液觸及眼睛會造成劇痛，但是只要避免折斷葉脈或記得洗手，姑婆芋的葉片還眞是好用的環保餐具跟雨具。

雖然救荒時需要用大量清水稀釋「草酸鈣晶簇」後才能供人們取食，豬隻倒是能忍受姑婆芋帶來的灼熱感，因此成爲傳統部落餵豬的飼料之一。此外，行走於山林間潮溼處時，一旦被台灣常見的蕁麻科植物「咬人貓」咬上一口時，可善用一旁的姑婆芋汁液塗抹於傷口處，具有緩解酸痛的功能。

相似種比較

↑台灣姑婆芋的葉片與佛燄苞邊緣較小。

芋

Colocasia esculenta (L.) Schott in Schott & Endl.

科　　名	天南星科Araceae
屬　　名	芋屬
英 文 名	Dasheen, eddo, Green taro, Taro, Water taro

↑芋以往是許多原住民族的主食，現多為養生或副食品的來源之一。

多年生常綠草本，具塊莖，偶具長走莖。葉廣卵形至卵心形，先端銳尖，邊緣全緣，葉基心形，綠色，盾狀著生；葉柄褐色或至少近基部帶褐色。花序腋生。佛燄苞白色，長橢圓形，捲曲狀，先端漸尖，中央明顯驟縮；肉穗花序花單性，雌花區綠色，不稔區域纖細，雄花區白色；附屬物細長。

芋是多年生作物，埋藏於地底的塊莖表面具有一圈圈的葉痕與鬚根，層層包疊的葉柄先端頂著心形葉片。

肉穗花序外具有淺黃或稍深色的佛燄苞片，包圍著中央的花序軸，花序軸自基部往上為雌花區、不稔花區、雄花區及先端附屬物；在雌花區綠色的雌花間，參雜著些許淺色或白色的不稔花。您瞧過長出走莖的芋頭嗎？以往部分學者認為此一具有長走莖的類群應為一獨特的變種：檳榔芋（*C. exculenta* var. *antiquorum*）；然而根據近年來學者的論點，野生的芋具有大而明顯的主塊莖與長走莖，主塊莖旁偶具有小而多的側塊莖，長走莖先端可長出葉叢以進行營養繁殖；此一特性在馴化歷史較短的族群中較為常見，偶見於長期栽培的族群，因此應為一不穩定的形態特徵。

芋原產熱帶亞洲，包括中國南部與印度，並廣泛栽培於熱帶及亞熱帶地區，根據人類學者的推論，水田栽種的芋原應為東南亞等地的主要栽培作物，直到在水稻馴化成功之後，水稻方成為水田的主要作物，至今仍以水耕芋為主食的地區僅存太平洋諸島民族與蘭嶼的達悟族。台灣全島各民

↑除了小米以外，芋也可以製成排灣族的奇那富。

花期 1 2 3 4 5 **6 7 8** 9 10 11 12

↑葉叢生於地下塊莖先端，葉片盾狀心形。

族雖有栽培並食用芋頭與芋梗，但仍屬達悟族人與芋頭之間的關係最爲密切，不僅栽培環境有水田與旱田之分，直接蒸煮後食用的口感也與台灣其他地區生產者不同。不僅如此，芋頭更在達悟的生命禮俗中不可或缺。

→芋的佛燄苞僅展開一個小縫讓傳粉者進入。

台灣青芋

Colocasia formosana Hayata

科　　名	天南星科Araceae
屬　　名	芋屬
別　　名	山芋

多年生，具塊莖常綠草本，具走莖。葉廣卵形至卵心形，先端銳尖，邊緣全緣，葉基心形，盾狀著生葉柄；葉柄綠色。肉穗花序腋生，佛燄苞白色，長橢圓形，捲曲狀，先端漸尖，中央明顯驟縮；雌雄同株，雌花區綠色，不稔區域纖細，雄花區白色；附屬物短於佛燄苞片，不外露。漿果長橢圓形，橘至紅色。

台灣青芋多生長於海拔1500m以下潮溼山區，是台灣常見的林下植物。台灣青芋的佛燄花序短於葉柄，若不撥開心形的葉片，實難發現它綠白的花序；剝開佛燄苞後，常有成群的果蠅飛出，這些果蠅是被它花序先端附屬物所散發的氣味吸引而來，成爲台灣青芋傳粉的媒介。

雖然台灣青芋的塊莖曾經供人類食用，但是經過多次水洗後，嘗過的人卻表示不堪入口，因此除非萬不得已，還是別爲了口腹之慾而取用它，不過許多原住民族都有採集塊莖餵豬的經驗。除此之外，台灣青芋的葉片也是野外用來盛水、野食的環保器具之一。

↑佛燄苞邊緣不甚張開，花期結束便枯萎，僅留下佛燄苞基部綠色的部分。

花期 1 2 3 4 5 **6** **7** **8** 9 10 11 12

↑台灣青芋是中、低海拔山區潮溼地可見的小型草本，具有寬心形的葉片。

↑塊莖常伸出延長的走莖，藉以擴張族群。

↑果序成熟後漿果轉為紅色。

半夏

Pinellia ternata (Thunb.) Breit.

科　　名	天南星科Araceae
屬　　名	半夏屬
英 文 名	Crow-dipper
別　　名	地文、三不掉

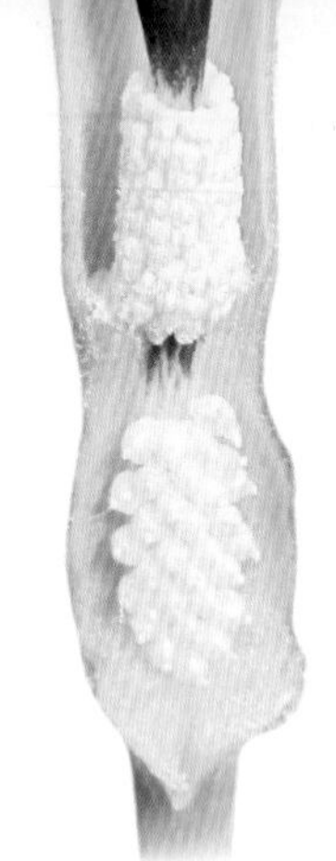

塊莖球形。葉柄常具有一不定芽。葉少數，小葉3枚，卵狀長橢圓形至長橢圓形，先端漸尖至銳尖，葉基銳尖至鈍。花序梗長於葉柄，佛燄苞綠色，先端圓，簷部披針形，開口帶紫色緣，內部中段具隔；肉穗花序直立，雌花區花序軸與佛燄苞癒合，附屬物絲狀，外露。

↑花序於冬末抽出，具有延長的附屬物。

半夏分布於中國、韓國、日本與琉球。台灣北部中、低海拔與海濱可見。為多年生草本植物，每年初春由成熟的塊莖中央抽出葉柄與花序。半夏具有細長的肉穗花序以及外圍翠綠的佛燄苞片，佛燄苞圍成管狀，在先端開口處泛著紫色邊緣；中央的肉穗花序由基部往先端依序為：雌花區、雄花區以及細長且外露於佛燄苞外的附屬物。

與其他台灣產天南星科植物不同的是，半夏的雌花區花序軸與佛燄苞合生，因此所有的雌花皆向一側生長。野地裡的半夏結實率甚高，在花季後往往可見功成身退的佛燄苞包裹著米粒般的米色漿果，等待落地後生根發芽。半夏的葉片為三出複葉，

藥

花期 1 2 3 4 5 6 7 8 9 10 11 12

↑佛燄苞的內簷將花序軸區分為雌花區與雄花區。

↑果實成熟後將佛燄苞基部撐開。

三片小葉的基部時常可見帶有金屬光澤的顆粒，這可是半夏繁殖的祕密武器。除了米粒般的漿果外，葉腋間閃亮的不定芽落地後，也能長出一顆成熟的個體，這也難怪半夏總是成群出現在嚴冬方才離開的草地上。

半夏是具有毒性的中草藥，生的半夏塊莖會對口腔、喉頭、消化道等處之黏膜引起強烈刺激，少則口舌出現麻木感，若服用過量則會灼痛、腫脹、流涎、嘔吐、全身麻痺、痙攣，甚至呼吸困難而死亡。然而適量並去除其中的生物鹼後正確使用，內服有化痰、止吐，外用則能消腫止痛。

↑三出複葉上具有褐色的不定芽。

千年芋

Xanthosoma sagittifolium (L.) Schott in Schott & Endl.

科　　名	天南星科Araceae
屬　　名	千年芋屬
英 文 名	Cocoyam
別　　名	旱芋、山芋、四年芋

多年生草本，葉卵形，全緣，葉柄綠色。佛燄花序單生或數枚聚生於植株近頂端葉片間，佛燄苞卵形至橢圓形，中段緊緊包裹中央的肉穗花序，宿存；肉穗花序單性花密集排列，雄花區長於雌花區，雌花黃色。

↑肉穗花序從基部往末端，分別由雌花、不稔花、雄花與附屬物組成。

原產南美洲，引進並栽培於台灣低海拔山區及平野。隨著栽培人口的成長，加上生活環境相似，千年芋出現在台灣低海拔山區的數量與地點日漸增多。千年芋的植株大型，葉形與外觀皆與廣泛分布的姑婆芋神似；然而姑婆芋的心形葉基具波狀緣，基部的耳突圓鈍，不若千年芋的心形葉基常爲戟狀，耳突銳尖；此外，千年芋的葉柄直接與葉片基部邊緣相連，不像姑婆芋盾狀著生於葉背。

千年芋寬大的葉片也能如姑婆芋般權充野外的臨時小傘、墊料、小碗或水杯，供野炊或健行者使用。不過，千年芋的地下塊莖可食，在許多部落中稱爲「山芋」，與姑婆芋

花期 1 2 3 4 5 6 7 8 **9 10 11 12**

↑千年芋曾於二次大戰期間由日本人引進台灣作為救荒糧食。

有毒的地下塊莖有所不同；然而它們都是大型的天南星草本，外形神似，若是無法分辨，還是遠觀而別輕易褻玩焉！

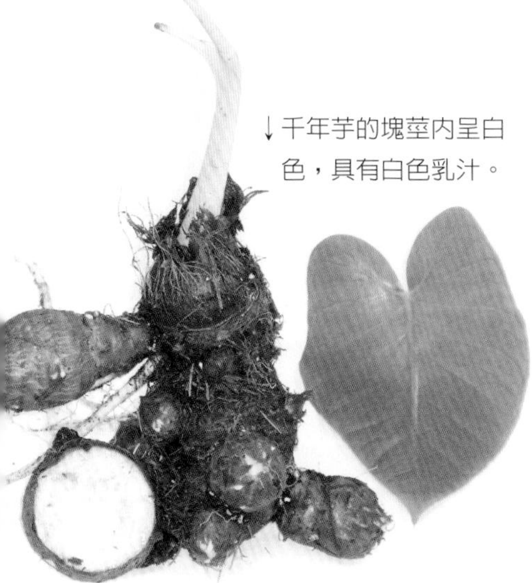

↓千年芋的塊莖內呈白色，具有白色乳汁。

相似種比較

↑紫柄千年芋的葉片較為狹長。

山棕

Arenga tremula (Blanco) Becc.

科　　名	棕櫚科Arecaceae (Palmae)
屬　　名	山棕屬
英 文 名	Formosan sugar palm
別　　名	虎尾棕、棕節、桄榔子

大型常綠草本，奇數羽狀複葉，小葉線形至披針形，厚紙質，表面蒼白色，邊緣不規則鋸齒緣，頂小葉如魚尾般；葉鞘邊緣具黑色網狀纖維。花序腋生，雄花橘色，花瓣3枚，長橢圓形，內含雄蕊多數；雌花花萼與花瓣各3枚。核果球形，初為黃色，成熟時深紅色至黑紅色。

分布於日本南部與熱帶亞洲。台灣全島低海拔廣泛分布。山棕具有極為粗大的木質莖及碩大的羽狀複葉，每一羽片先端邊緣呈特殊的撕裂狀，葉柄基部與莖覆有許多黑色的網狀纖維；每當花季，大型的圓錐花序也會從密覆纖維的葉腋伸出，散發特殊的清香，隨後結出一顆顆球狀核果。

山棕的羽狀葉片極為大型，葉片革質，葉柄極具韌性，加上葉鞘邊緣具有網狀的黑色纖維，不僅可直接把成束的葉叢當作掃把，許多原住民族也會利用它的葉片遮蔭、遮雨，或是製成雨衣；葉鞘旁「現成」的黑網也能拿來過濾水中的雜質。

花季來臨時，傍晚開花的山棕散發出陣陣清香，不僅吸引蛾類前來訪花，連帶也吸引青蛙、蛇、貓頭鷹等夜行性動物環伺。結果後飽滿的核果是許多野生哺乳動物的美食，使得山棕周圍成為打獵時的理想地點；成熟的核果能用作魚餌。賽夏族人傳說「當矮黑人離去，一邊囑咐族人時，一邊撕裂山棕的葉片」，使得它大型的葉片有如撕扯過的小扇子般，為這台灣淺山極為常見的棕櫚，增添幾分神秘的色彩。

↑山棕的橘黃色花被片厚革質，內含多數雄蕊。

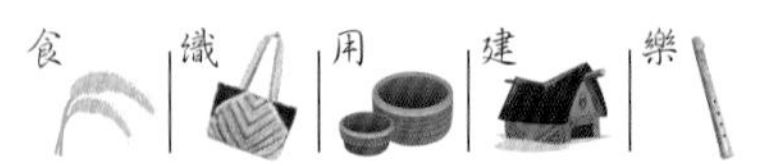

花期 1 2 3 **4** **5** 6 7 8 9 10 11 12

↑圓錐花序大型，由許多穗狀花序分支組成。

↑果實成熟後轉為紅紫色。

↑山棕為全台灣中、低海拔山區可見的大型棕櫚科植物。

馬藍

Strobilanthes cusia (Nees) Kuntze

科　　名	爵床科Acanthaceae
屬　　名	馬藍屬
英 文 名	Assam indigo, Common conehead, Rum
別　　名	山菁、山藍、大菁、板藍、南板藍根

多年生草本，莖直立。葉膜質，倒卵形或卵狀長橢圓形，先端銳尖或短漸尖具鈍頭，葉基漸窄，邊緣波狀鋸齒緣，上表面光滑，下表面中脈上幼時疏被褐色糙毛。花對生於腋生穗狀花序上；花萼裂至基部，裂片不等大，後裂片倒披針形；花冠淺紫色，表面光滑。蒴果表面光滑。

馬藍是台灣中北部低海拔林下常見的野花，具有寬大而光滑的葉片外，葉基具有長而下延的葉肉，加上腋生的穗狀花序，會開出一朵朵淺紫色的合瓣花朵，成爲冬季蕭瑟林中別緻的景觀。它的花不像其他吸引訪花者的植物般，把花朵朝外排列綻放，而是各自朝著花序分支的兩側，好像交頭接耳地討論著什麼消息，爲每年冬天的林床增添熱鬧氣氛。

馬藍的葉片是從事「藍染」的重要素材；今日的三峽老街，便留有許多染坊及昔日藍染的石材與器具；各地的閩南族群、客家族群、平埔族群、布農族與泰雅族同樣也有利用馬藍進行藍染的傳統。

↑花冠筒先端5裂，裡頭藏著4枚雄蕊與單一雌蕊。

→利用馬藍熬煮出來的汁液可製成深藍色彩布。

花期 1 2 3 4 5 6 7 8 9 10 11 12

鐵拳頭

Acmella oleracea (L.) R. K. Jansen

科　名	菊科Asteraceae
屬　名	金鈕扣屬
英文名	Paracress, Toothache plant
別　名	印度金鈕扣

一年生草本，莖常匍匐至斜倚。葉片廣卵形至三角形，先端短漸尖至銳尖，邊緣齒緣，葉基截形至短漸狹，葉兩面光滑。頭花盤狀，單生，頂生，心花花瓣草黃色，初開時常帶有紫紅色斑紋，兩性。

鐵拳頭爲廣泛栽培於世界各地的藥用植物，台灣地區廣泛栽培爲疏緩牙痛的草藥與藥用，偶逸出於田野。本種具有大型且圓柱狀的盤狀頭花，加上頭花不具舌狀花，全由管狀花組成，排列成圓柱狀，在本屬中頗爲特殊。

金鈕扣屬植物分布於全球熱帶及亞熱帶地區，總花托呈角錐狀，在台灣產菊科植物中極爲特殊。本屬植物在第二版台灣植物誌僅紀錄兩種：原生的金鈕扣及栽培供藥用與觀賞的鐵拳頭（印度金鈕扣）。以口含金鈕扣屬植物的頭狀花序時，具有痲痺效果，且含在口中時還帶有薄荷的氣息，故過去常被用來舒緩牙痛症狀。

↑鐵拳頭為直立的小型草本，頭花全由管狀花組成。

↑頭花呈圓筒或角錐狀，為台灣產金鈕扣屬植物中頭花最大型者。

花期 1 2 3 4 5 6 7 8 9 10 11 12

金鈕扣

Acmella paniculata (Wall. ex DC.) R. K. Jansen

科　名	菊科Asteraceae
屬　名	金鈕扣屬

一年生草本，莖多分支，直立或斜倚。葉柄具窄翼；葉片窄卵形至卵形，先端銳尖至漸尖，邊緣齒緣至鈍齒緣，葉基漸狹，葉兩面光滑或疏被粗毛或長柔毛。花梗表面疏被長柔毛；頭花盤狀，單生，頂生，圓錐狀，總苞苞片兩列，總花托先端漸尖；心花黃色，偶具黃色舌狀花。

金鈕扣分布於印度、斯里蘭卡、中南半島、馬來西亞、菲律賓、華南及台灣潮溼地；早期金鈕扣在台灣的紀錄極廣，近年的採集紀錄主要在台灣東南部，特別是蘭嶼。金鈕扣過去被誤認為原產熱帶美洲的外來歸化種，這樣的誤解可能源自於本種與近緣類群的鑑定錯誤。其實金鈕扣的外觀與近年來歸化於台灣中北部潮溼地與草坪，並正向南部地區擴張族群的「沼生金鈕扣」最為相似，兩者同樣具有窄卵形至卵形的葉片，以及短於1cm的頭花。金鈕扣為直立至斜倚的草本植物，莖纖細而不具不定根，葉片質地較薄，頭花常全由管狀花組成，多不具5枚微小的舌狀花；與植株匍匐至斜倚，莖多具不定根，葉片厚紙質至革質，頭花兼具舌狀花與管狀花的沼生金鈕扣有所不同。

金鈕扣屬植物的瘦果皆有輕微麻醉、緩解牙痛症狀的功能，以往中台灣一帶的部分農民栽培金鈕扣，用來替代印度金鈕扣供以疏緩牙痛之用。

↑偶爾可見若干個體，頭花具有多枚舌狀花。

花期 1 2 3 4 5 6 7 8 9 10 11 12

↑金鈕扣為直立至斜倚的纖細草本，偶見於台灣與蘭嶼淺山。

相似種比較

↑沼生金鈕扣為近年入侵的匍匐草本。

茵陳蒿

Artemisia capillaris Thunb.

科　　名	菊科Asteraceae
屬　　名	蒿屬
英 文 名	Wormwood
別　　名	蚊仔煙草、青蒿草、青荷、罌麥

具強烈氣味。基生葉蓮座狀，基生葉或基部莖生葉卵形或卵狀橢圓形， 2～3回羽狀裂葉，裂片2～4對，頂裂片窄線形或線狀披針形，莖生葉與葉狀苞片5或3裂。花序圓柱狀，頭花卵形或近球形，多數。

廣泛分布於中國、韓國、日本、琉球、菲律賓。在台灣海濱、潮溼邊坡、山丘、荒地、路旁與河濱十分常見。對於生活在海濱或河畔的民族而言，茵陳蒿是非常常見的植物，雖然頭花微小而不起眼，然而成片的線形裂葉搓揉後總能聞到股奇特的香味。總是成片成長的茵陳蒿，本質化的莖稈基部具有多回分裂的葉片，隨著莖稈延長，末梢的葉片也逐漸縮小，最後成為線形的單葉，因此茵陳蒿總帶給人們「細葉」的觀感。茵陳蒿的頭花微小，內含特化的細小花朵，由綠色的總苞包被聚生成頂生的圓錐花序，除非特別留意，實難察覺它已悄悄開花結果。

↑圓錐花序由許多細小的頭花組成。

傍晚的河濱時常有蚊蟲出沒，在沒有蚊香、捕蚊燈、電蚊拍的年代，各民族會利用茵陳蒿富含精油的莖葉加以薰烤，藉由散發出刺鼻氣味以驅趕蚊蟲。

花期 1 2 3 4 5 6 7 8 **9** **10** **11** 12

↑茵陳蒿是台灣海濱與荒溪型河床可見的多年生菊科植物。

↑越靠近植株基部，葉片裂片較大且完整。

艾

Artemisia indica Willd.

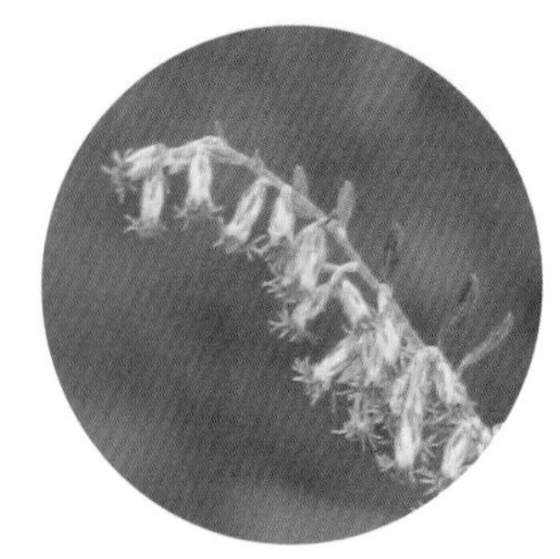

科　名	菊科Asteraceae
屬　名	蒿屬
別　名	五月艾

多年生草本或亞灌木，表面疏被毛或近無毛。葉具短柄，上表面被灰或黃色絨毛或近無毛；下表面密被灰白色蛛絲狀絨毛，葉片卵或長橢圓狀卵形，1～2回羽裂，裂片橢圓狀披針形、線狀披針形或線形；葉狀苞片3裂或不裂。花序圓錐狀。頭花卵形，長橢圓狀卵形或廣卵形，總苞苞片被毛或漸光滑。

廣布於亞洲、南北美洲、大洋洲與中國。台灣全島平野及低至高海拔山區向陽開闊地可見，亦栽培於田間。艾的葉形變化極大，莖生葉爲1～2回羽狀裂葉，越接近頂端圓錐花序的葉片逐漸縮小，外觀也由裂葉轉爲苞片狀的單葉，長在頭花一側；新生葉片的表面微被絨毛，後絨毛逐漸脫落而致光滑；灰白色蛛絲狀毛密被而成的葉背則持久地保留著。艾的頭花內由邊花與心花組成，然而這些小花不具顯眼花瓣，所以開花時只見一顆顆米粒大小的綠白色頭花組成圓錐花序。

艾的植株富含精油，搓揉後能散發出特殊氣味，因此閩南人與客家人會於盆浴時，摘取其葉片加入水中，藉由水氣及散發的氣味放鬆身心；製作米製品、麻糬或粄時，也能添入艾葉以增加風味；端午節當日，往日漢族人家家戶戶需於門前懸掛艾草，藉以除穢。艾的葉片乾燥後輕柔而質薄，加上裡頭富含油質而易燃，因此賽德克族與太魯閣族人利用其引火，以便引燃薪柴。針灸時也有利用艾葉進行艾灸，藉由熱以輔佐針灸穴位的效果。

↑烘乾後的艾葉可作為艾灸的材料。

花期 1 2 3 4 5 6 7 8 9 10 11 12

↑中裂的莖生葉時常從民宅門口探出頭來。

↑客家米食「豬籠粄」可加入艾草葉以增加風味。

←艾的圓錐花序頂生，或於側生枝條先端抽出。

阿里山薊

Cirsium arisanense Kitam.

科　　名	菊科Asteraceae
屬　　名	薊屬

莖直立。基生葉披針形，先端漸尖，羽狀裂葉；莖生葉漸小，葉基廣心形至抱莖，羽裂，葉緣具長刺。頭花單生或2～3朵聚生於頂端分支，具短梗；總苞鐘狀，總苞苞片外圍者較短，線狀披針形至長橢圓狀披針形，內層苞片於紫花個體常帶紫色；花冠深紫色、紫色或黃白色。

↑紫色花的阿里山薊頭花中央可見外露的雄蕊。

阿里山薊具有紫花與白花兩型，台灣中、高海拔山稜草地或山脊上可見，由於特徵上並無顯著差異，應僅為單純的花色變異。菊科薊屬植物總是給人「滿身都是刺」的印象，其植株多有蓮座狀的基生葉，葉叢中長出花莖、莖生葉與頭花；頭花全由紫色與白色的管狀花組成，別以為紫色或白色的頭花就好摘取，除了葉狀苞片及花莖上的細刺外，頭花外的總苞苞片先端仍具有一根根的芒刺，導致採集困難，加上種間外觀相似，個體同時具有基生葉與莖生葉，從枝條的先端抽出花序及頭花，若是進行學術研究採集時

花期 1 2 3 4 **5 6 7 8 9 10 11 12**

↑阿里山薊是台灣中、高海拔常見的薊屬植物之一，頭花聚生成圓錐狀。

常需整株採回，在分類及鑑定相當困難。台灣的薊屬植物共有9種，分布範圍極廣，從豔陽高照的海濱至白雪皚皚的玉山山頂都有本屬植物的分布。

由於薊屬植物具有蓮座狀的基生葉，葉片邊緣具有發達的棘刺，對於行走在高山草原的鄒族與布農族人來說，是極為危險而困擾的植物，這些令人驚悚的植物包含了許多台灣高山常見的類群；除了步步為營外，以往鄒族、布農族人還會穿上山羊或麂皮做成的鞋子，佐以苧麻製或麂皮的綁腿，用來防止刺傷。

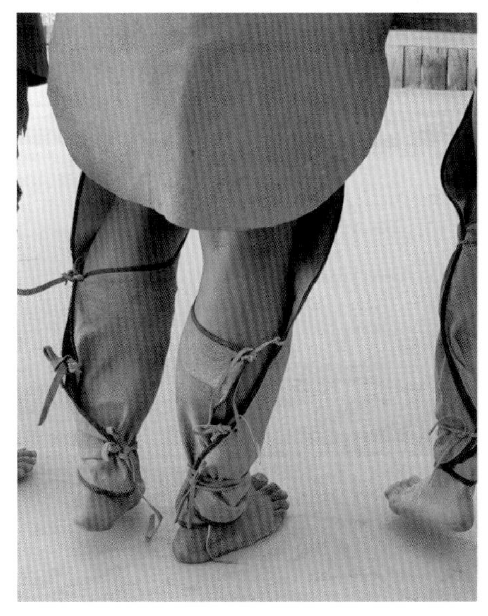

↑鄒族的麂皮綁腿可防止被阿里山薊等植被所刺傷。

鱗毛薊

Cirsium ferum Kitam.

科　　名	菊科Asteraceae
屬　　名	薊屬

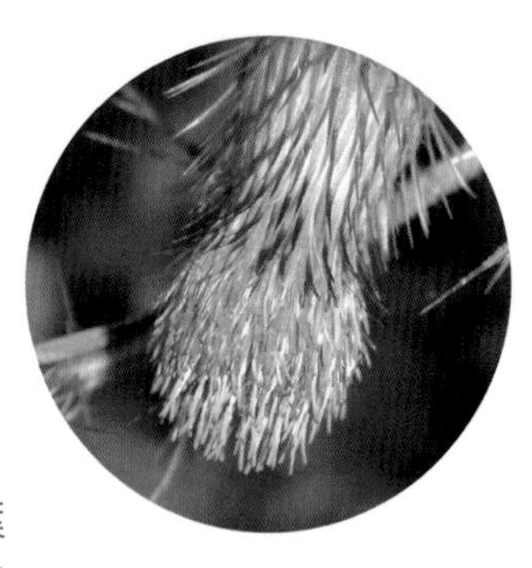

莖直立，表面被溝紋，密被毛，分支頂生。基生葉紙質，披針形，先端長漸尖，葉基抱莖，羽裂，裂片3裂，先端具棘刺，葉兩面被毛；莖生葉羽裂，上部葉片漸小。頭花頂生，具1～2枚苞葉包圍；總苞球形鐘狀，苞片7列，線形，外圍與中層者具棘刺；花冠紫色。

↑頭花全由紫色管狀花組成。

台灣特有種；零星分布於海拔1600～3000m山區灌叢內。鱗毛薊的頭花總苞球形，總苞苞片先端具有長棘刺，讓整朵頭花看來就像是滿布利針的刺球，告訴別人「我不是好惹的」一樣！其頭花特殊的外觀也使得鱗毛薊成爲台灣極易辨識的薊屬植物。

布農族人爲原住民中的「影子獵人」，廣泛分布於台灣中央山脈南投的聳山峻嶺之中，加上優越的行動能力，使得他們的獵區廣大。鱗毛薊即零星生長在這片廣大的獵區之中，同樣藏身在草叢內，容易造成獵人們的皮肉之傷。

用

花期 1 2 3 4 5 6 **7** **8** **9** 10 11 12

菊科

白花小薊

Cirsium japonicum DC. var. *takaoense* Kitam.

科　名	菊科Asteraceae
屬　名	薊屬

多年生草本，莖直立具分支。基生葉倒卵狀長橢圓形，葉基漸狹，羽裂、齒緣或窄齒緣，裂片上具棘刺，莖生葉長橢圓形，基部抱莖，羽狀裂片，上部莖生葉較小。球形頭花常頂生，直立，外圍由1～3枚葉片包圍；總苞扁球形，總苞苞片線形，表面稍被蛛絲狀毛；花冠白色。瘦果長橢圓形，冠毛早落。

台灣特有變種，台灣南部及蘭嶼的西北側濱海開闊草地、田野或荒地可見。白花小薊頭花內的管狀花是以往達悟族小孩嬉鬧時的零嘴，藉由吸食頭花內的花蜜解解嘴饞。

↑白花小薊的葉片中裂，葉緣具多數棘刺。

↑瘦果先端具羽狀冠毛，於瘦果成熟後展開。

←頭花全由白色管狀花組成。

花期 1 2 3 4 5 6 7 8 9 10 11 12

玉山薊

Cirsium kawakamii Hayata

科　名	菊科Asteraceae
屬　名	薊屬

莖直立，分支斜倚。莖生葉橢圓狀披針形，先端漸尖，葉基驟縮，抱莖或否，深羽裂，裂片披針形或線形至長橢圓狀披針形，上部葉片漸小。頭花大型，具短梗，被披針形具刺苞葉包圍；總苞扁球形，表面被紫色蛛絲狀毛，外圍與中層苞片線狀披針形，先端具棘刺；內層者線形，較小且無芒；花冠紫色。

↑玉山薊的總苞苞片先端漸狹長成單一的長棘刺。

台灣特有種；廣布於中央山脈南段海拔2200～3200m開闊草原。近年來高山觀光的風氣極盛，台灣第一高峰「玉山」成爲許多遊客嚮往的觀光景點或朝聖地之一；若是您攀登玉山途中留意腳邊的芒草或矢竹叢，很容易就能發現玉山薊的蹤影。全株可見的明顯棘刺、細長的深裂葉片與大型的紫色頭狀花序，絕對令您印象深刻。

生長在布農族與鄒族傳統領域的它，也是讓先民得穿上麂皮或苧麻製綁腿，以保護腿部的「元兇」之一，若是您還不認識它，或是無緣前往玉山山區一睹它的眞面目，那麼請您觀看新版新台幣千元鈔上的圖案，上頭除了有冰清玉潔的玉山以及中高海拔迷人的帝雉外，背面左下角的花朵便是玉山薊。

花期 1 2 3 4 5 6 7 **8** **9** **10** 11 12

↑玉山薊為大型的菊科草本植物，高可達2m。

↑葉片基部微抱莖，葉緣疏具長棘刺。

↑葉片深裂，裂片線形至披針形。

蘄艾

Crossostephium chinense (L.) Makino

科　　名	菊科Asteraceae
屬　　名	蘄艾屬
英 文 名	Chinese wormwood
別　　名	海芙蓉

↑頭花總狀排列於腋生的花序軸上，與葉片相比顯得不起眼。

莖上部分支，分支斜倚，密被銀灰色絨毛，上部密生葉片。葉窄匙形至倒卵狀倒披針形，全緣、3裂葉或偶3～5羽裂，先端鈍，葉基窄，兩面被毛。頭花總狀排列於分支上；總苞半球形，表面密被絨毛，苞片3列，長橢圓形。

分布於中國南部與琉球。原本蘄艾生長在台灣北部及東部岩岸地區，由於常栽培為景觀或藥用植物，野外族群曾被大量移植、摘取，導致本種成為日常可見的園藝或藥用植物，野外僅於台灣海濱珊瑚礁岩或懸崖等不易抵達的地區殘存。蘄艾全株被有銀灰色絨毛，外形獨特，常讓人忽略了它所抽出的總狀花序；其實一朵朵銀灰色的頭花裡頭開著許多黃色小花，只是不像其他園藝用菊科植物，具有顯眼的舌狀花瓣，才容易讓人忽略。

蘄艾與同科的艾在外觀上一樣具有羽狀分裂的葉片，揉搓或曬乾後具有香氣，因此閩南人或客家人製作麵食或米食製品時，偶爾會用蘄艾替代艾，成為提升香氣用的佐料。不過，蘄艾全株密被銀灰色絨毛，加上植株低矮、分支眾多、葉片密生於分支先端，因此植株多呈圓球形，極具觀賞價值，也被各民族當成園藝植物栽培。

由於葉片具香氣，乾燥後銀灰色的色澤持久，因此卑南族人也用其枝葉編成花環，西拉雅族的馬卡道人取其枝葉插入祀壺中，也用其枝葉編成花環，達悟族人則用其葉片加熱後貼於疼痛部位，或飲用以驅除水中的寄生蟲。

↑蘄艾的葉片被有白色絨毛，為矮小的觀葉灌木。

花期 1 2 3 4 5 6 7 8 9 10 11 12

漏盧

Echinops grijsii Hance

科　名	菊科Asteraceae
屬　名	漏盧屬
別　名	山防風

↑漏盧奇特的複頭狀花序，使它成為新近的插花用材。

莖頂部具少數分支。基生葉長橢圓形，葉柄長；上部葉近無柄，頂端銳，基部縮狹，羽裂，裂片卵狀長橢圓形，先端具長細刺，基部葉最大，上部葉漸小，漸不裂，長橢圓形至披針形。頭花簇生於莖頂，總苞苞片離生，花冠裂片短於花管。

漏盧爲菊科的多年生直立草本，具有叢生的基生葉與直立的花莖，加上葉片邊緣具刺，因此外觀與同屬菊科的薊屬植物相似。然而，漏盧有如刺球般的花序，其實是由許多頭花所聚生而成的「複頭狀花序」，每一頭花內僅具一朵小花，外圍由革質的總苞苞片包圍，與頭花單生，內含100朵以上小花的薊屬植物明顯不同。

漏盧分布於中國東方及南方，其地下莖是漢民族的補品之一。在台灣可見於北部及中部近海丘陵區，近年來野外僅於新竹、苗栗尚有發現紀錄。由於漏盧具有藥效，新竹、苗栗一帶便有藥商將野生個體栽培以供藥用，然而漏盧的地下莖切除後便無法再種植，除了播種栽培外，當地居民仍持續於新竹、苗栗一帶低海拔山區採集，使得原本就零星分布，數量不多的漏盧，野生族群持續有龐大的採集壓力。

↑葉背密被白色伏毛，因此明顯蒼白。

食

花期 1 2 3 4 5 6 7 **8** **9** **10** 11 12

腺葉澤蘭

Eupatorium amabile Kitam.

科　名	菊科Asteraceae
屬　名	澤蘭屬

↑每朵管狀花都貢獻2枚外露的雌蕊柱頭，搶著迎接昆蟲帶來的花粉。

植物體僅基部木質化；莖直立後平展或倒伏，被長柔毛，先端具分支。葉對生，卵形至卵狀長橢圓形，先端長漸尖，葉基圓至近截形，上表面綠色，下表面淺色、被腺點，具3主脈；花序稍疏鬆的聚繖花序；總苞廣橢圓形狀，小花9～15朵，苞片先端鈍。瘦果圓柱狀，黑色。

台灣特有種，主要分布於東部及屏東山區。腺葉澤蘭的葉下表面明顯具腺點，頭花具9～15朵花，為台灣產澤蘭屬植物中頭花內管狀花數最多者。由於頭花內管狀花的數量較多，頭花看來比同屬的其他成員較寬，排列成聚繖花序時也較為壯觀。除此之外，腺葉澤蘭的葉片常較台灣產本屬的其他成員為寬，葉表面常具光澤，極易與其他種類區分。

澤蘭屬植物廣布於全球，古時中國婦女洗頭時會加入本屬植物的莖葉，使頭髮烏黑有光澤，故名「澤蘭」。台灣產澤蘭屬植物皆為直立或懸垂草本，具有對生的葉片，頭花聚生成聚繖花序，頂生於枝條先端。近年來隨著自然保育觀念抬頭，一股青斑蝶遷移的研究風潮下，澤蘭屬植物的花蜜因內含雄性青斑蝶成熟的化學物質，再次成為自然觀察的目標之一。

↑腺葉澤蘭廣布於台灣西南與東南部淺山，植株懸垂而生。

樂

花期 1 2 **3** **4** **5** 6 7 8 9 10 11 12

↑瘦果先端具多數冠毛，能隨風飄上山坡、岩壁。

澤蘭屬植物葉片搓揉後會散發香氣，其中最廣泛分布的種類：腺葉澤蘭、田代氏澤蘭、島田什澤蘭與台灣澤蘭，也是原住民族的民族植物之一。西拉雅族吉貝要部落視本屬植物爲神聖的植物，會在祀壺中插上澤蘭的枝葉以求平安；卑南族人會將澤蘭屬植物編成頭上的草環，部落間有其各自生命禮儀的象徵。

↑腺葉澤蘭的葉背帶有腺點。

華澤蘭

Eupatorium chinense L.

科　名	菊科Asteraceae
屬　名	澤蘭屬

↑頂生的聚繖花序。

直立至斜倚草本，基部略木質化，莖表面常帶紫色。葉對生，具柄，葉片披針形至卵狀披針形，單葉或偶為3裂，先端銳尖，葉基圓至鈍，葉緣具規則銳齒緣，葉面具光澤。聚繖狀圓錐花序頂生，頭花內含5～8朵小花，總苞苞片橢圓形至長橢圓形，表面綠色，小花花冠白或紫色，雌蕊柱頭延長並外露。

↑葉片窄卵形至披針形，對生於直立的枝條上。

華澤蘭並非原生於台灣山野的菊科植物，不過卻是台灣南部與東部地區可見的花草；一部分原因可能是它具有光澤的葉片以及繁花點點的花序，頗具觀賞價值，加上頭花數量衆多，能吸引許多訪花昆蟲前來採蜜，因此成為近年來的園藝造景用草。被吸引來的訪花者中，有一部分是飛行速度緩慢、翅膀張開具有絢爛藍紫色的紫斑蝶；紫斑蝶們的體內有幼蟲時期所累積的毒素，能讓誤食牠們的鳥兒牢牢記住這難吃的蝶種，所以這蝶戀花的場景，才能時時在花叢間上演。

樂

花期 1 2 3 4 5 6 7 8 9 10 11 12

↑聚繖花序頂生於枝條先端，由許多白色或淺紫色頭花組成。

華澤蘭常見於南台灣的另一個原因爲澤蘭屬植物是南部與東部平埔族祭祀用的民族植物。西拉雅族的子民常會在祀壺中插入阿立祖喜愛的花草，華澤蘭便是其中之一，爲了祭祀與更換的需求，花圃與公廨旁時常種著華澤蘭。西拉雅族的民族植物常常帶有濃厚的異國成分，像是圓仔花、雞冠花、華澤蘭與萬壽菊等，除了反映西拉雅族本身的獨特背景外，難免令人聯想起西荷時期與歐洲人士密切交流的歷史因素。

→華澤蘭為西拉雅族部分社群的祭祀用植物。

台灣澤蘭

Eupatorium formosanum Hayata

科　名	菊科Asteraceae
屬　名	澤蘭屬

↑台灣澤蘭的莖生葉為三出複葉，小葉形態多變。

莖直立，基部木質化。葉片廣卵形，齒緣，基部葉片偶3裂，莖生葉3裂，中裂片披針形，先端漸尖，葉基鈍，邊緣鈍齒緣下表面被腺點，側裂片較小，披針形。聚繖花序疏鬆，總苞圓柱狀，具5朵小花，苞片先端鈍至近銳尖。

分布於喜馬拉雅與中國，為台灣地區分布最廣的澤蘭屬植物，從全島海濱至3000m山丘、向陽荒地、林緣都可以見到它的蹤影。雖然外形多變，植株直立或倒臥、葉片裂片或寬或窄，全株可見的三出裂葉成為它最容易辨識的特徵。

泰雅族、布農族、排灣族、賽夏族、賽德克族、鄒族與卑南族人以往會將台灣澤蘭的葉片搗碎，敷在扭傷的患部以減輕疼痛，或是敷在輕微流血的傷口上止血；鄒族人也視台灣澤蘭為祭祀用植物之一。

←頂生的聚繖花序常形成壯觀的花海。

藥　樂

花期 1 2 3 4 5 6 7 8 9 10 11 12

刀傷草

Ixeridium laevigatum (Blume) J. H. Pak & Kawano

科　名	菊科Asteraceae
屬　名	小苦藚屬

↑頭花由鮮黃的舌狀花組成，舌狀花冠寬大。

莖短而粗壯。基生葉叢生，長橢圓形至長橢圓狀披針形，常羽裂；莖生葉披針形或線狀披針形，漸窄至柄狀。聚繖花序具多數頭花，頭花具6～12朵舌狀花；總苞圓柱狀，外層苞片副萼狀，卵狀披針形，內層苞片線狀披針形，舌狀花花冠黃色。瘦果冠毛白色。

分布於東南亞、日本、中國南部。台灣廣布於海濱至中海拔山區，海岸、河濱及石灰岩上。刀傷草的基生葉叢生於短而粗壯的莖上，花莖從葉叢中伸出，由許多黃色的頭花排列成聚繖狀；頭花盛開時約1元硬幣大小，由6～12朵黃色舌狀花組成。刀傷草的植株具乳汁，只要折損葉片一角或摘下一段花莖，就有白色的乳汁從傷口處滲出。

↑刀傷草的葉片叢生於直立的短莖先端，葉片全緣至中裂。

「刀傷草」顧名思義，應該是種處理外傷的草藥；閩南人與賽夏族人以往會將刀傷草的葉片搗碎後，敷於外傷處止血之用，只不過刀傷草的葉片更常被許多高山民族用來熬煮湯汁以退火氣，或是當成野菜食用。

花期 1 2 3 4 5 6 7 8 9 10 11 12

香茹

Glossocardia bidens (Retz.) Veldkamp

科　名	菊科Asteraceae
屬　名	香茹屬
別　名	風茹

↑瘦果成熟後果序展開，利用先端的宿存花萼協助傳播。

多年生草本，全株無毛。莖基部木質，多少叢生，基生葉宿存，通常為羽狀深裂至全裂，狀似鹿角，裂片線形，2或3對，有時呈線形不分裂；莖生葉少數。頭花黃色，單一或少數，具長總梗。瘦果扁平，先端截形，具1～3根有倒刺的芒狀冠毛。

分布於亞洲南部、澳洲、新喀里多尼亞及東南亞，在台灣分布於澎湖境內的海濱草地與向陽地及本島南部濱海地區。香茹的植株低矮，厚革質的叢生葉片羽裂，花莖自葉叢中斜倚伸出，開出黃色頭花常與其他草本植物混生，因此要發現它得花費一番工夫。

香茹的葉片帶有一股清香，以往在澎湖地區會採摘以沖泡「風茹茶」，是澎湖當地的特產，也是許多遊客抵抗酷暑的冰涼冷飲之一。然而因人爲開發及海濱遊憩的影響，加上人爲採摘的風氣持續盛行，導致香茹在澎湖地區日漸稀少，直至近期以人工栽培方式補充野外數量的不足，才使野外採集壓力減低，得以在野外繁衍。

←香茹的枝條乾燥後能沖泡成茶飲。

花期 1 2 3 4 **5 6 7 8 9** 10 11 12

↑頭花由黃色的舌狀花與管狀花組成，由管狀花結成瘦果。

↑單看線形的葉片，未開花的香茹就像海濱的禾草般不起眼。

秋鼠麴草

Gnaphalium hypoleucum DC. in Wight

科　　名	菊科Asteraceae
屬　　名	鼠麴草屬

一年生草本，具軸根。莖直立，被白綿毛，先端具分支。開花時基部莖生葉葉片枯萎，中部葉片線形，先端銳尖，基部耳狀，半抱莖，邊緣全緣，上表面綠色且被長柔毛，下表面密被白綿毛。頭花聚生成頂生聚繖花序。總苞球狀鐘形；苞片膜質，黃色。邊花細管狀，心花管狀花冠。瘦果長橢圓形，冠毛白色。

↑秋鼠麴草為台灣中部中、高海拔山區偶見的直立草本。

廣泛分布於南亞或東南亞，日本、韓國、中國。台灣海拔1500～2500m邊坡基部、路旁常見。秋鼠麴草生活於中、高海拔山區的向陽開闊處，植株大小多變，偶爾可長到1m高左右，然而與同域生長的同屬植物紅面番相比，除了頭花鮮黃色外，莖稈與葉片明顯纖細許多，極易區隔。

菊科植物內含許多精油，因此多具有特殊香氣，且容易著火燃燒，加上鼠麴草屬植物的葉片質薄，又常大量聚生於向陽開闊處、路旁或聚落四周，以往泰雅族、賽德克族、太魯閣族及魯凱族便收集鼠麴草屬植物的葉片作為火種，紅面番自然成為他們收集火種的重要來源之一。

←頭花由許多鮮黃色的管狀花組成。

用

花期 1 2 3 4 5 6 7 **8** **9** **10** 11 12

鼠麴草

Gnaphalium luteoalbum L. subsp. *affine* (D. Don) Koster

科　　名	菊科Asteraceae
屬　　名	鼠麴草屬
英 文 名	Weedy cudweed
別　　名	清明草、黃花艾、鼠麴、佛耳草、米麴、鼠耳、無心草、黃蒿、母子草、毛耳朵、水蟻草、金錢草

↑鮮黃色的頭花由兩型管狀花組成，排列成聚繖狀。

越年生直立草本。莖表面密被白色綿絨毛。莖生葉匙形，先端圓具小尖突，基部漸狹至無柄，葉兩面被白色綿毛。頭花密生成頂生聚繖花序，總苞圓鐘狀，苞片淺黃色，外層者較短，廣卵形，內層者長橢圓形，先端鈍；邊花多數，心花5～10朵。

鼠麴草分布於東亞至南亞及澳洲，爲台灣海濱至2,000m荒地及農田常見雜草。鼠麴草與艾同爲草仔粿的原料之一，植株具有獨特香味。原住民族除了自身收集利用外，也會與閩南人及客家人交易。

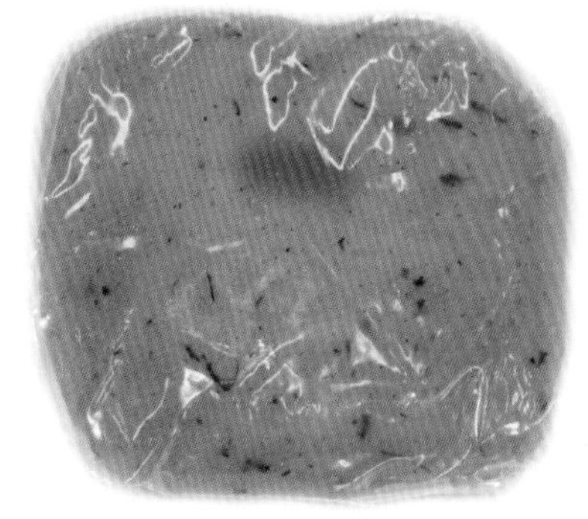

↑鼠麴草的香氣獨特，可加入粄中調味。

←植株直立，體表與葉片密被白色綿毛。

食　用

花期 1 2 3 4 5 6 7 8 9 10 11 12

紅面番

Gnaphalium adnatum Wall. ex DC.

科　名	菊科Asteraceae
屬　名	鼠麴草屬

↑頭花內具有鮮黃色的管狀花。

粗壯草本。莖直立，上部分支如聚繖狀，表面密被綿毛。基生葉於開花時枯萎，中部與基部葉片倒披針形或近橢圓形，先端鈍，葉基下延，革質，兩面密被絨毛。頭花聚生成莖上部的聚繖花序。總苞黃或白色，乾膜質，球形。邊花多數，心花5～7朵。

↑紅面番為台灣中、高海拔山區常見的粗壯草本，全株密被白色絨毛。

廣泛分布於北印度、中南半島、菲律賓、中國南部。台灣海拔1000～3000m山坡基部、路旁、裸露岩石地可見。

菊科鼠麴草屬植物的頭花全由管狀花組成，外圍由僅具雌蕊的邊花環繞，包圍中央兩性的心花。頭花排列成聚繖狀或是聚生成穗狀，頂生或腋生於植株。台灣分布有13種鼠麴草屬植物，其中4種為外來種，所有台灣產本屬植物中，就屬紅面番的植株最為粗壯，莖稈可達8mm粗，加上生長於中、高海拔，頭花內的管狀花為白色，可輕易與同樣生長於中高山區的同屬植物：秋鼠麴草相區隔。

藥　用

花期 1 2 3 4 5 6 7 8 **9 10 11** 12

台灣青木香

Saussurea deltoidea (DC.) C. B. Clarke

科　名	菊科Asteraceae
屬　名	青木香屬

↑瘦果成熟時冠毛逐漸蓬鬆，使得總苞跟著脹大。

莖直立。葉片上表面被腺毛，下表面被白絨毛，基生葉具柄，先端銳尖，琴狀裂葉，頂裂片明顯較大，葉基截形；中段莖生葉較小，上部莖生葉橢圓狀披針形，具短葉柄。頭花垂頭，總苞半圓形，苞片長橢圓狀披針形，先端微反捲；花冠灰紫色。瘦果黑色，表面被鱗片，冠毛白色。

分布於喜馬拉雅山區。台灣中北部海拔700～2600m山區零星分布。夏、秋之際可於中北部的森林底層或路旁開闊處，見到它直立的植株與下垂的頭花懸掛於枝條先端。台灣青木香的葉片呈琴狀裂葉，葉背密被白色絨毛，加上頭花總苞頂端反捲，乍看之下有如薊屬植物，可是台灣青木香的莖葉沒有薊屬植物那樣密布的硬刺，反捲的總苞苞片也不像薊者具刺，極易區分。以往生長於中台灣的賽德克族人取其葉片當作蔬菜食用。

↑奇特的筒狀頭花，外觀與薊屬植物神似。

↑葉片三角狀卵形，葉柄兩側具窄翼。

食

花期 1 2 3 4 5 6 7 8 **9** **10** **11** 12

菊科

苦苣菜

Sonchus arvensis L.

科　　名	菊科Asteraceae
屬　　名	苦苣菜屬
英 文 名	Corn sow thistle, Dindle, Field milk thistle, Field sow thistle, Gutweed, Swine thistle, Tree sow thistle

↑苦苣菜常見於台灣全島開闊地，具有叢生的長橢圓形基生葉與疏生的黃色頭花。

直立莖表面光滑。葉長橢圓狀倒披針形，先端鈍，葉基漸狹，邊緣全緣或鋸齒緣，偶為中裂；基部莖生葉基耳狀抱莖；上部葉片漸小。頭花近繖形圓錐花序，全由黃色舌狀花組成，總花梗表面被硬質腺毛。

↑苦苣菜的嫩葉可水煮，是原味十足的野菜。

苦苣菜是全球溫帶及熱帶地區分布的直立菊科草本，野生或歸化於台灣中、低海拔，常見於荒地、路旁、田邊及河床。苦苣菜的頭花排列成近繖形圓錐花序，總苞明顯被腺毛，且葉片先端鈍，可與本屬另外2種常見野草：鬼苦苣菜（*Sonchus asper*）及苦滇菜（*S. oleraceus*）相區隔。

苦苣菜在閩南、客家、泰雅、布農、賽夏、賽德克與太魯閣等族群中是野菜或救荒菜之一。

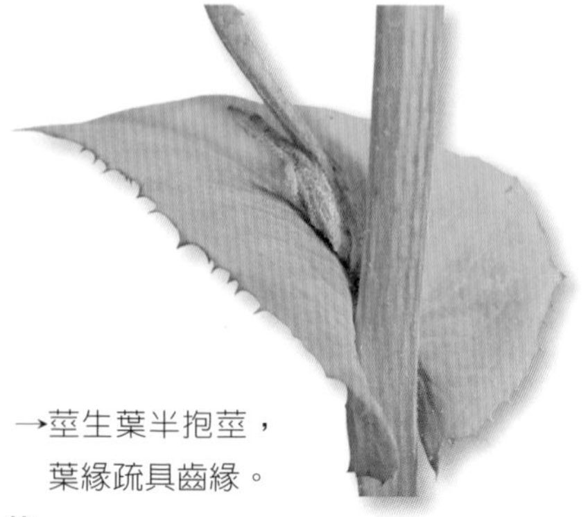

→莖生葉半抱莖，葉緣疏具齒緣。

花期 1 2 3 4 5 6 7 8 9 10 11 12

紅果薹

Carex baccans Nees in Wight

科　　名	莎草科Cyperaceae
屬　　名	薹屬
英 文 名	Crimson seeded sedge

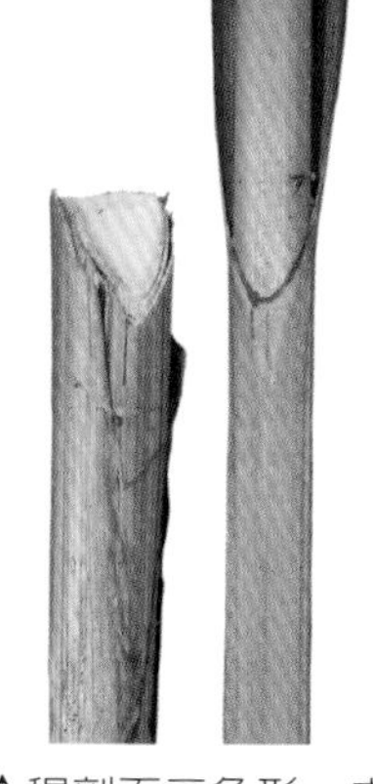

↑稈剖面三角形，由葉鞘緊密包圍。

稈粗壯，疏叢生，具3稜。葉疏生於稈上，葉身長於稈，革質，邊緣粗糙；葉鞘緊裹莖稈，綠至紅褐色。複圓錐花序，側生圓錐花序5～8枚，橢圓形至長橢圓形，由許多花穗組成分支。穗狀花序圓柱狀。瘦果橢圓形，成熟時紅色。

分布於斯里蘭卡、印度、喜馬拉雅、中國南部與東南亞。台灣低至中海拔開闊森林常見。在許多人眼中，禾本科與莎草科植物是極為相像的野草，似乎都有長長的葉片，葉緣極易割傷皮膚，加上缺乏鮮豔的花朵，常是許多人視而不見，或是陪襯其他野花的「綠葉角色」。其實台灣分布有莎草科植物近23屬178種，除了造景常見的輪傘莎草（*Cyperus alternifolius* var. *flabelliformis*）、紙莎草（*C. papyrus*）外，一般民眾能叫出名稱的種類所剩無幾。

紅果薹是少數讓登山遊客留下印象的莎草科薹草，由於結實率高，加上鮮紅色的瘦果，才會讓人印象深刻。若是伸手想摘取它，會發現葉叢中的莖具3稜，稜上被有許多細鋸齒，一不小心就會被這些莖葉上的細鋸齒劃傷。

↑果實渾圓，果序分支先端可見殘存的雄花序分支。

紅果薹在各民族心中除了是山野間常見的野草，容易割傷人外，少數人們會栽種它，藉以欣賞它紅潤的果序。布農族人的狩獵經驗中，野豬若是取食紅果薹的果實，表示它已有受到外傷；當族人骨折受傷，族中祭師為其祈福時，也會將紅果薹的果序放於患部之上。

花期 1 2 3 4 5 6 7 8 9 10 11 12

單葉鹹草

Cyperus malaccensis Lam. subsp. *monophyllus* (Vahl) T. Koyama

科　名	莎草科Cyperaceae
屬　名	莎草屬
英文名	Malacca Galingale

叢生多年生草本，具橫走根莖。稈直立，表面光滑具3稜，深綠色，基部被有1～2片葉鞘。基生葉片早落。聚繖花序具5～10枚不等長分支，圓柱狀，每一分支具5～12枚小穗；葉狀苞片短於花序軸。小穗圓柱狀線形，淺褐色，於近邊緣處為草色。

分布於中國南部與沖繩群島南部潮溼地。單葉鹹草為台灣中北部海濱及河濱泥質潮溼地可見的高大直立草本，植株地下部常浸泡於水面下，僅由直立的綠色莖稈伸出水面。單葉鹹草翠綠的莖稈能進行光合作用，代替了其他植物葉片的功能，它眞正的葉著生在莖稈基部，由於極為靠近泥灘地表，因此不常被人注意。

葉先端具有線形葉片，卻不易保存而極早枯萎，僅留下宿存的褐色葉鞘包裏在稈的基部，因此稱為「單葉」鹹草。單葉鹹草的聚繖花序頂生於莖頂，一旁常有短小的葉狀苞片（或稱苞葉），在台灣本種另有一變種：茳芏（或稱茳芏鹹草，*C. malaccensis*），曾引進並栽培於台北河濱地區，其具有多枚長而明顯的苞葉，可供區隔。

單葉鹹草的莖稈經過乾燥、搓揉後能製成草繩、草席之用，但因莖稈較同科的蒲軟弱，加上吸溼性差，曬乾後又缺乏蒲稈特有的香氣，因此較少人採用。

→藺草帽為風行一時的草編成品，也是道卡斯族的傳統技藝之一。

用 | 樂

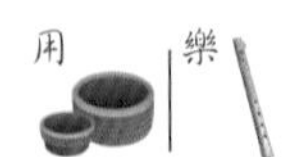

花期 1 2 3 4 5 6 7 8 **9 10 11 12**

↑單葉鹹草為淡水或河口泥灘地可見的大型直立草本。

↑單葉鹹草的稈基部具有單一一枚葉片。

↑小穗聚生成聚繖花序，基部由少數苞葉包圍。

蒲

Schoenoplectus triqueter (L.) Palla

科　名	莎草科Cyperaceae
屬　名	擬莞屬
英文名	Bulrush, Chair-maker' s rush
別　名	大甲草、大甲藺、淡水草蓆草、蓆草、蓆草、龍鬚草

↑小穗少數，頂生於莖稈先端。

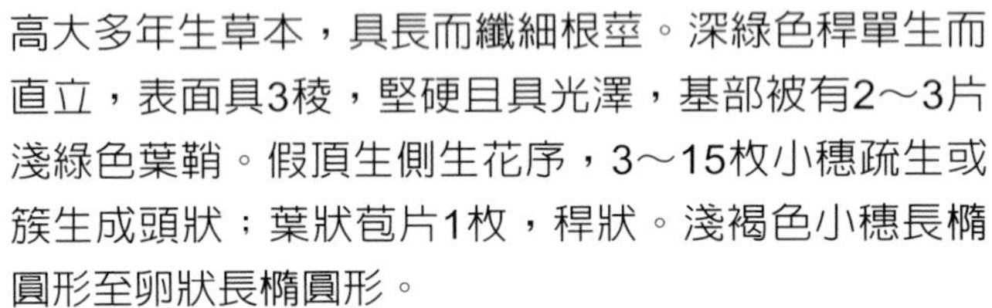

高大多年生草本，具長而纖細根莖。深綠色稈單生而直立，表面具3稜，堅硬且具光澤，基部被有2～3片淺綠色葉鞘。假頂生側生花序，3～15枚小穗疏生或簇生成頭狀；葉狀苞片1枚，稈狀。淺褐色小穗長橢圓形至卵狀長橢圓形。

廣布於溫帶亞洲、南歐與地中海地區。在台灣常於海濱潮溼砂質地或低地淡水沼澤叢內生長。蒲的莖稈質地較為堅韌，聚繖花序頂生於稈頂，只是莖頂同時著生了堅硬的苞葉，使得花序得往一側傾倒，看起來好像從一支直立的綠色草稈中抽出花序，結著數枚卵形的小穗。由於和單葉鹹草的生育環境類似，加上都能用來編織草席、草繩，因此兩者容易讓人混淆。不過蒲的小穗呈卵形，結實後小穗內的瘦果基部殘存了花被特化而成的剛毛，表面密生逆刺；單葉鹹草的小穗常為線形，瘦果基部無特化的宿存花被，可供區分。

不過，看在熟稔藺草編織工作的居民眼中，兩者不僅輕易可分，而且價值有所不同。蒲的莖稈較為堅韌而富彈性，吸水性強，加上乾燥後會散發宜人的草香味，兼具耐用、除溼、除臭的功能，為以往苑裡一帶居民進行藺草編織的上等材料，製成的成品運往集散港口大甲進行交易買賣，因此「大甲草席」的名聲不逕而走，而蒲又有大

←蒲的乾燥莖稈製成的藺草編製品會散發清雅的草香。

用

花期 1 2 3 4 5 6 7 8 9 10 11 12

↑蒲為最適合進行藺草編織的種類，常於河口或栽培水田中成片生長。

甲草、大甲藺的別稱。相傳苑裡一帶婦女的草編手藝可能源自於道卡斯族的傳統工藝；隨著漢化的腳步，道卡斯族的名稱雖然日漸模糊，祖傳的精美工藝卻代代相傳至今。

↑利用秋風與日照，將成束收成的藺草曬乾。

裂葉秋海棠

Begonia palmata D. Don

科　名	秋海棠科Begoniaceae
屬　名	秋海棠屬
別　名	巒大秋海棠

肉質草本，莖多少被鏽色絨毛。葉卵形，不等大心形歪基，邊緣具不規則裂片，裂片先端銳尖，微被鏽色剛毛，掌狀脈。聚繖花序總梗腋生，雄花淺粉紅色，外圍2枚花瓣較大，廣卵形，內層2枚倒卵形，表面被毛；雌花具5枚等大花瓣。蒴果表面被纖毛，翼不等大，背翼明顯較大。

廣布於中國西部與南部、越南、緬甸與印度。裂葉秋海棠爲台灣本島中海拔林下極爲常見的肉質秋海棠科植物，藉由直立至斜倚的莖稈、全株密被的鐵鏽色毛，以及廣卵形、具有明顯三角形的裂片，即可輕易與其他台灣產本科植物區分。秋海棠屬植物皆具有聚繖花序，裂葉秋海棠也不例外。花序上混生著粉紅色的雌花與雄花，雄花著生於纖細的花梗先端，廣卵形的花瓣中包圍著成簇的花藥；雌花花瓣中央可見黃色的捲曲狀柱頭，花瓣後可見3稜的子房；雌花的子房表面具有不等大的翼。

裂葉秋海棠的植株多汁，汁液多具酸味，若是在野外十分口渴時，不妨摘取其莖葉「生津止渴」。除此之外，它還是螞蝗的剋星。螞蝗是環節動物門蛭綱的動物，當人們行走在中、低海拔林下時，不小心就會被螞蝗沾上，被它附帶吸盤與3枚銳齒的口咬上一口，除了剛咬下的輕微觸感外，發現牠的時候往往已經血流成片，也「飽餐一頓」了。其實螞蝗不

↑雌花授粉後，子房由粉紅色轉為翠綠，背側的翼也日漸延長。

花期 1 2 3 4 5 6 7 8 9 10 11 12

秋海棠科

↑裂葉秋海棠寬大的葉片具有許多三角形裂片。

像以往所誤傳的難以拔除，除了用指尖捏起它溼黏的黑色身軀外，許多獵人與山友以菸頭燙牠後便自然脫落；若是手邊沒有菸頭，又不想觸碰這黏滑的「吸血鬼」，便可用中海拔常見的裂葉秋海棠一試，將它的汁液塗在螞蝗體表，據傳效果跟菸頭一樣好喔！

↑果熟後轉為紅色，果梗向下彎曲。

台灣藜

Chenopodium formosanum Koidz.

科　名	藜科Chenopodiaceae
屬　名	藜屬
英文名	Lambs quartens goosefoot
別　名	紅心藜、紅藜、赤藜、灰藋、酒麴、柔麗絲、藜

一年生草本。莖直立，具多數分支，分支斜倚，幼時肉質。葉卵形至菱形，先端銳尖至鈍，葉基截形至鈍形，疏齒緣帶葉片的頂生圓錐花序下垂；花被片5枚，倒卵形，中央具綠色脊稜。胞果扁球形，表面光滑。種子扁形，具光澤，黑色。

←可作為酒麴的台灣藜是往日重要的農穫之一。

台灣特有種，但也被若干學者歸爲廣義的廣泛栽培作物：紅藜（*C. giganteum*）的一型。全球藜屬植物的分類仍然十分分歧，主要原因包括多倍體化（polyploidy）、地理隔離、人爲育種等因素，導致全球各地的藜屬栽培種都能納入廣義的藜（*C. album*）此一種下。爲了彰顯台灣地區特殊的歷史及分布背景，因此採用「台灣藜（*C. formosanum*）」此一學名，並期待未來有更深入的研究成果。台灣

花期 1 2 3 4 5 6 7 8 9 10 11 12

↑台灣藜的植株可達3公尺高。

藜的植株高大，全株深綠帶紅色或全株鮮紅，栽培時成爲極別緻的農業景觀。結果時植株往一側懸垂而下，在陽光照耀下就像紅寶石一般往農田裡傾倒，光彩奪目。

台灣藜受到許多中南部原住民族的種植，其微小的種子經過敲打、脫除果皮後才可食用，加工上頗爲麻煩，但風味深受原住民族喜愛。種子煮熟後經咀嚼可作爲酒麴，與小米一同發酵。

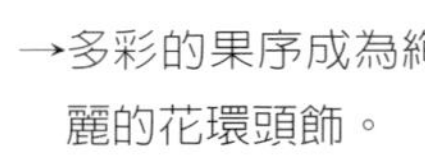

→多彩的果序成為絢麗的花環頭飾。

甘藷

Ipomoea batatas (L.) Lam.

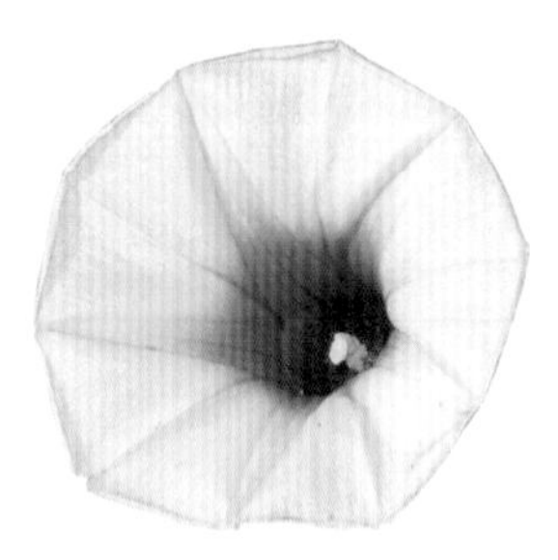

科　　名	旋花科Convolvulaceae
屬　　名	牽牛花屬
英 文 名	Sweet potato
別　　名	白藷、紅藷、地瓜、甘薯、番薯

展開伏生草本。莖上光滑或被毛，具梭形或長塊莖狀塊根；莖常著生不定根。葉形多變，卵形至圓卵形，葉基心形或截形，邊緣全緣或3～5裂，裂片廣卵形至線狀長橢圓形。花萼長橢圓形至卵狀長橢圓形，先端銳尖至鈍，具短尖突，花冠鐘形至漏斗形，紫紅色，中央色深。

常拿來比喻爲「台灣」象徵的番薯，其實是不折不扣的「舶來品」，原產中美洲與南美洲北部的番薯，被廣泛種植於南北半球熱帶及亞熱帶地區，連從中國移民來台的閩南與客家人也廣泛栽培；只因這甜美的地瓜原產中南美洲，而稱它「番」薯。

番薯傳入台灣的路徑可能有兩種，其一是廣泛分布於南太平洋的南島語族自南美洲傳出後，經由島嶼間的拓殖航行傳入，此一途徑傳入的年代應較早，極有可能經此途徑傳入蘭嶼島及其他地區。另一途徑爲經由葡萄牙人航向新大陸後傳回歐陸，再隨大航海時代傳入亞洲。此途徑傳入的年代較晚，經由中國沿海居民來台開墾後傳入，而這說法由以往「台灣西部原住民原以薯蕷爲主食，後因漢人進駐後方種植番薯」的相關記載獲得證實。由於梭形或長橢圓形塊根，及外形多變的葉片可食，常讓人忘記它會開出典型旋花科植物的紫紅色或白色花朵。

↑葉用甘藷的品種繁多，葉色與葉形也有所不同。

花期 1 2 3 4 5 6 7 8 9 10 11 12

↑甘藷的花冠先端淺5裂，淺紫色或近白色。

番薯、薯蕷與芋頭是南島語系各族群廣泛食用的主食之一，至今已成爲各熱帶地區廣泛栽培的作物。由於許多閩南人早期生活困苦，沒錢買米煮飯時只好吃番薯塊或番薯簽，或是在稀飯中添加番薯，因此直到現在，許多老一輩的閩南人仍認爲吃番薯是窮困的象徵，因而拒絕食用。

其實番薯的營養價值極高，富含碳水化合物、蛋白質、纖維素與維他命A，單位體積所產生的熱量高於小麥、稻米與木薯，爲世界第七大糧食作物。台灣越來越多的地方特色小吃以「地瓜」爲主題，並且培育出不同顏色、口感的地瓜，甚至有葉片翠綠、深紫或斑葉的觀賞品系。番薯與番薯葉富含纖維，能刺激腸胃蠕動，雖然吃多了容易脹氣，卻成爲現今的健康食品之一。

↑甘藷富含糖分的地下部是先民重要的澱粉來源。

錐序蛛毛苣苔

Paraboea swinhoii (Hance) Burtt

科　名	苦苣苔科Gesneriaceae
屬　名	旋莢木屬
別　名	旋莢木

莖無分支，密被淺褐色棉質伏毛。葉對生，葉片長橢圓狀披針形或倒披針形，厚紙質，葉背密被淺褐色綿毛，葉基圓至楔形，邊緣全緣或鋸齒緣，先端漸尖或銳尖。圓錐狀聚繖花序腋生或假頂生。花萼5裂，裂片線狀長橢圓形，先端鈍，外表被長柔毛。花冠白色。蒴果線形，螺旋狀旋轉。

分布於泰國、越南、中國南部與菲律賓。台灣中南部中、低海拔岩石上或森林內可見。「錐序蛛毛苣苔」中文名稱企圖表達它「具有圓錐狀的花序、全株被有蛛絲般的綿毛，以及屬於苦苣苔科成員」的特性，然而卻比它的別稱「旋莢木」繞舌許多。其實「旋莢木」此一別稱企圖描述它爲「蒴果開裂時果瓣呈螺旋狀旋轉的灌木」，雖然描述的特徵只有結果期間才能領悟，但名稱較短卻較爲順口而好記。它常於稍微開闊的岩壁縫隙或森林底層生長，全株密被綿毛，6～9月間開花，8～10月結果，想要一睹它果實開裂的形態可得把握這段時間。

錐序蛛毛苣苔生長於中南部山區，密被綿毛的葉片曬乾後，能當做生火用的火種，極易點燃，因此被生活在南台灣的原住民族所利用。此外，由於嚼食它的葉片後嘴巴會變紅，像極了嚼檳榔的大人，因此也曾是排灣族小朋友嬉鬧時的玩具之一。

↑乾燥的葉片昔日是獵人們火種的原料之一。

花期 1 2 3 4 5 **6 7 8 9** 10 11 12

↑圓錐花序上可見白色的花與綠色的未成熟蒴果並存。

↑錐序蛛毛苣苔因為具有圓錐花序，植株表面密被蛛絲細毛而得名。

↑蒴果開裂成2瓣，且果瓣略為扭旋，故又名「旋莢木」。

仙草

Mesona chinensis Benth.

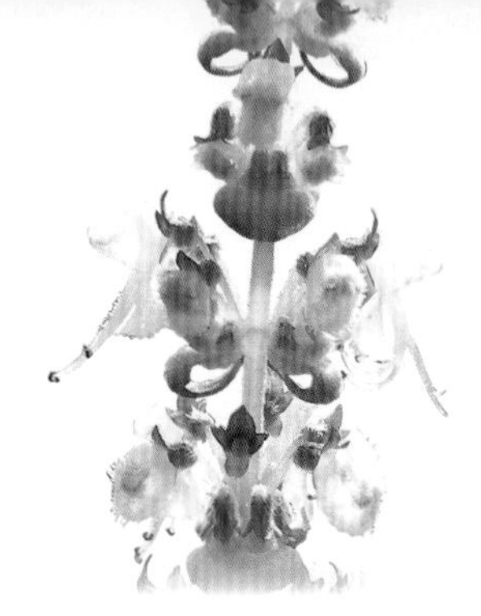

科　名	唇形科Lamiaceae
屬　名	仙草屬
英文名	Chinese mesona, Mesona
別　名	田草、仙人草、仙草乾、仙草舅、涼粉草

草本，莖直立或基部斜倚，具4稜，表面被毛。葉片橢圓形至卵形，葉基楔形至近截形，先端銳尖，邊緣鋸齒緣。輪生聚繖花序形成頂生或腋生總狀花序；葉狀苞片三角形，先端具尾尖；花萼鐘狀，二唇化，上唇較長，結果時下唇延長；花冠下唇舟狀，上唇裂片三角形。小堅果倒卵形，表面具網紋。

分布於中國與台灣，台灣低至中海拔向陽草地可見，並廣爲平野農戶栽種。仙草是直立或匍匐後直立的矮小草本，平伏於中、低海拔向陽開闊地；未抽出花序的它有著對生的卵形或橢圓形葉片，葉片被毛且邊緣帶有鋸齒，看來並無特殊之處；深秋時節仙草悄悄地抽出花穗，由許多紫白色的小花呈聚繖狀排列於莖節上，形成頂生或腋生的總狀花序；其間偶爾帶有與葉片同型的葉狀苞片，看來與民衆引進栽培的各式薄荷品種有些類似。花期過後僅見宿存的花萼筒延長，保護著雌蕊基部子房發育成的小堅果，等待成熟後降落在草地上，成爲明年深秋時草坡的主角。

不過要能在深秋時節開花，還得逃過青草藥商與農民的「追捕」才行。因爲它可是傳統製造仙草茶、仙草凍的主要原料，具有清熱消暑的功效。酷暑之際只見成群的婆婆媽媽們在烈日下收割，等到曬乾後即可加工，沖泡青草茶或是製成仙草凍，甚至到了嚴冬時加入豐富的配料成爲溫暖的燒仙草；難怪除了農戶們自家栽培之外，也願意在每年夏天揮汗如雨地採收這匍匐生長的矮小草本。

↑雖然仙草熬煮後的原汁即可結凍，但是容易液化而不耐久放。

花期　1 2 3 4 5 6 7 8 9 **10 11 12**

食｜用

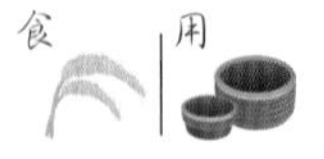

↑仙草是多年生草本植物，莖枝先匍匐後直立，抽出開滿花序的直立莖軸。

↑輪生的聚繖花序間具有小型的苞葉。

↑將仙草全株收割後曬乾，便成了熬煮仙草凍的材料。

台灣百合

Lilium formosanum Wallace in Elwes

科　　名	百合科Liliaceae
屬　　名	百合屬
別　　名	山蒜頭、高砂百合

球莖球形至廣卵形或橢圓形，鱗葉卵狀披針形，先端銳尖，肉質；莖直立至斜倚，表面光滑帶紫色。葉線形至線狀披針形，偶為披針形或鐮狀披針形，先端漸尖，葉基抱莖，全緣，兩面光滑。花白色，單生或數朵簇生於莖頂，窄漏斗狀，具芳香，外表帶酒紅色或紫紅色線紋。蒴果圓柱狀，種子褐色。

↑台灣百合的花苞下垂，花被表面常具紅色線紋。

台灣特有種，全島海濱至海拔3500m開闊地與路旁常見，亦被栽培供觀賞用。台灣百合爲全台廣布的野花，由於花色純潔、花朵大型，深受大衆喜愛。若是實地在野外觀察，會發現台灣產4種百合屬植物中，只有台灣百合的純白色花朵外具有紅色的線紋。台灣百合的花苞開放前，會有如抬頭般將花苞高舉，而後往下旋轉一圈才開放，非常有趣。

台灣百合對原住民族別有涵義，除了它地底的鱗莖是救荒野菜外，北鄒族視其具有辟邪功能，魯凱族和排灣族人將配帶

花期 1 2 3 4 5 6 7 8 9 10 11 12

↑台灣百合的生育範圍遍布台灣各地海濱至中、高海拔山區。

「台灣百合爲頭飾」視爲榮耀，對女子而言爲純潔的象徵，當男性獵獲一定數量的山豬後，才能被部落認可配帶百合頭飾。

↑蒴果3瓣裂，內含多列具薄翼的種子。

←在排灣和魯凱族中，部落成員必須經過認可，才能以百合花為頭飾。

拔蕉

Musa balbisiana L. A. Colla

科　　名	芭蕉科Musaceae
屬　　名	芭蕉屬
英 文 名	Butuhan

↑雄花序內雄花排成2列，花冠向下彎曲。

叢生大型肉質草本，葉鞘黃綠色或綠色，表面常被白粉。葉片橢圓形，邊緣全緣，先端截形，基部不對稱心形，葉背微被白粉。花序腋生，下垂，雌花著生於花序基部排成2列，先端為雄花；雄花苞片寬卵形，先端鈍，深紫紅色，表面被白粉與縱紋，開展時不反捲，早落。果序下垂，果皮成熟時淺黃色。

↑拔蕉花序先端具有卵形的紫紅色苞片。

芭蕉屬植物爲極具熱帶風情的大型草本植物，「莖稈」先端展開多數寬大而隨意撕裂的葉片，開花時從濃密的葉叢中伸出花序。只不過撐起這翠綠葉片的莖稈不是眞正的莖，絕大多數是富含水分與堅韌纖維的葉鞘，由於這些葉鞘緊密堆疊，使得這些原屬葉部構造的葉鞘具有類似莖的功能，因此有時稱爲假莖。

芭蕉屬植物的花序粗壯，花序基部著生雌花，叢生於花序一側，基部常具一枚大型卵狀苞片。每朵雌花基部都有翠綠的子房，有待授粉成功後發育成長梭形的果實。花序先端著生雄花，

花期 1 2 3 **4** **5** **6** **7** **8** **9** **10** **11** 12

↑拔蕉的果實短而圓胖，先端鈍而後彎。

其生長方式及外觀與雌花者相似，只不過花朵基部的子房較小，無法結出美味的果實。拔蕉花序上的苞片爲紫紅色，隨著花朵綻放後脫落，開花時苞片開展但不反捲，與同樣具有紫紅色苞片，但先端明顯反捲的栽培作物「香蕉」明顯不同。

拔蕉原產東南亞，台灣早年引進並局部逸出。芭蕉屬植物經過人工育種與雜交，具有許多栽培種，其中拔蕉爲重要的親本種之一。拔蕉不僅幼果（種子尙未發育的果實）在東南亞醃漬食用，雄花苞與假莖也可供做蔬菜，與許多台灣原住民族類似，東南亞亦採取拔蕉的葉片包裹食物、抽取假莖纖維編織、以假莖供做飼料。

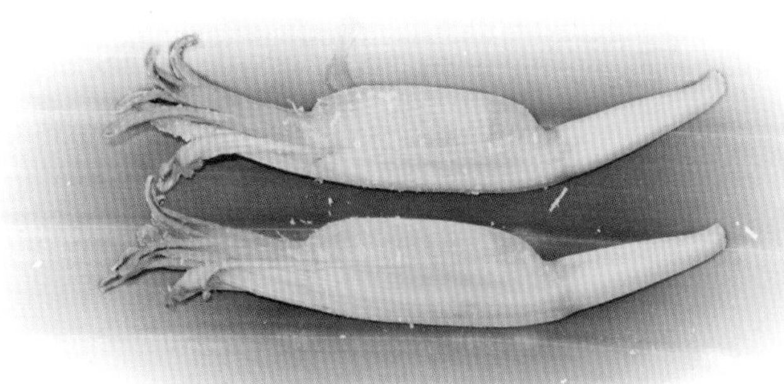

←雄花先端具有展開的花藥，花冠筒內富含糖蜜。

台灣芭蕉

Musa basjoo Siebold var. *formosana* (Warb.) S. S. Ying

科　名	芭蕉科Musaceae
屬　名	芭蕉屬
別　名	山芎蕉

假莖2.5m或更高。葉全緣，中肋明顯，常於羽脈間裂開，葉背常帶白粉，兩面光滑。花序巨大，表面被糙毛；苞片卵形，淺黃色帶紫色線紋，兩面光滑；花多數腋生於苞片腋處，淺黃色，離生花瓣長橢圓形。果梭形，成熟時紫紅色。

台灣芭蕉的原變種分布於日本南部與琉球，變種特產台灣及蘭嶼，全島海拔200～1800m常見。台灣芭蕉爲台灣本島最爲廣布的芭蕉科植物，其花序具有許多卵形黃色苞片，表面常具有許多紅色線紋，極易辨識。台灣芭蕉的果爲橢圓狀梭形，表面具3稜，內含豐富的膠質與大而黑色的種子。第二版台灣植物誌中描述了此一物種，但根據其「…具有大而紫紅色苞片…」的描述，應爲香蕉的錯誤鑑定。雖然台灣芭蕉的苞片常爲黃色帶有紅色條紋者，然而在台灣東北部的個體具有若干變化：其苞片爲單純黃色，不具紅色線紋；然而其常與帶有紅色線紋者混生，因此應爲局部地區的變異。

台灣芭蕉的野外族群量大，寬大的葉片成爲旅人極易取得的食物墊料，粗而質軟的假莖也能充做臨時性的支柱。台灣芭蕉的果實看在現代人眼中不算是珍饈，但以往卻是食用的野果，而在野生動物眼中，台灣芭蕉依然是牠們的食物來源之一，因此周圍常有許多野生動物出沒。台灣芭蕉雖然不像其他芭蕉科植物能抽出長而堅韌的纖維，但它的纖維曬乾後仍能成爲火種的材料之一，爲泰雅族、賽夏族、鄒族及太魯閣族人所利用。

↑台灣芭蕉的果短小，轉熟之前果皮泛紅。剖開果皮可見許多黑色種子與白色果肉。

花期 1 2 3 4 **5 6 7 8** 9 10 11 12

↑雌花位於花序基部，每朵花的基部可見綠色子房。

↑台灣芭蕉的花序自葉鞘合生的假莖中抽長。

←芭蕉葉片可作為小米粽「阿拜」的包裝。

香蕉

Musa × sapientum L.

科　　名	芭蕉科Musaceae
屬　　名	芭蕉屬
英 文 名	Banana
別　　名	甘蕉、弓蕉

假莖2.5m或更高。葉片全緣，常於羽狀平行脈間裂開，葉兩面光滑，葉表蒼綠色，葉背常帶白粉。花序巨大，花梗表面光滑；苞片長橢圓狀卵形，凹陷且於開花後反捲，紫紅色，表面被白粉；花達30朵，成二列腋生於苞片腋處，淺黃色。果梭形，成熟時黃色。

芭蕉科爲廣泛分布於熱帶及亞熱帶地區的植物種類，該科成員中，芭蕉屬爲種類最多的一屬，主要分布於南亞、東南亞、大洋洲、印度與薩摩亞等熱帶潮溼地區。本屬成員經過人工育種與雜交，具有許多栽培種，廣泛栽培的香蕉便是其中的成員之一。香蕉的植株高大，密集而叢生，加上展開的芭蕉葉極具熱帶風情，又有香甜的香蕉果可供食用，因此許多人家都愛栽種，但是一旦要移除它，就是一番大工程了。除了它濃稠的汁液不易清洗，一旦沾上衣物簡直無法洗淨。它旺盛的生命力及地下横走的根莖，即使在横剖面灑上大量的食鹽也不見得能加以清除，這也難怪香蕉成爲許多鄉間常見的景緻。

↑苞片全為紫紅色，開花時苞片往外反捲。

香蕉的花序具有多數紫紅色苞片，表面被有許多白色蠟粉，當香蕉開花時，苞片便依序展開並於先端反捲，可與其他台灣地區芭蕉屬植物相區隔。

花期 1 2 3 4 5 6 7 8 9 10 11 12

↑香蕉的直立假莖是由多層的葉鞘堆疊而成。

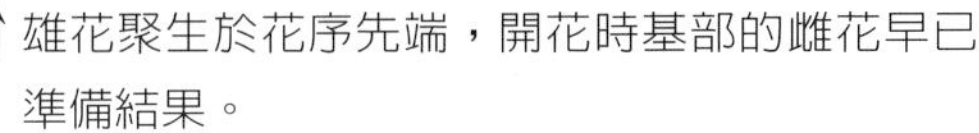

↑雄花聚生於花序先端，開花時基部的雌花早已準備結果。

香蕉爲世界第四大經濟作物，在台灣引進極早，至今仍廣泛栽培於全島低海拔地區，在台灣南部更是大面積栽培，成爲旗山、美濃平原獨特的景觀。台灣各原住民族皆有栽培與食用香蕉，並將收穫用於買賣交易，香甜的香蕉果也是拿來吸引獵物的誘餌之一。以往，香蕉寬大的葉片可作爲屋頂，以求擋雨及遮陽之用；光滑的葉片也是盛接食物的環保餐具；香蕉的假莖與花序也是一種染料。香蕉潔白的嫩芽與花芽也是一道珍饈。除此之外，假莖中強韌的纖維曬乾後，是引火時常用的易燃物。然而，原住民對香蕉纖維最特殊的利用，莫過於「香蕉衣」的製作，由文獻可知，早期鄒族會抽取香蕉假莖內纖維進行編織，今日此一技術僅能在噶瑪蘭族部落中尋獲，在清領時期，噶瑪蘭族人的香蕉衣可是經由貿易，外銷至中國的成衣，除了衣著之外，近年來更開發許多香蕉編織用具，以保留此一傳統技能。

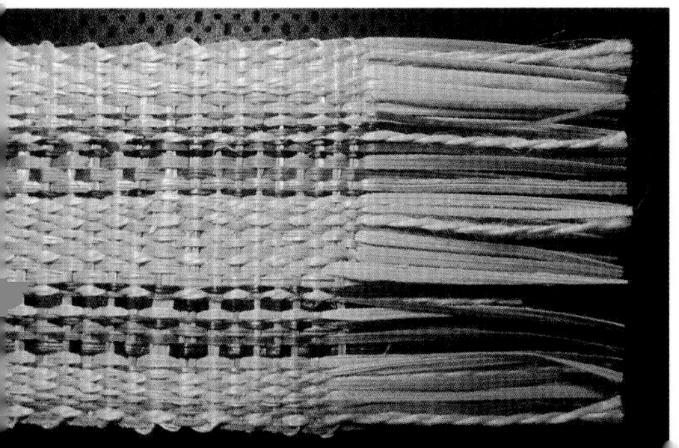

←噶瑪蘭人利用香蕉纖維編製而成的書籤。

象腿蕉

Ensete glaucum (Roxb.) Cheesm.

科　名	芭蕉科Musaceae
屬　名	象腿蕉屬

假莖單生，黃綠色，基部膨大呈罈狀，略呈紅色；假莖幹具白色蠟粉。葉鞘宿存，外表皮綠色帶有棕色斑，內表皮紅紫色。葉片披針形，葉尖端具鬚狀物。佛焰苞綠色，肉質，狹卵形，尾端葉狀，聚生成蓮座狀，宿存。雄花苞內雄花排成2列。漿果15～18枚一串，棒槌狀，頂端綠色，內含黑色種子多數。

象腿蕉為2008年由葉慶龍教授等報導，分布於台灣南部淺山地區的外來種植物。除了假莖基部膨大如象腿外，獨特的花序外形也令人印象深刻。象腿蕉的花序同樣具有發達的苞片，不過它的綠色苞片不像其他芭蕉屬植物早落，而是宿存於花序軸上，不論假莖或花序皆如「象腿」般粗壯，極為獨特。

象腿蕉屬廣泛分布於東南亞與南亞一帶，在中國被作為豬飼料，而在台灣曾被零星引進供園藝植物。本種於台灣零星分布於排灣族、南鄒族及布農族生活領域內，根據排灣族人表示：「這種香蕉在附近山區很多，具有毒性，食用後造成腹脹」，因此被視為禁忌植物之一。

↑象腿蕉的花序具有宿存的綠色苞片。

白鶴蘭

Calanthe triplicata (Willem.) Ames

科　　名	蘭科Orchidaceae
屬　　名	根節蘭屬
英 文 名	Christmas orchid, Thrice folded calanthe

↑唇瓣裂片像是紙片剪成的人形，綴有一點紅斑。

多年生叢生草本，葉長橢圓形至長橢圓披針形。花白色，叢生於花莖先端，基部具綠色卵形苞片1枚，花瓣及萼片開展，唇瓣3裂，其中裂片深裂呈二叉狀，中裂片基部具粉紅色斑點。

白鶴蘭廣布於日本南部、沖繩、中國南部、印度，向南至馬來西亞、澳洲及太平洋諸島；台灣及蘭嶼海拔1,500m以下森林內常見。白鶴蘭具有叢生的長橢圓形葉片，從葉叢中伸出直立的花莖，花莖先端由許多帶有綠色苞片的白色花朵叢生，等待花朵綻放。白鶴蘭的唇瓣先端具有明顯的二叉裂片，花朵其餘的萼片與花瓣有如雪白的衣裳與翅膀，就像大自然用巧手剪出的紙天使，齊聚在花莖先端飛翔。

白鶴蘭的葉片叢生於根莖先端，長於葉片的花莖直立於葉叢中，先端簇生許多白色花朵與花苞。由於數量多且適應力強，以往白鶴蘭被喜好養花蒔草的排灣族人栽種於傳統屋前的花圃，成為別緻的園藝花材。

↑總狀花序排列成圓錐狀，由許多白色花朵組成。

樂

花期 1 2 3 **4 5 6 7 8 9 10** 11 12

金草蘭

Dendrobium chryseum Rolfe

科　名	蘭科Orchidaceae
屬　名	石斛屬

附生性草本，莖叢生而直立，表面常被黃綠色葉鞘，節間黃色。葉互生成2列，窄長橢圓形，先端鈍，葉基漸窄。穗狀花序側生或近頂生，具花少數。花金黃色或橘；花萼不等大，長橢圓形，先端銳尖，側萼片較大；花瓣倒卵形，先端鈍，基部漸狹。蒴果棱狀。

↑金草蘭的蒴果棱形，兀立於果序先端。

金草蘭的莖稈黃色，稈上明顯具節，且互生一片片革質的窄長葉片。夏季時分，便從葉腋間開出金黃色的花朵，因此開花時節，耀眼的莖與花朵在驕陽照射下，金草蘭之名不逕而走。

金草蘭為大型附生性蘭科植物，廣布於中國、印度、喜馬拉雅、緬甸。在台灣產於全島海拔1000～2500m闊葉樹林向陽或略蔭冠層分支。在山採蘭花風行的年代，許多園藝業者大量收購，使得蘭花成為換取金錢的商品。金草蘭的花大且色豔，植株飽滿，當然也是收購的對象。金草蘭為鄒族神聖的植物，不僅男子

用　樂

↑金草蘭原生於中海拔山區。

的集會「庫巴」屋頂必須栽種，節慶時只有獲得長老的認可，才能摘取枝葉裝飾於皮帽上。現今北鄒族的部落間常可見金草蘭裝飾。

↑鄒族的青年會所「庫巴」屋頂也會栽種金草蘭。

←鄒族人在祭儀時會配戴金草蘭製成的頭飾（攝自嘉義特富野）。

台灣金線連

台灣特有種

Anoectochilus formosanus Hayata

科　名｜蘭科Orchidaceae

屬　名｜金線連屬

別　名｜台灣金線蓮

葉2～4枚，卵形或圓卵形，先端銳尖，葉基圓，上表面深綠色具細緻白色網紋，下表面紅紫色。花序高達20cm，花萼表面被腺毛，紅褐色或黃褐色，花瓣鐮形，表面光滑，朝頂裂片倒伏而成皿狀；唇瓣3裂，中段具2枚水平裂片，兩側具平行流蘇。

台灣金線連以往被傳爲「藥王」，全島海拔1500m以下闊葉林常見，除了了解藥效的人採用外，本著「有病治病、沒病強身」的錯誤觀念，在野外看到「矮小且卵形葉片具有細緻線紋的肉質草本」便拔起來往嘴裡送，使得某段期間，若干外形相似的許多物種，如銀線連、恆春金線連等物種的數量與台灣金線連一起驟降。其實台灣金線連的用途在於止痛，因此對於各式疾病導致的疼痛都有舒緩效果。還好目前台灣金線連的組織培養技術純熟，各式養生食品也已開發成功，使得野外的原生族群得以休養生息。

←台灣金線連為台灣全島中、低海拔山區可見的矮小蘭科草本。

花期 1 2 3 4 5 6 7 8 9 **10 11 12**

台灣蘆竹

Arundo formosana Hack.

科　　名	禾本科Poaceae (Gramineae)
屬　　名	蘆竹屬
英 文 名	Taiwan grass

↑葉鞘光滑，葉襟偶呈深褐色。

多年生叢生草本。葉鞘長於節間，葉片線形，近基部被長絲狀毛，邊緣具細齒。圓錐花序頂生，淡黃色，小穗內含3～5朵小花；穎近革質，3脈；外穎先端銳尖，下表面光滑，內穎先端漸狹；外稃3～7脈，先端具芒，下表面被長絲狀毛，毛長與外稃相近；內稃具2脊，邊緣被剛毛。

↑小穗排列成圓錐狀，頂生於枝條先端。

分布於琉球與菲律賓，台灣海濱至中海拔乾草原或岩壁上可見。台灣蘆竹的適應力強，可生長在貧瘠土壤地區，爲乾生演替中最前期之植物，也是岩石壁上常見的植物之一，每到秋冬時節，便可看到一串串圓錐狀的花序懸在枝頭。

台灣蘆竹的枝條極具韌性，枝條曬乾後也能用來編織器具，枝葉曬乾後常成爲近山各民族清掃家中用的掃帚。台灣蘆竹葉緣的細齒不像芒草容易刮傷人，因此被利用爲暫時性的地墊或床墊，偶爾也會用台灣蘆竹的莖葉當成屋頂用材。由於台灣蘆竹常生長於山坡或較爲陡峭的岩壁上，成爲排灣族人用來判斷山坡是否穩固的指標植物。

花期 1 2 3 4 5 6 7 8 9 10 11 12

蘆竹

Arundo donax L.

科　　名	禾本科Poaceae (Gramineae)
屬　　名	蘆竹屬
英 文 名	Giant cane, Giant reed

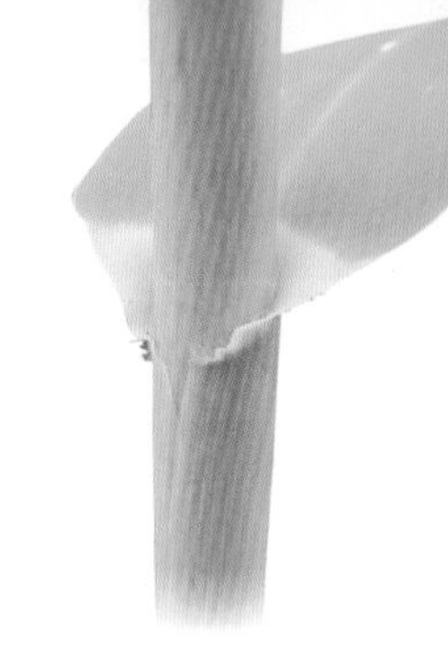

↑葉片寬大，葉鞘時而光滑無毛。

多年生草本，具地下莖。稈高大，直立略分支。葉邊緣粗糙，葉鞘長於節間，光滑或疏被毛。圓錐花序，花序軸被剛伏毛；小穗穎紙質，披針形，先端銳尖或具短芒，表面被長絲狀柔毛；小花基盤短，無毛；外稃表面下半部被長柔毛。

↑蘆竹以往常見於河岸灘地，現多生長於中、低海拔的溪谷內。

台灣的蘆竹亞科成員包括：蘆竹屬（*Arundo*）、類蘆竹屬（*Neyraudia*）、蘆葦屬（*Phragmites*）與棕葉蘆屬（*Thysanolaena*）植物，雖然不若竹亞科成員般具有叢生於枝條末端的竹葉、特化的竹籜與3枚鱗被，蘆竹亞科的成員植株往往比常見的「禾草」高大，因此常被誤認爲「較爲矮小的竹子」。其中分布較廣、數量較多的蘆竹屬與蘆葦屬種類常被先民採用，成爲各地的民族植物之一。

蘆竹廣布於歐亞大陸，台灣海濱至中、低海拔向陽河谷、山坡可見。蘆竹以往是台灣近海平野極爲常見的大型草本，不少地方留下了「蘆竹」的地名，由此可見

樂

花期 1 2 3 4 5 6 **7** **8** **9** **10** 11 12

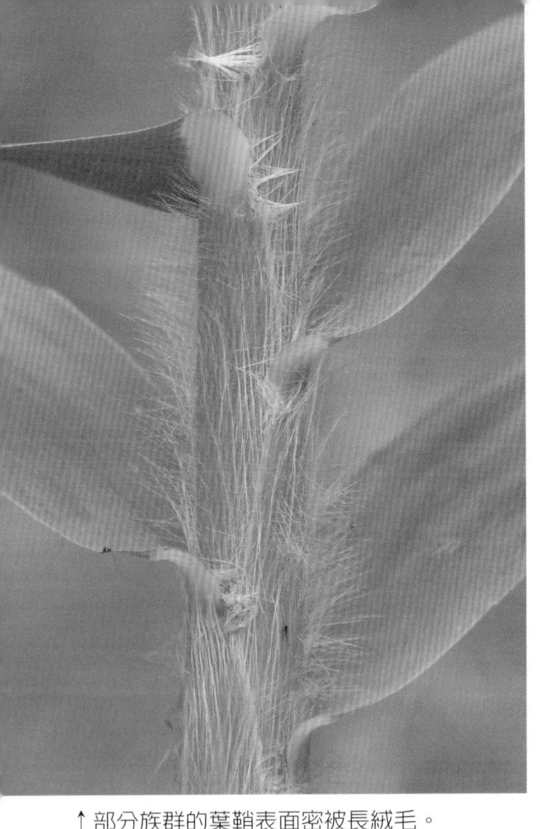

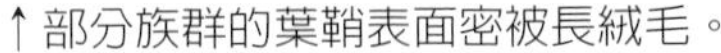

↑部分族群的葉鞘表面密被長絨毛。

↑具有線藝的蘆竹稱為「異色蘆竹」。

以往的盛況；加上地下根莖發達，因此也被引進澎湖地區栽培。蘆竹具有一變種：異色蘆竹（*A. donax* var. *versicolor* Stokes），爲植株葉片具有線紋的個體，也被品味獨特的園藝家收藏觀賞。由於濱海地區蘆竹的生長環境與人類活動的區域重疊，頻繁的人爲干擾下，使得平地的蘆竹數量銳減，想看它就得刻意於平地尋找，或是花點時間到山上的向陽處搜尋看看了。

蘆竹能生長在海濱地區，粗壯的莖稈與略厚的葉片能耐強風摧殘，因此被若干海濱地區民衆刻意栽培爲風籬之用，可惜要採用它作爲風籬，必須極爲費心的密植才能發揮功用。蘆竹的莖稈粗壯而中空，泰雅族與噶瑪蘭族皆有採用其作爲占卜的法器之用，然而近年來越來越難尋獲，因此多改採蘆葦或開卡蘆代替。

↑以往利用蘆竹中空的莖稈作為占卜之用。

長枝竹

Bambusa dolichoclada Hayata

科　　名	禾本科Poaceae (Gramineae)
屬　　名	蓬萊竹屬
英 文 名	Long branch bamboo, Long shoot bamboo
別　　名	長枝仔竹、桶仔竹、角仔竹

↑小穗自腋生花序軸伸出，具多數可稔小花。

地底具短根莖，稈叢生，幼枝光滑。籜革質，外表密被褐色毛；籜耳具成片密生褐色剛毛；籜舌窄而全緣，籜葉三角形，表面光滑或微被毛，內層具褐色毛。葉5～13枚簇生，線狀披針形。小穗3～9枚簇生於無葉分支，穎2枚，卵形，外稃與穎相似但較寬大。

↑葉耳先端具有長而纖細的簇生毛。

長枝竹的莖稈叢生，籜片與籜葉表面明顯被毛，加上籜片先端兩側各具一列剛毛狀的籜耳，可與其他台灣產蓬萊竹屬植物相區分。

長枝竹爲全島廣泛栽培的農舍建材，或於平野田間成片栽培爲風籬；長枝竹長而堅韌的側枝能加工製成許多竹手工藝品，因此曾爲重要的經濟用材之一。園藝上常將具有線紋的竹類個體加以栽培，作爲園藝造景之用；這樣「具有淺色線紋」的特性台語稱爲「出藝」，在園藝界可根據「國際栽培植物命名法規（International Horticultural Code of Botanical Nomenclature）」發表爲園藝種，其學名的園藝名需以西文引號「'　'」加註，且引號內的名稱無需斜體。長枝竹具有「出藝」的園藝品種：條紋長枝竹（*B. dolichoclada* 'Stripe'），其園藝名即爲「具有線紋」之意。

花期 1 **2** **3** **4** 5 6 7 8 9 10 11 12

↑葉片簇生於枝條先端。

↑籜片表面密被毛，隨後逐漸脫落。

相似種比較

↑條紋長枝竹籜表面的細毛會逐漸脫落。

火廣竹

Bambusa dolichomerithalla Hayata

科　　名	禾本科Poaceae (Gramineae)
屬　　名	蓬萊竹屬
英 文 名	Blow-pipe bamboo
別　　名	火吹竹、火管竹

↑小穗長橢圓形，由多數可稔小花組成。

具短根莖，稈直而叢生，節上具多數分支。籜革質，表面多光滑，籜耳不明顯；籜舌窄或不明顯；籜葉窄三角形，光滑而全緣。葉5～11枚簇生，線狀披針形，葉耳明顯，幼時被有叢生毛，漸無毛，葉舌圓。小穗穎2枚，表面光滑；外稃光滑，19～23脈。

←葉耳先端可見長而平伸的剛毛。

台灣特有種；台灣全島低海拔河岸常見，蘭嶼海岸林與山區亦有引進栽培個體。火廣竹的竹籜呈窄三角形，籜片先端呈不對稱的弧形，加上籜片表面光滑，先端平直而無籜耳，因此可與其他台灣產竹類相區分。

火廣竹的莖稈口徑適中，節間長而筆直，以往農家以薪柴生火時，便常將火廣竹的莖稈切下，保留一端的節與隔板，並於一側鑽孔開洞，生火時便將竹稈鑽洞處伸入爐火中，並於另一端以口吹氣，藉以協助生火，因此過去習將本

用　建　樂

↑火廣竹的葉片狹長，多枚簇生於細枝先端。

種稱爲「火管竹」。火廣竹具有「出藝」的園藝品種喔！根據其線紋的顏色可分爲金絲火廣竹（*B. dolichomerithalla* ‘Green-stripestem’）與銀絲火廣竹（*B. dolichomerithalla* ‘Silverstripe’）。

→火廣竹的籜片先端明顯呈圓弧狀。

蓬萊竹

Bambusa multiplex (Lour.) Raeusch.

科　　名	禾本科Poaceae (Gramineae)
屬　　名	蓬萊竹屬
英 文 名	Hedge bamboo
別　　名	觀音竹、孝順竹、鳳尾竹、鳳凰竹、月月竹、四季竹、桃枝竹、繞絲竹、黃竹

↑蓬萊竹的開花性佳，每年都可見到它少量開花。

多年生叢生，稈節上具多數分支，籜外表光滑，邊緣全緣，籜耳小，偶爾不明顯，籜舌窄，籜葉狹三角形，先端銳尖。葉5～20枚簇生，葉耳卵形，具叢生褐色長毛，葉舌先端圓或截形，芒齒緣。小穗單生或2～3枚簇生於無葉的枝條上，穎2枚，廣卵形，表面光滑，外稃卵狀長橢圓形。

蓬萊竹原產熱帶地區，早年引進並廣泛栽培於全島低海拔地區與蘭嶼。蓬萊竹植株大小多變，然而籜片與葉部形態的特徵穩定：籜耳邊緣具有剛毛狀突起，籜葉先端漸尖，不若其他同屬植物具有鈍至銳尖的籜葉，加上葉耳邊緣亦具剛毛狀疣突，可與其他台灣產竹類植物相區隔。

↑籜耳邊緣的長剛毛易落。

蓬萊竹可栽培為風籬之用，竹材亦可供做竹器與手工藝品之用，此外，蓬萊竹育有許多園藝品系，包括蘇枋竹（*B. multiplex* 'Alphonse Karr', Alphonse Karr bamboo）、鳳凰竹（*B. multiplex* 'Fernleaf', fernleaf hedge bamboo）、紅鳳凰竹（*B. multiplex* 'Stripestem', stripestem fernleaf bamboo）與鳳翔竹（*B. multiplex* 'Variegata'）。其中鳳凰竹的植株矮小，常被栽培為綠籬與景觀植物。蘇枋竹、紅鳳凰竹與鳳翔竹的莖稈皆具線紋，僅有鳳翔竹的葉片具有明顯線紋。鳳凰竹與紅鳳凰竹為葉片10～30枚簇生的園藝種，與蓬萊竹及其他園藝種葉片10枚以下簇生於分支者明顯不同。

花期 1 2 3 4 **5** **6** **7** 8 9 10 11 12

↑蓬萊竹是台灣傳統庭園造景中常用的素材。

↑葉耳先端可見長而平伏的剛毛。

相似種比較

↑鳳翔竹為較高大的園藝型，葉片具白色線紋。

↑蘇枋竹為蓬萊竹的園藝型，植株較為高大，葉片較長。

綠竹

Bambusa oldhamii Munro

科　　名	禾本科Poaceae (Gramineae)
屬　　名	蓬萊竹屬
英 文 名	Green bamboo, Oldham bamboo
別　　名	坭竹、甜竹、烏藥竹、吊絲球竹、長枝竹、郊腳綠

↑葉耳圓且邊緣被長剛毛。

具短根莖，稈叢生，節上具多數分支；籜革質，表面光滑，籜耳小而明顯，圓形，籜舌窄，籜葉正或窄三角形，表面光滑。葉片6～15枚簇生，葉耳明顯，具叢生褐色長毛，葉舌截形或圓形，芒齒緣。小穗3～14枚簇生於無葉枝條，穎2枚，外稃卵形，表面光滑。

綠竹原產中國華南一帶，早期即由先民引進台灣，廣泛栽培於全島低海拔地區。其種小名為紀念英國邱植物園（Kew Garden）最後一位植物採集者奧德漢氏（R. Oldham）的貢獻，將其姓氏拉丁文化而成。

夏季正是綠竹筍生產的季節，為供作涼拌沙拉的材料之一，除了綠竹筍外，市售的竹筍沙拉常由另一種蓬萊竹屬植物烏腳綠竹（*B. edulis*）提供，兩者皆為新鮮與罐頭竹筍的主要來源，採收綠竹筍時，需在清晨時分前往竹叢邊，挖掘尚未冒出地面的竹筍。綠竹與烏腳綠竹的外觀相似，皆為廣泛栽培的叢生竹種，不過烏腳綠竹的竹籜表面密被棕色細毛，與竹籜表面明顯光滑的綠竹有所不同。

↑綠竹的籜光滑或疏被毛。

花期 1 2 3 4 5 6 7 8 9 10 11 12

↑綠竹為台灣常見的栽培竹種。

↑綠竹筍的口感清甜，適合料理為涼筍沙拉。

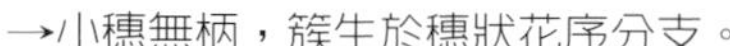

→小穗無柄，簇生於穗狀花序分支。

泰山竹

Bambusa vulgaris Schrader ex Wendland

科　　名	禾本科Poaceae (Gramineae)
屬　　名	蓬萊竹屬
英 文 名	Common bamboo
別　　名	赤竹、龍頭竹

→葉片多枚簇生，葉耳光滑無剛毛。

具短根莖，稈叢生，直或微呈之字形歪斜，節上分支多數。籜革質，外表密被褐色毛，籜耳明顯呈耳狀，具少數褐色毛，籜葉窄三角形，表面光滑，內側基部被毛。葉5～11枚簇生，葉耳明顯，葉舌截形。小穗3～10枚簇生於無葉的枝條，穎1或2，卵形，外稃與穎相似但較大。

↑籜片表面起初密被黑色硬毛。

泰山竹可能原產非洲，現為全球廣泛栽培的類群；引進至台灣地區零星栽培，卻為蘭嶼當地最常見的竹類植物。泰山竹為叢生而莖稈粗大的竹種，其竹籜表面密被短而堅硬的剛毛，且極易因為碰觸而掉落；籜片先端具有寬大而全緣的籜耳，加上廣三角形的籜葉，極易藉由竹籜的形態特徵加以辨識。

由於本種在蘭嶼極為常見，便成為達悟族人往日主要的竹林來源；在現代生活中，泰山竹除了是常見的竹材、手工藝用材與造紙用材外，本種尚有一變種：「金絲竹（*B. vulgaris* var. *striata*, stripe bamboo, stripe common bamboo）」與一栽培種：「短節泰山竹（*B. vulgaris* 'Wamin',

禾本科

wamin bamboo）」。金絲竹為「出藝」的竹類中，較為廣泛栽培的種類，其莖稈明顯具有橙黃色的線紋，且線紋十分穩定。短節泰山竹又名「葫蘆龍頭竹」，節間下部明顯膨大，模樣十分討喜，因此其莖稈也能直接烘製成裝飾品。

相似種比較

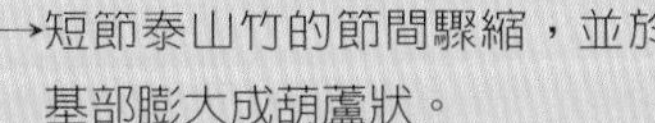

→短節泰山竹的節間驟縮，並於基部膨大成葫蘆狀。

↑金絲竹為泰山竹的線藝變種，具有橘黃色與深綠色線紋。

↑短節泰山竹為泰山竹的園藝變種，廣獲民眾栽培。

刺竹

Bambusa stenostachya Hackel

科　名	禾本科Poaceae (Gramineae)
屬　名	蓬萊竹屬
英文名	Thorny bamboo
別　名	坭竹、鬱竹、大勒竹、烏藥竹、雞爪簕竹

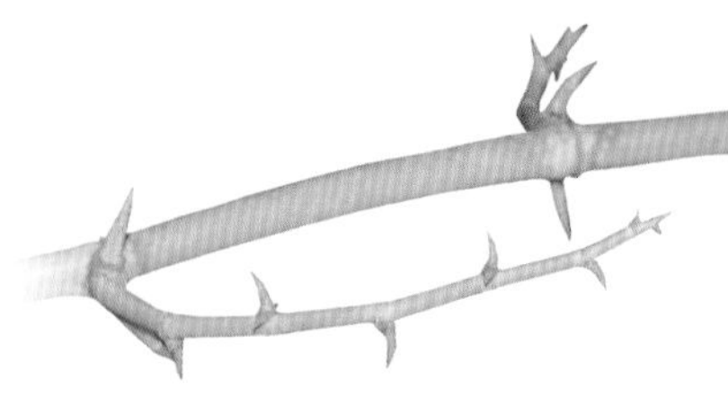

↑枝條節上具有許多倒鉤刺。

具短根莖，稈叢生，節上常具1～3枚等粗分支，分支橫向伸展，分支節上具反捲棘刺。籜革質，籜耳具成片密生褐色剛毛；籜葉窄三角形或卵狀披針形。葉5～9枚簇生，葉耳明顯具叢生褐色毛，葉舌近圓形，具芒突。

刺竹的側枝節上具有許多小分支特化而來的倒鉤刺，因此稱爲「刺竹」，只要行走於刺竹密生的竹林中，多少會被這些橫向伸展的小分支鉤得遍體鱗傷。然而，除了側枝上引發「暫時性疼痛」的鉤刺外，刺竹的竹籜形態亦極爲特別。刺竹的籜片先端截形，籜葉基部明顯窄於籜片先端，使得原本隱身於籜片內側的鋸齒緣籜舌顯眼許多，加上籜耳邊緣具有褐色長剛毛狀突起，格外引人注目。

↑葉基平截，葉耳先端具有長剛毛。

刺竹分布於中國海南島、中南半島、馬來西亞、印尼與印度，爲早年引進台灣並廣泛栽培者，蘭嶼亦有少數個體，是台灣的重要竹種之一。由於稈叢生，加上橫向伸展的分支節上具倒鉤刺，因此除了竹材常見的應用外，本種亦廣泛栽培供綠籬或防衛用。本種育有具線紋的園藝種林氏刺竹（*B. stenostachya* ‘Wei-fang Lin’），相較於其他台灣栽培的園藝竹種，林氏刺竹的淺色線紋鮮黃而明亮，加上側枝明顯具刺，可輕易與其他竹種相區隔。

→適當的修剪後，刺竹筒也能作為敬祖用的禮杯。

↑排灣族與魯凱族祭典用的鞦韆架多以刺竹搭建而成（攝自台東金峰）。

↑卑南族、西拉雅族等南台灣民族善用刺竹的竹筒製成酒器和水壺（攝自台東卡地布）。

相似種比較

↑林氏刺竹稈表面具黃色線紋，籜耳可見一列剛毛。

麻竹

Dendrocalamus latiflorus Munro

科　　名	禾本科Poaceae (Gramineae)
屬　　名	麻竹屬
英 文 名	Ma bamboo, Chinese giant bamboo
別　　名	大綠竹、甜竹、大頭竹、吊絲甜竹、青甜竹、大葉烏竹、馬竹

具短根莖，稈叢生，節上叢生多數側枝，基部節常被鬚根。籜革質，先端圓，表面密布棕色細毛，籜耳細小且反捲。葉5～12枚簇生，葉耳不顯著；葉舌圓或截。小穗1～7枚簇生於無葉或少葉的分支節上，卵形，紅紫色至深紫色，穎2至多枚，外稃廣卵形，密被毛。

麻竹爲常見的叢生栽培竹種，其竹籜表面密被細毛，隨後脫落而呈光滑狀，籜片寬大且邊緣呈圓弧形，相形之下，籜片先端的卵形籜葉顯得嬌小而不起眼，加上麻竹的莖稈節上具有多數等粗分支，可與其他叢生栽培竹種相區分。麻竹的輪生側生於莖稈節上，由許多叢生的小穗密生於花序軸上，加上開花性佳，開花時常有許多花序遍生於莖稈上，隔外顯眼。只可惜麻竹開花之時，往往是枝葉凋零、莖稈枯黃，竹叢即將步向死亡的時分。麻竹的小穗微呈壓扁狀，加上外稃邊緣被有緣毛，極易與其他竹種的小穗相區分。

麻竹分布於緬甸至中國南部，在台灣各地廣泛栽培。由於筍較其他竹種粗大，加上口感鮮嫩，雖然略遜於綠竹筍，仍受到許多饕客的喜愛。麻竹除了作爲建材與工藝用途外，它的籜片還可用來製作大型的斗笠，由於其竹葉與籜片大型，因此也常被採收用來包裹端午節的應景食物 — 粽子。本種尚有一具有線紋的園藝種：「美濃麻竹（*D. latiflorus* 'Mei-nung', Meinung ma bamboo）」與稈節膨大的「葫蘆麻竹（*D. latiflorus* 'Subconvex'）」，除了竹筍的美味依舊外，多了觀賞與玩味的價值。

←麻竹筍大型，籜片先端與籜葉等寬。

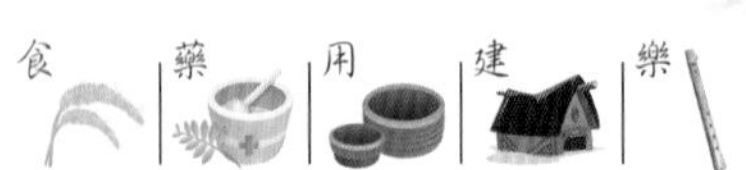

花期 1 2 3 4 5 6 7 8 9 10 11 12

↑竹葉大型，能作為粽葉之用。

↑葉舌較短，葉耳光滑且不發達。

↑總狀花序分支節上具多枚小穗簇生。

相似種比較

↑美濃麻竹為麻竹的綠藝品系。

巨竹

Dendrocalamus giganteus (Wall.) Munro

科　　名	禾本科Poaceae (Gramineae)
屬　　名	麻竹屬
英文名	Giant bamboo
別　　名	印度麻竹、龍竹、大毛竹、越南巨竹、蘇麻竹、大麻竹、沙麻竹、荖濃巨竹

具短根莖，稈大型，叢生而直立；節上具多數分支。籜幼時淺紫色，外表被深褐色毛；籜耳多少反捲；籜舌邊緣芒齒緣；籜葉卵狀披針形，反捲。葉5～15枚簇生，葉舌明顯，不規則齒緣；葉鞘表面光滑。小穗4～12枚簇生於無葉的分支上，穎2枚，外稃廣卵形。

巨竹爲全球最爲大型的竹種，原產印度、緬甸、泰國。光復初期台灣曾再自馬達加斯加引進栽培於台北、台中、南投、嘉義、高雄。其竹材爲建材、手工藝及食用上重要竹種。

↑巨竹筍籜表面光滑，可見籜片呈互生排列。

←葉舌泛紫，較為延長。

用

↑竹稈叢生，稈表面被蒼白粉。

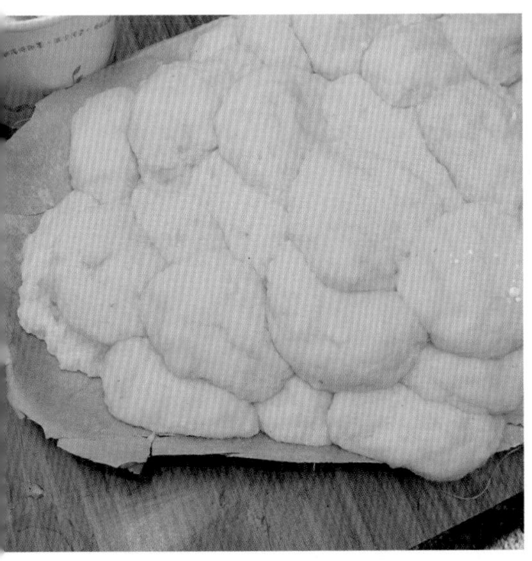

↑巨竹的籜片堅韌而寬大，可供作盛裝食材的器皿。

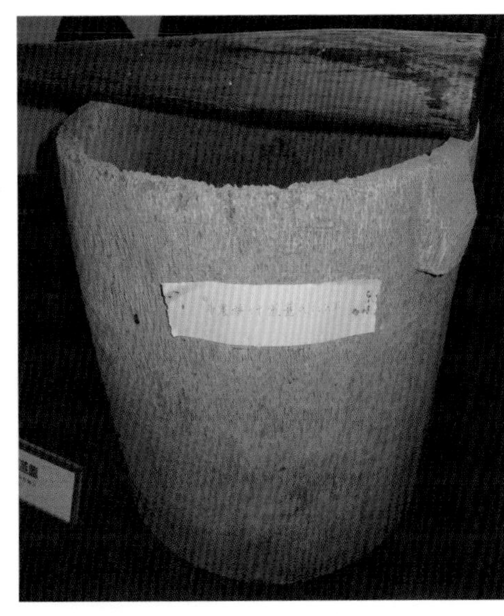

↑布農族人利用巨竹稈作為蒸籠（那瑪夏原住民文物館藏）。

薏苡

Coix lacryma-jobi L.

科　名	禾本科Poaceae (Gramineae)
屬　名	薏苡屬
英文名	Job' s tear
別　名	回回米、鳩麥、川穀、菩提子

多年生直立草本，葉片披針形，葉舌硬而短。花序頂生或腋生於植物上半部，雄性總狀花序自雌性小穗的球狀總苞中抽出，具數對或成對小穗，外穎長橢圓狀卵形，革質，具2脊，與小穗等長，內穎卵形，膜質，外稃膜質；雌性小穗包在一堅硬的球狀總苞內，穎與稃薄膜質。穎果白色，可食。

薏苡具有披針形的葉片，葉基略成心形，與一般常見的禾本科植物不同。不過，相較於其他禾本科植物，薏苡最特別的應該是它的花序與小穗排列方式了。薏苡的小穗單性，雌性小穗位於花序分支基部，外表由堅硬具光澤的球狀總苞包被，裡面除了雌蕊外，尚有許多膜質的穎與稃片層層堆疊；雄性小穗位於花序分支末端，由許多小穗組成單一總狀花序分支，不過這枚花序分支並非從雌性小穗外伸出，而是由堅硬的球狀總苞內延伸，從總苞頂端的小孔探出頭來。

薏苡原產華南，為熱帶地區廣泛栽培的作物，它的果實就是我們口中的「薏仁」；不僅受到原住民族栽培食用，也是普羅大眾廣泛食用的穀物與中藥。除了食用穎果外，穎果成

↑葉基明顯心形，葉襟泛白。

↑薏苡不僅是雜糧作物，它的果仁也是重要的燉補藥材。

花期 1 2 3 4 5 **6 7 8 9** 10 11 12

↑花序分支包含先端的雄小穗與基部的雌小穗。

熟時包圍在外的「總苞」革質且具光澤，成爲天然的裝飾品。不論是傳統的手鍊、腳鍊、藤編，甚至是賽夏族巴斯達隘時所配帶的臀鈴，都能見到「薏苡珠」的運用。此外，薏苡的枝葉也能供原住民族做傳統屋頂建材之用。

↓利用薏苡雌小穗作為手工藝用的串珠。

↑穎果成熟後，雌小穗外的總苞由白色轉為黑色。

香茅

Cymbopogon nardus (Linn.) Rendle

科　名	禾本科Poaceae (Gramineae)
屬　名	香茅屬

↑小穗基部各具有小型苞片1枚。

多年生大型草本，根莖粗壯，稈叢生；葉叢生，表面光滑，具香味。葉舌卵形，先端截形，葉鞘宿存，基生者覆瓦狀，乾燥後彎曲。圓錐花序大型，具佛燄苞；側生花穗具4～5枚小穗；小穗成對，無柄小穗長橢圓狀披針形，外穎先端具2齒，邊緣具窄翼且上緣呈撕裂狀，第2小花外稃先端具芒。

↑葉片叢生，花序斜倚且高舉過花序。

香茅原產於東南亞地區，在台灣許多平野與淺山民族的民宅及田地間常可見其栽培。香茅是大型的叢生草本，草叢的基部除了葉片外，時常可見宿存而反捲的葉鞘。成片的香茅田或是民宅前的植栽，一旦未獲收割、整理，便會在寒冷的歲末抽出斜倚的大型圓錐花序，花序軸上帶有多枚苞葉，包裹著簇生的眾多小穗。香茅是引進栽培的外來植物，但是台灣也有海濱至低海拔山區可見的原生種類：扭鞘香茅（*C. tortilis*），而且為數不少，是台灣的常見禾草喔！只可惜香氣不夠濃郁，未獲人們喜愛。

香茅的葉片可供提煉香茅油，用來食用或驅趕蚊蟲之用。與客家民族比鄰而居的賽夏族人也有栽培收成後買賣的行為，甚至本身也食用香茅油，應該也是

花期 1 2 3 4 5 6 7 8 9 10 11 12

↑自荷領時期以來，香茅被栽種於廟宇、公署或公廨前，稱為「馬水草」。

民族間交流後產生的現象。另外，台灣南部漢人或平埔族的廟或公廨前，習慣種上兩叢香茅或檸檬香茅，並在旁邊放上一盆水或是興建一座池塘，稱爲「馬水草」。原來這叢水草是早年騎乘馬匹的荷蘭、明鄭、清廷或日本長官洽公、休息時，讓馬兒補充能量與喝水用，雖然時代演進，這多年來的殖民往事卻早已融入南台灣民衆的日常生活中。

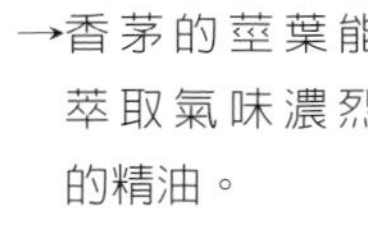

→香茅的莖葉能萃取氣味濃烈的精油。

相似種比較

↑扭鞘香茅是原生於台灣平野至中海拔山區的物種，花序外形多變。

牛筋草

Eleusine indica (L.) Gaertn.

科　　名	禾本科Poaceae (Gramineae)
屬　　名	穇屬
英 文 名	Indian goosegrass
別　　名	蟋蟀草、牛頓草、牛信棕

↑小穗單側著生於花序分支。

一年生草本，根系發達。稈叢生，常斜倚，偶為直立。葉線形，先端鈍，葉鞘壓扁狀，具龍骨。指狀穗狀花序1至數支，穗狀花序分支輪生於先端外，常於下方具1枚單生花序分支，小穗兩側壓扁，具4至多朵可孕小花；胞果卵形。腹側具溝，表面具波紋。

↑牛筋草為常見的田間雜草，輪生的指狀花序下具1枚分支。

全球熱帶及亞熱帶廣泛分布；台灣全島平野、海濱及淺山分布。在排灣族傳說中，有藉由抓住牛筋草以避免被洪水沖走的傳言，因此不可將它自農地中刈除，傳神地描述了嘗試徒手拔起牛筋草時辛苦的模樣。另外，也有習俗流傳颱風或地震來臨時，需用手去抓牛筋草，才不會被強風或地震吹倒或搖晃，這些排灣族的傳統鮮明地顯現了牛筋草的特性。台南新化區每年都會舉行盛大的鬥蟋蟀節，在進行比賽前，飼主總需要先挑起「參賽」蟋蟀的鬥志，牛筋草的花序便是傳統用來逗弄蟋蟀的細稈材料，因此又名「蟋蟀草」。

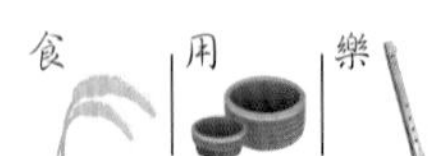

花期 1 2 3 4 5 6 7 8 9 10 11 12

斑茅

Erianthus arundinaceus (Retz.) Jesw.

科　　名	禾本科Poaceae (Gramineae)
屬　　名	蔗茅屬

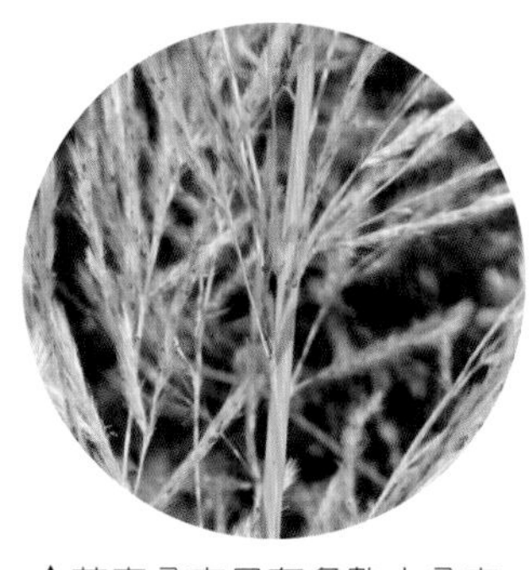

↑花序分支具有多數小分支。

高大草本。稈實心。葉片邊緣具矽質；葉舌紙質，背側被纖毛。大型圓錐花序。小穗3枚成簇，同型；穗柄具關節；小穗與穗柄一同脫落。外穎紙質，具2脊；內穎紙質，披針形，邊緣微反捲。穎果圓柱狀。

分布於馬來西亞、琉球與中國南部，爲台灣乾河床及溪畔高大草本。斑茅的花序長圓錐狀，小穗表面由許多白色長柔毛所包被，外觀與山野常見的芒草、甜根子草相似。不過甜根子草與斑茅的花序穗柄具關節，小穗成熟後會與穗柄一併脫落，留下兀立的花序軸，而芒屬植物的穗柄無關節，小穗脫落後留下光滑的花序分支與穗柄。同樣喜好生長在溪邊的甜根子草與斑茅，也不如想像中的難以區分：斑茅的葉片寬於2cm，葉背具明顯可見的中肋；甜根子草的葉片窄於1cm，葉片無明顯的中肋，與其他禾本科植物需要仰賴微細的小穗構造區分相比，這兩種高大的河畔禾草相當容易分辨。

斑茅生長在風強、日照強烈且乾溼分明的河床及河岸，極爲適應劇烈變動的環境，因此在澎湖地區廣受居民栽培於田邊，成爲當地可見的風籬植物。與其他用做風籬的禾草：蘆竹相比，斑茅的植栽較密，擋風效果較佳，因此在當地廣獲採用，近年來在同樣風強的苗栗海濱田邊可見利用。

↑斑茅為澎湖地區常見的風籬植物。

樂

花期 1 2 3 4 5 6 7 8 9 10 11 12

白茅

Imperata cylindrica (L.) P. Beauv. var. *major* (Nees) C. E. Hubb. Ex Hubb. & Vaughan

科　名	禾本科Poaceae (Gramineae)
屬　名	白茅屬
英文名	Blady grass, Cogon grass, Japanese bloodgrass, Kunai grass

多年生，根莖發達，密被鱗片。稈叢生，直立具2～5節，節膨大。葉線形，數枚叢生。圓錐花序疏生小穗，小穗成對，單形，無芒，表面被有長絲質長毛；穎披針形至長橢圓形，近等長，膜質，與小穗等長，邊緣具纖毛。

廣泛分布於亞洲至澳洲暖溫帶、東非與南非，台灣全島各開闊地常見。白茅總是成片出現於向陽開闊的草地、山坡或路旁，在沒有修剪的情況下，簇生的修長葉片頂多長到40cm高，葉片質地軟而韌，邊緣不易刮傷人。花季來臨時，只見一根根裹上白色絨毛的花序從翠綠的綠野中抽出，一陣風吹來，綠葉與雪白的花序隨風擺蕩，這片美景深深烙印在許多鄉下長大的孩童心中。

↑小穗兩性，開花初期可見淺紅色柱頭與黃色花藥。

白茅具有發達的地下根莖，若是長在農家的田裡，就成了難以去除的麻煩雜草了，但是白茅細長的葉片堆疊成片後，是茅草屋舍絕佳的屋頂用材，不僅不易滲水，成片生長且繁殖力強的白茅能提供大量建材之用，因此成爲許多民族的茅草屋頂首選。此外，白茅也是藥用植物。白茅的葉片搗碎後，能外敷於傷處止血；它的根莖曬乾後能沖泡成青草茶，具有降火氣、利尿、舒緩麻疹症狀的功能，因此許多民族除了自行服用外，也會採收後兜售。

花期 1 2 3 4 5 6 7 8 9 10 11 12

↑白茅的花序分支與小穗表面具有長而柔軟的白毛。

↑排灣族人利用木材與白茅葉搭建而成的休憩場所。

↑傳統的蘭嶼船屋，也會利用白茅葉片作為屋頂。

五節芒

Miscanthus floridulus (Labill) Warb. Ex Schum. & Laut.

科　　名	禾本科Poaceae (Gramineae)
屬　　名	芒屬
英文名	Amur silver grass, Giant miscanthus, Giant eulalia grass, Japanese silver grass
別　　名	寒芒、菅蓁、菅仔、菅草、菅芒

↑開花時可見被毛的穎片中包含著橘色的花藥。

根莖發達，稈節上常被粉。花序軸至少2／3圓錐花序長，花序分支宿存而不具關節，成對小穗相似，具不等長穗柄；小穗外穎與小穗等長，先端微2齒，內穎稍小於外穎，邊緣具纖毛，透明質；第一小花外稃微短於穎，透明質；第二小花外稃短於第一小花者，先端具彎曲的芒。

↑小米採收後，鄒族人將芒草葉片打結，藉以驅邪，不讓鬼怪跟著回到部落。

廣布於遠東至玻里尼西亞，為台灣全島平地至高山極為常見的禾本科植物。外觀與植株大小多變，不變的是它花序與小穗的構造。五節芒的花序為頂生圓錐花序，每一花序分支上具有許多成對的小穗，成對小穗具有長短不等的穗柄，花序分支與穗柄間不具關節，因此小穗內的穎果成熟後，小穗便自基部脫落，留下宿存的花序分支與穗柄。小穗的外穎、內穎及小穗等長，表面被有許多長柔毛，當穎果成熟時，這些長柔毛便開展而隨風飄揚，將小穗內的穎果帶往遠方。

五節芒大量生長於平原及山坡地，不僅能栽培為田間風籬，亦可供牧草之用，新鮮的髓心甚至能食用。由於花序分支不具關節，大量收集並擊落小穗後綑綁成束，便是台灣各民

花期 1 2 3 4 5 6 7 8 9 10 11 12

↑五節芒是以往所稱的「菅芒花」，具有頂生的大型圓錐花序。

族極易取得的環保掃帚。此外，除了魯凱族與排灣族的石板屋外，每一族群皆採用五節芒作爲屋頂用材，即使至今仍有無可取代的信仰涵義；許多原住民族祈福或驅邪時，會經由祭司或長老將五節芒的葉片打結後繫於人或物體上。

↑由於花序分支不具關節，曬乾後能製成掃帚。

↓可見傳統農家將葉片剝除後曝曬花序軸的景象。

稻

Oryza sativa L.

科　　名	禾本科Poaceae (Gramineae)
屬　　名	稻屬
英 文 名	Rice
別　　名	水稻、陸稻、秈稻、稉稻

↑稻開花時花藥仍會露出小穗外。

一年生至多年生叢生草本。葉舌卵至披針形，邊緣下延至葉鞘；葉片莖生；線形。圓錐花序展開，疏散，結實時彎向一側。小穗扁平，橢圓形；穎錐狀，表面光滑；外稃5脈，堅硬，表面被剛毛，與小穗等長，先端具芒或否；內稃與外稃等長且同質地，3脈。穎果。

全球熱帶地區廣泛栽培，台灣栽培於平地與丘陵地。稻的果實經過去糠後，就是大家每日吃下肚的「米」，除非少數城市內的老農戶，或是回到鄉野田間，不然現代人對於稻的外貌可能日漸陌生。稻為叢生草本，葉片基部與葉鞘交界處具有白色而長的葉舌；稻的小穗僅具1朵小花，外由草質至紙質的稃片包圍，基部具有2枚透明質的穎，組成僅具單一小花的小穗；小穗排列成圓錐花序後，頂生於莖稈先端，垂向一側而隨風搖曳。

↑有時在成片的稻田中，會找到具有長芒的個體，農家戲稱為「鬼稻」。

稻是經過遠東居民近萬年來馴化野生稻（*O. rufipogon*）而成，除了一年生或越年生的習性、植株直立、小穗先端芒較短甚至缺如、穎果成熟後小穗不易脫落等馴化的特徵外，更進

↓客家族群的許多「粄」製品，即為稻米的加工品。

↑稻現多大面積栽種於水田中，因此習稱「水稻」。

↑許多原住民族種植耐旱而生的旱稻，作為澱粉來源之一。

一步分化出蓬萊米（梗稻，*O. sativa* var. *japonica*）與在來米（秈稻，*O. sativa* var. *indica*）等變種，加上栽培需要及食用口感與需求差異，其對旱生特性與糯性（waxy）的篩選導致穩定的遺傳基礎，因此除了我們熟悉的「水稻」外，偶爾可在山間旱田內尋獲「旱稻」，坊間也能尋獲「糯米」等不同品系，至於各地經由農業改良場所推廣的栽培品種更是不勝枚舉。收割後的稻穀不僅可取用穎果供人食用，打落的稃片也能拌入土壤基質中，藉以增加土壤的排水性。收割的莖稈與葉片以往能拿來整修茅草屋頂、農舍，或是作爲燃料之用，甚至能保留下來，在下一次耕作前平鋪於農地表面，藉以抑制雜草生長。

↑去殼後的稻穎能拌入土壤中以增加土壤排水效果。

相似種比較

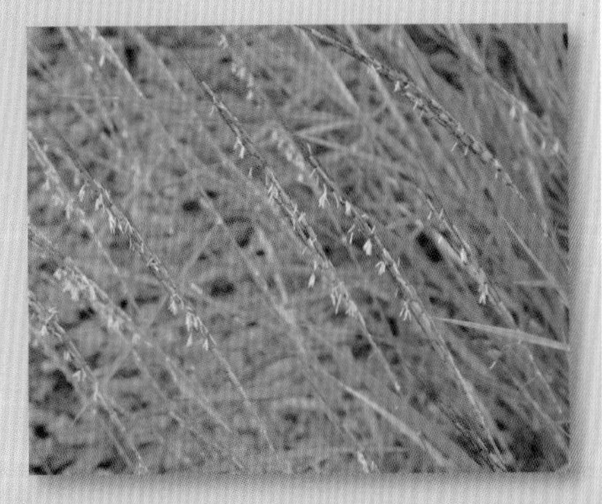

↑野生稻具有紅色的長芒，曾原生於桃園八德一帶的埤塘中。

稷

Panicum miliaceum L.

科　　名	禾本科Poaceae (Gramineae)
屬　　名	稷屬
英 文 名	Proso millet
別　　名	黍稷、鴨腳黍、黃粟、黍仔、穈子

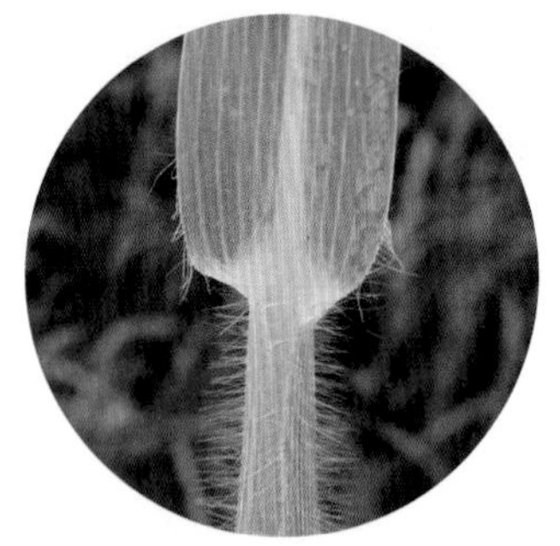

↑葉鞘表面被長粗毛。

一年生作物，稈直立，單生或叢生；莖頂著生開展或緊縮的圓錐花序，花序分支於穎果成熟時懸垂；小穗具2朵小花，卵狀橢圓形，先端銳尖，表面光滑，穎紙質，外穎三角形，內穎表面脈向末端聚合成喙，與小穗近等長，第一小花外稃與小穗等長；第二小花可稔。穎果圓形，表面光滑。

稷的外觀與蜀黍（高粱）神似，若是世居在都市裡的人們恐怕直接把它當成蜀黍看待，其實稷是早期原住民族與漢族常見的作物之一，花序中全由可稔的同型小穗組成，不像蜀黍的花序間，同時具有可稔與不稔小穗。

稷可直接食用、用於釀酒，或是充作家禽與家畜的飼料，如今在台灣主要被用來供護坡用，因此發現它的地方常爲通往山區的路旁邊坡而非田裡。

↑圓錐花序多呈懸垂狀。

↑稷以往為許多民族的雜糧作物之一。

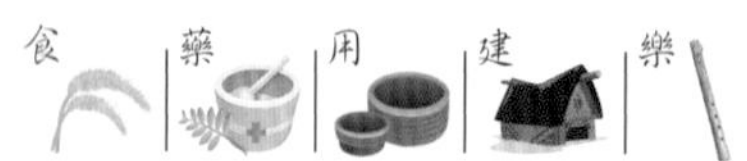

花期 1 2 3 **4 5 6 7 8** 9 10 11 12

開卡蘆

Phragmites vallatoria (L.) Veldkamp

科　名	禾本科Poaceae (Gramineae)
屬　名	蘆葦屬
英文名	Flute reed, Karka reed, Reed

↑直立莖節上常見腋生分支。

大型直立草本，具根莖與長走莖，長走莖節上被長柔毛，節上具1至多枚分支。葉鞘光滑，長於節間，與葉片一起脫落；葉背上部被矽質而粗糙。圓錐花序常展開，主軸粗糙；分支單生，分支基部膨大如腺體，外穎橢圓形至披針形，先端銳尖至漸尖；內穎橢圓形至披針形，先端銳尖至漸尖。

分布於熱帶亞洲、馬來西亞及澳洲，在台灣分布於海濱至低海拔山區溪谷內。開卡蘆爲高大的多年生草本，除了地下的根莖外，部分個體的莖稈倒臥至水中後會長出長走莖，可延伸達20餘公尺長，藉此擴張生長面積。開卡蘆直立莖節上具有旺盛的腋生分支，這些腋生分支具有抽出花序的能力，因此秋末冬初，可見到主莖與側枝皆頂著大型展開的圓錐花序之有趣景象。

↑葦叢間常可見長走莖，藉以萌蘖生長。

↑小穗內小花基盤具長柔毛，穎與稃表面光滑。

↑開卡蘆為海濱、河口至內陸湖泊皆可見的大型直立草本。

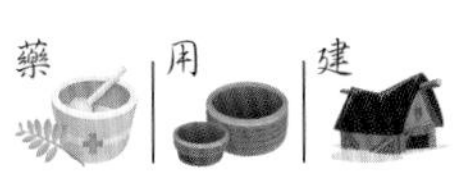

花期 1 2 3 4 5 6 7 **8 9 10** 11 12

蘆葦

Phragmites australis (Cav.) Trin. ex Steud.

科　名	禾本科Poaceae (Gramineae)
屬　名	蘆葦屬
英文名	Common reed, Pampas reed, Reed
別　名	蘆、葦、蘆笋、蘆竹、葭

↑葉鞘表面光滑，葉舌附近具有一圈長毛。

大型直立草本，具地下根莖，偶具長走莖，節上常無分支。葉舌為一具緣毛膜質，纖毛易落，葉鞘於葉片剝落後宿存。圓錐花序展開或否，花序分支密生於花序軸節上，最下方花序分枝輪生。小穗外穎披針形，先端漸尖，表面光滑；內穎披針形，先端銳尖至鈍，表面光滑。

↑穎果成熟後，小穗內的長柔毛開展，果序顯得膨鬆許多。

蘆葦在台灣海濱泥質灘地及東北部濱海岩岸溼地可見，具有發達的地下根莖，以藉著它穿梭於海濱地區的泥灘地底並冒出直立的莖稈，一般不長出側枝，僅有主莖頂端才會抽出花序，唯在頂芽折損後，才由藏於葉鞘內的腋芽取而代之，抽出莖葉與花序。

「蘆葦屬植物」爲一群高大的多年生溼生禾本科植物，全球僅具2～5種，其中蘆葦與開卡蘆廣布於全球溫帶至熱帶地區，並分布於台灣海濱或河濱溼地。蘆葦屬植物具有大型的圓錐花序，圓錐花序內小穗具多數小花，其中第一小花爲雄性，其餘小花皆爲兩性者。小花的外稃與內稃表面光滑，小花所著生的小花基盤延長成

花期 1 2 3 4 5 6 7 8 9 **10** **11** **12**

↑剛抽出的花序小穗尚未開展，圓錐花序分支垂向一側。

柄狀，表面被有露出小穗外的長柔毛。

外觀與台灣各地零星分布的蘆竹及全台廣布的芒屬植物近似，因此民間常把這些「開展圓錐花序頂生」的禾草稱爲「蘆葦」或「芒草」。客家人則將蘆竹與蘆葦屬植物稱爲「蘆竹」。由於蘆葦屬植物常於水濱成片大量生長，稈直立而中空質輕，因此常應用於屋頂用材；噶瑪蘭人以往也會採用茂盛的蘆葦莖稈編成建築的牆體。此外，泰雅與噶瑪蘭人以往會以山坡或水邊可見的「蘆竹」當成儀式或占卜之用的法器，由於時空變遷，野外難以尋獲蘆竹後，便改以水邊可採到的開卡蘆代替。

↑小穗內的小花基盤被長毛，穎與稃表面光滑。

象草

Pennisetum purpureum Schumach.

科　　名	禾本科Poaceae (Gramineae)
屬　　名	狼尾草屬
英 文 名	Elephant grass, Napier grass
別　　名	牧草、狼尾草

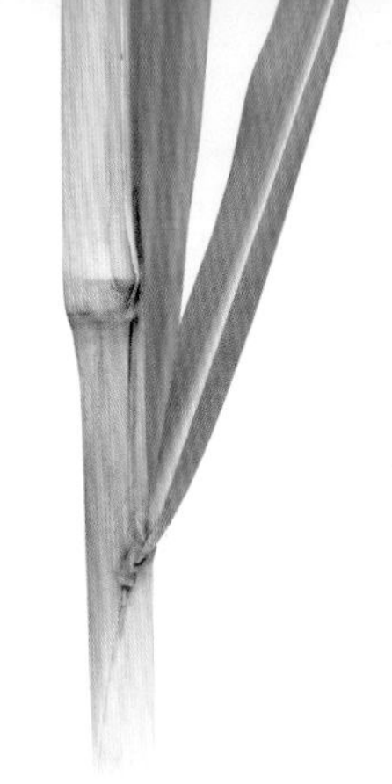

↑莖稈直立且表面光滑，節膨大而外露。

多年生草本，稈高大而直立。葉舌一圈毛，葉線形。圓柱狀緊縮圓錐花序，花序軸密被毛，小穗內含2朵小花，單生，小穗外圍由剛毛狀總苞所包圍，於小穗成熟時與其同時掉落；穎三角形，約小穗1／4長，第一小花外稃披針形；第二小花外稃披針形，表面稍被剛毛。

↑花序頂生於高聳的枝條先端，有如動物的尾巴。

原產熱帶非洲，現已廣泛引入全球熱帶地區，台灣全島開闊地可見。狼尾草屬植物常具有緊縮圓錐花序，即原有的花序分支緊縮致使圓錐花序呈圓柱狀，此外，許多花序分支退化成剛毛狀，叢生於小穗基部形成剛毛狀總苞，使得圓錐花序外觀如同「狼尾」般「毛絨絨」的，當小穗內穎果成熟後，剛毛狀總苞會與小穗一起自花序軸脫落。與外觀相近的狗尾草屬植物相比，雖然同樣具有緊縮圓錐花序，且小穗基部具剛毛狀總苞多枚，但狗尾草屬成員，如小米於穎果成熟、小穗脫落時，小穗基部的剛毛狀總苞宿存而不隨小穗脫落，可與狼尾草屬植物相區分。

樂

花期 1 2 3 4 5 6 7 8 9 10 11 12

↑象草也能栽培作為風籬之用。

台灣早期引進象草，並推廣栽種爲牧草用，由於植株高大且耐旱，故部分地區也栽種作爲綠籬或風籬。

↑小穗外圍由許多長剛毛包圍，著生於被毛的花序軸上。

↑植株直立或斜生，花序緊縮成總狀。

石竹

Phyllostachys lithophila Hayata

科　　名	禾本科Poaceae (Gramineae)
屬　　名	孟宗竹屬
英 文 名	Thill bamboo
別　　名	石竹仔、轎槓竹、篙篙竹、轎篙竹

↑葉片基部可見薄質的葉舌。

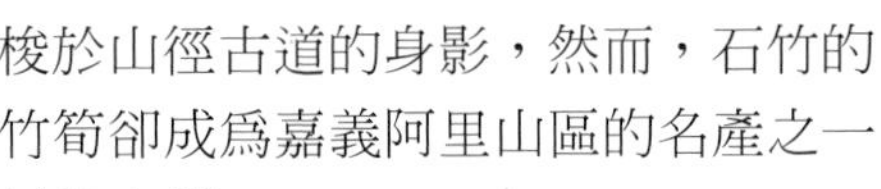

具長根莖，稈直立而散生，節下具一蒼白色環；每節上具2分支。籜近革質，表面疏被毛且為淺黃色具深色褐斑，全緣；籜耳小且具深褐色毛；籜舌先端被黃毛；籜葉錐形或線狀披針形。葉2～5枚簇生，窄披針形，先端銳尖，基部楔形；葉舌先端具芒突。

石竹為孟宗竹屬植物，本屬成員皆為莖稈散生的竹類，因此成片生長時，常形成別緻而不鬱閉的竹林景觀。孟宗竹屬植物的竹籜表面具有許多褐色圓斑，加上成熟後呈草褐色的籜片，就像被油漬沾到的牛皮紙般，極具特色。本屬植物的莖稈節上具1～3枚等粗分支，不若其他台灣產中大型竹種常具多數分支，加上散生的生長型與竹籜上特殊的斑紋，極易與台灣產的其他竹種相區分。

石竹為台灣特有種，廣泛栽培於全島，尤以中北部為多，分布海拔可達1550m。由於石竹的莖稈堅硬，因此除了作為建材、家具用竹材外，以往石竹的莖稈還常用來製作竹轎的長篙，因此又名「轎篙竹」。時至今日，雖已不見轎夫辛勤地載運人們穿梭於山徑古道的身影，然而，石竹的竹筍卻成為嘉義阿里山區的名產之一以及人們口中的佳餚。

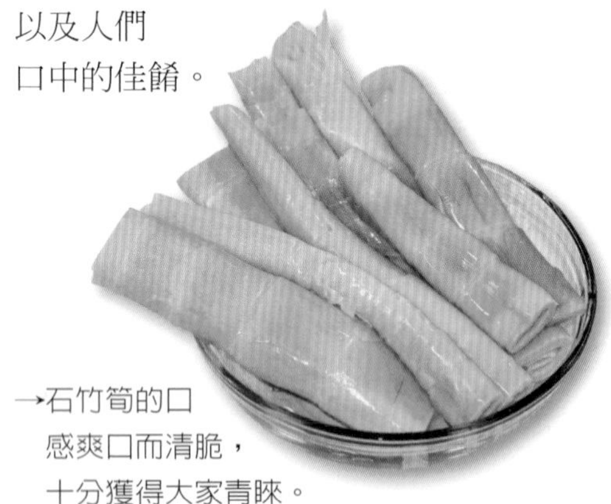

→石竹筍的口感爽口而清脆，十分獲得大家青睞。

→葉片多2～3枚簇生。

禾本科

↑石竹為中部中、低海拔可見的散生竹種。

↑籜片表面具深色圓斑，籜片邊緣具緣毛。

↑稈節上多具二叉分支。

桂竹

Phyllostachys makinoi Hayata

科　名	禾本科Poaceae (Gramineae)
屬　名	孟宗竹屬
英文名	Makino bamboo
別　名	台灣桂竹、簍竹、甜竹、花棉竹、花殼竹、麥黃竹、棉竹

↑籜片表面具深色圓點，籜片邊緣光滑。

具長走莖，稈直立而疏生，幼時表面蒼白且綠，後轉為綠褐色，節上常具2分支。籜近革質，淺褐色，表面具深褐色斑點；籜舌窄且具芒齒緣；籜葉舟形或線狀披針形。葉2～5枚簇生，卵狀披針形，先端銳尖，葉基楔形，葉舌弧形；葉鞘表面光滑。

桂竹的莖稈單一而散生於地底根莖上，常於原生地形成大片的竹林景觀。它的籜片表面同樣具有孟宗竹屬典型的褐色斑點，不過它的竹籜革質，表面光滑無毛，可與其他台灣產孟宗竹屬植物相區分。

↑桂竹稈現為製作竹炭的主要來源之一。

桂竹在全台各地廣泛栽培或造林，特別於海拔高達1550m的中北部，並引進蘭嶼山間栽植。除了是各地族群常用的建材、工藝用材外，桂竹稈也取代日本當地原產竹材，成爲日本劍道用竹劍的材料首選。桂竹筍與石竹筍一樣，是可口的菜餚之一。不同於其他竹類的竹筍，採收時需於未冒出或剛冒出地面時採收，採收石竹筍與桂竹筍時需待抽高至150cm以上，可用手直接折斷者即可食用，食用方式主要以醃漬爲主，與其他竹筍以鮮食爲主要食用方式不同。

→桂竹的籜片質薄，能用來包製粽子。

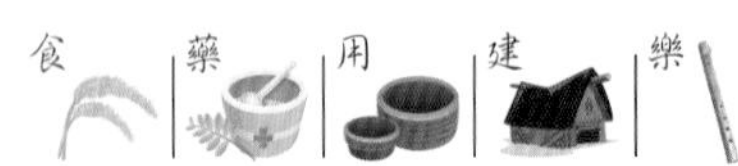

↑桂竹多成片生長於台灣中、低海拔向陽坡地。

↑除了地下的橫走根莖外，也會伸出「竹鞭」拓展生育範圍。

↑裁切並燒製完成的桂竹炭表面黝黑具光澤。

↑利用中空細竹稈製成的風鈴。

↑鄒族人利用桂竹稈搭建屬於自己氏族的祭屋（攝自嘉義特富野）。

甜根子草

Saccharum spontaneum L.

科　名	禾本科Poaceae (Gramineae)
屬　名	甘蔗屬
英文名	Kans grass

多年生直立叢生草本，根莖與稈直立，節下被粉，於花序下方被毛。葉片窄長，橫剖面略呈弧形，不具單一明顯主脈；葉舌鈍，邊緣微被纖毛。圓錐花序分支直立，穗柄與穗軸纖細，具關節。

甜根子草的葉片細而窄長，葉片微彎成弧形，中央無明顯主脈，與芒草寬大而具明顯主脈的葉片明顯不同，加上甜根子草的花序分支具關節，穎果成熟後花序分支便會依序脫落，與花序分支宿存的「芒草」明顯不同，可與「芒草」輕易區分。由於它的地下莖與基部莖內會累積糖分，因此被戲稱爲「猴蔗」。

甜根子草是台灣秋、冬兩季，在河床上可見的高大草本，其圓錐花序由許多被有白色長柔毛的小穗組成，當陽光照射、陣風襲來，長片舞動的花序有如陣陣波浪般耀眼而迷人，甚至有人爲台灣東北部蘭陽溪口的甜根子草花海著迷，成爲時令著名景點之一。當年客家先民沿著後龍溪谷翻山越嶺，來到汶水一帶山稜時，望著溪畔成片的耀動光芒，以爲山下是一整片的廣大湖泊，置身其中後才發現原來是成片甜根子草所生長的台地，便以「大湖」相稱。

↑圓錐花序分支不分叉。

花期 1 2 3 4 5 6 **7 8 9 10** 11 12

↑甜根子草的植株叢生，圓錐花序頂生於莖梢。

由於數量龐大，甜根子草的葉片也能充當茅草屋的屋頂建材之用；地下莖內累積的糖分也能爲貪吃的小朋友解饞。對排灣族人而言，深秋時分抽出的花序，也是季節變換、伯勞鳥南遷的時令指標之一。

↑葉片細長，葉鞘表面光滑或疏被毛。

↑開花時，小穗表面的長柔毛平伏。

小米

Setaria italica (L.) P. Beauv.

科　名	禾本科Poaceae (Gramineae)
屬　名	狗尾草屬
英文名	Foxtail millet, Italic millet, Millet
別　名	禾、粟、梁、狗尾草、稷仔、穀子

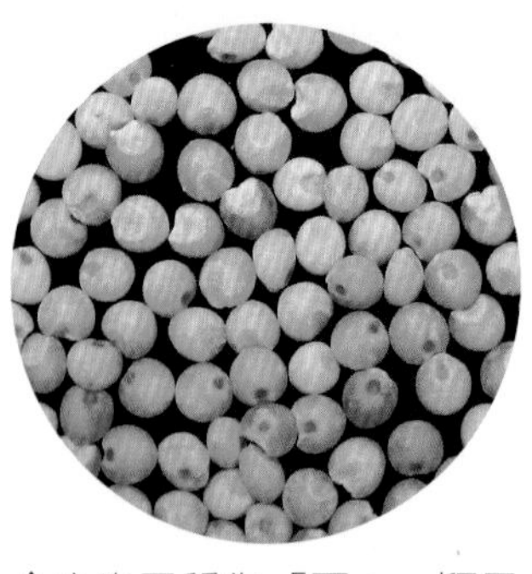

↑小米又稱為「粟」，穎果較稻、麥者為小。

一年生直立草本，稈粗壯。圓錐花序緊縮，常頂生於植株先端。小穗橢圓形，外圍被許多宿存剛毛包圍，小穗自剛毛叢中脫落，先端無芒；穎膜質；外穎約小穗1／3長；內穎先端鈍；內穎和第一小花外稃與小穗等長，內稃披針形；第二小花外稃長橢圓形，內稃扁平，與外稃近等長。

小米原產中國北部，現爲廣泛栽培於台灣地區的作物，特別是原住民族，自日治時期至今即保留許多品系，具有多樣大小與顏色的穀粒，各品系間的宿存剛毛、花序軸被毛或否等亦有差異。小米是一年生禾本科作物，會從莖頂或葉腋抽出倒向一側的花序，於花序分支上開出許多小穗。小米的花序十分別緻，每一枚小穗的基部有許多花序分支退化而成的剛毛，剛毛與小穗再排列於許多小分支上，連到主要的花序分支與花序軸上，因此這看起來像狗尾巴的花序可是花序分支緊縮而成的圓錐花序，千萬別把它當成一般的總狀或穗狀花序喔！隨著花序分支延長的程度不同，小米的圓錐花序外觀也會隨之變化。

↑小米的圓錐花序具有多枚緊縮的花序分支。

小米除了用來煮粥、釀造或供鳥飼料用外，也是原住民族的糧食來源，許多民族的歲時記事也與小米的栽種息息相關。除了達悟族外，各原

花期 1 2 3 **4 5 6 7 8** 9 10 11 12

↑豐收的小米晾乾後才能收藏。

住民族皆有利用小米釀酒的習俗，釀成的小米酒以往僅於祭典或特定時節方能飲用。隨著時代變遷，酒精飲料的取得十分容易，導致原住民族飲酒習俗的轉變，「小米酒」也轉型爲台灣原住民族的特產。台灣東部的許多原住民族，皆有自南方島嶼攜帶小米回鄉栽培的傳說，這傳說中的南方島嶼即可能是現今的蘭嶼。由於小米與原住民往日生活密切相關，豐收時金黃的花穗也成爲最應景的裝飾，許多原住民族都有把豐收的小米穗成串懸掛在門前，富含祈願與豐收的涵義。

→台東卡地布部落利用豐收的小米穗製成懸吊的飾品。

棕葉狗尾草

Setaria palmifolia (Koen.) Stapf

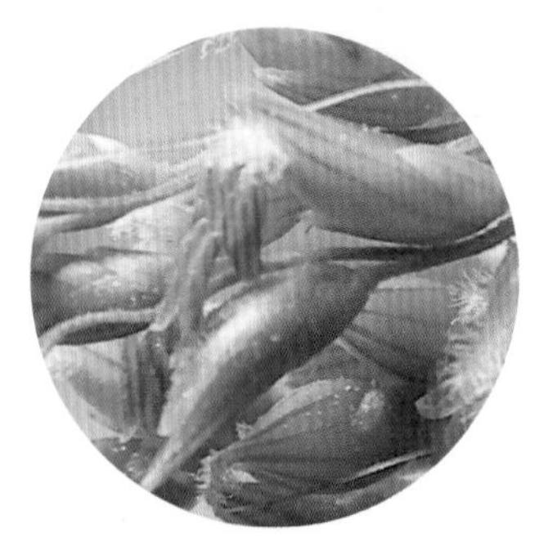

科　　名	禾本科Poaceae (Gramineae)
屬　　名	狗尾草屬
英 文 名	Bristle grass, Palm grass
別　　名	颱風草

多年生草本，根莖短，稈叢生。葉片披針形，表面具皺褶，葉鞘具龍骨，表面被疣狀剛毛，葉舌一圈毛。圓錐花序疏鬆，花序分支退化成剛毛狀1～3枚，著生於小穗基部。小穗披針形，先端銳尖。

↑葉片表面多皺褶，有如棕櫚的新生葉片。

廣布於舊世界熱帶，為台灣全島低海拔山區林下常見植物。由於它表面滿布皺紋的葉片有如剛抽出、尚未展開的棕櫚科植物嫩葉，因此種小名取為「葉片如棕櫚葉般的」，中文名也如此稱呼，然而卻不及它的俗稱「颱風草」來得響亮。棕葉狗尾草不僅葉片寬大，與許多台灣產狗尾草屬植物窄長的線形葉片差異甚大。花序為展開的圓錐花序，不若其他成員多為緊縮的圓錐花序，但是棕葉狗尾草的小穗卻保有許多狗尾草屬植物的特徵，像是小穗內的第二小花稃片質厚、小穗基部具有少量的宿存剛毛狀花序分支、小穗基部具關節等，因此的確是狗尾草屬成員。

棕葉狗尾草的葉表偶有數條橫向折紋，除了原住民族，以往一般民眾也曾耳聞可由「橫向折紋的數目」推論該年的颱風數目。在科技發達的今日，這樣傳統的技術當然早已揚棄，

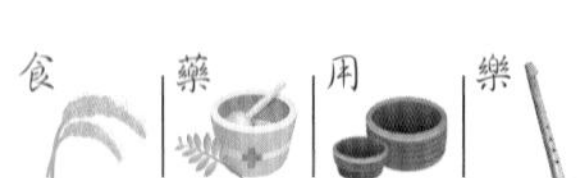

花期 1 2 3 4 5 6 7 **8** **9** **10** 11 12

↑棕葉狗尾草的圓錐花序頂生，植株稈多斜倚。

然而由此想見生活在熱帶亞洲的民族，都對颱風這樣迅速而強大的自然力量深感敬畏。

→小穗卵形，基部具1或少數剛毛。

↑穎果成熟後，小穗略延長成窄卵形。

↑葉鞘與葉片表面常被粗糙毛。

蜀黍

Sorghum bicolor (L.) Moench

科　　名	禾本科Poaceae (Gramineae)
屬　　名	蜀黍屬
英 文 名	Great millet, Kaoliang, Sorghum
別　　名	高粱、蘆黍、蘆黍仔、蘆粟

↑有時小穗先端具有短而彎曲的芒。

一年生直立草本，稈實心。葉片披針形，葉基微心形，表面光滑。圓錐花序頂生，偶具腋生者；成對小穗二型，上位小穗具穗柄，不稔性，線狀橢圓形；下位小穗可稔，無柄，卵形；穎革質，中段光滑，具光澤，成熟後轉為深褐色，具橫隔脈。

↑蜀黍為直立的高大禾本科作物。

原產北非，現已廣泛栽培於全球溫帶與熱帶地區。蜀黍是一年生大型草本作物，常栽培於旱地，加上單生的植株與寬大的葉片，模樣與同屬黍亞科族的另一種作物：玉米神似。蜀黍雖然具有可稔與不稔性小穗，這二型小穗卻同樣聚生於頂生（偶爾腋生）的開展圓錐花序中；可稔小穗內的穎果成熟後小穗渾圓而具有光澤。

「蜀黍」這個名字聽來有點陌生，若是提到「高粱」就令人親切許多。高粱不僅是用來釀酒的材料，它的穎果可以直接蒸煮食用、供作家畜的飼料、水土保持

花期 1 2 3 **4 5 6 7 8 9** 10 11 12

↑穎果成熟後膨大，外露於稃片外。

↑穎果成熟後轉為深褐色。

用的護坡植物，甚至作爲偶見的花藝用材，隨著用途不同，蜀黍也被培育出許多品系。有時蜀黍的莖葉也被充當爲原住民族傳統建物的屋頂，甚至在住屋或田地附近栽培充做籬笆，一舉數得。

↑蜀黍為以往重要的雜糧作物，現為重要的釀酒作物。

玉蜀黍

Zea mays L.

科　名	禾本科Poaceae (Gramineae)
屬　名	玉蜀黍屬
英文名	Corn, Indian corn, Maize
別　名	玉米、包穀、番麥

↑收成後的果序可晾乾以便儲藏。

一年生，稈實心。葉片寬大，邊緣波狀。花序單性，兩型；小穗單性。雄性小穗成對，外穎披針形，具脊，表面被纖毛；內穎長橢圓狀倒卵形，與外穎近等長。雌性小穗密生或腋生肉穗花序，小穗多列聚生於加厚、近木質的主軸，表面被多數大型葉狀苞片所包圍，花柱極長如絲。穎果成熟時膨大。

↑果序外由許多深色的苞葉包圍。

原產美洲，現全球已廣泛栽培，玉蜀黍的花序型式在禾本科中頗爲特別，其花序單性，雄花序頂生於莖先端，由多數總狀花序分支排列而成，內含多對同型雄性小穗；雌花序則腋生於葉腋，由許多雌性小穗密集排列於膨大的花序軸上，僅將花柱與柱頭露出葉狀苞片外，有如髮絲般飄揚，同時攔截空氣中的花粉，藉以完成授粉工作。

玉蜀黍爲重要的飼料與人類食物，可供綠肥或直接食用；其幼嫩的花序可供生菜食用；枯枝可爲生質燃料或堆肥使用；苞片可用來造紙。由於傳入東方的時間甚早，因此廣受台灣各民族栽培食用。除了傳統的糧食與飼料用途外，玉黍蜀現在也成爲北美洲提煉生質酒精，用來替代汽油燃料的使用，成爲新興的經濟作物。

花期 1 2 3 4 5 6 7 8 9 10 11 12

↑雄花序分支具許多雄性小穗側生。

↑玉蜀黍的雄花序頂生，形成指狀總狀花序。

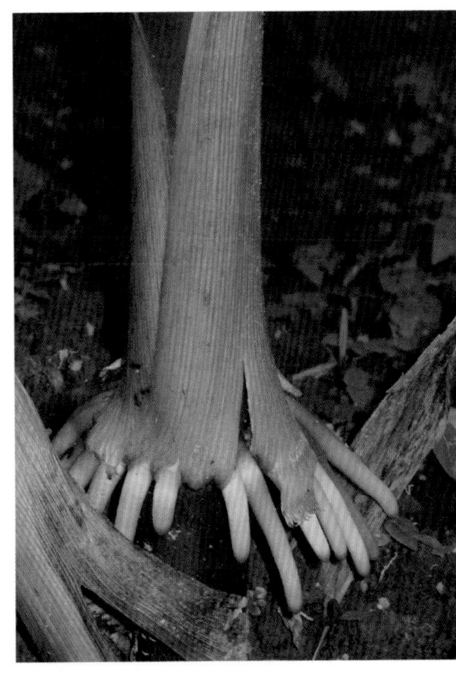

↑植株基部節上具支持根。

玉山矢竹

Yushania niitakayamensis (Hayata) Keng f.

科　　名	禾本科Poaceae (Gramineae)
屬　　名	玉山箭竹屬
英 文 名	Yushan cane
別　　名	玉山竹、玉山箭竹

稈直立，粗壯，節明顯且基部節上具一圈不定根；節上初具3～4分支。籜革質，淺褐色；籜耳具叢生短毛；籜舌先端截形；籜片廣線形或舟狀，先端銳尖，表面光滑，全緣。葉窄披針形，先端銳尖，葉耳具叢生褐毛；葉鞘表面光滑。圓錐花序頂生，小穗2～7朵花。

↑葉片4～6枚簇生於分支先端。

↑小穗組成圓錐花序，頂生於竹稈先端。

分布於中國四川、雲南、菲律賓高山地區。台灣全島海拔1000～3000m開闊地與原始林可見廣泛分布，隨著生長環境不同，中海拔高達3m以上的玉山矢竹，來到高海拔稜線上則成為矮小的多年生草本。玉山矢竹具有長走莖，除了藉由地底的根莖外，還能利用長走莖擴展生育範圍，並且會自走莖或地下根莖抽出頂生或腋生的花序。玉山矢竹屬與台灣杉屬（*Taiwania*）為全球少數以台灣地名為由的植物屬名，雖然本屬成員分布廣泛，但以台灣最高峰為名者仍屬獨特。

除了食用玉山矢竹的竹筍外，玉山矢竹也是許多山區民族採用的建材來源，其細而直的主幹更是原住民族眼中絕佳的弓箭材料。

花期 1 2 3 4 5 6 7 8 9 10 11 12

莎簕竹

Schizostachyum diffusum (Blanco) Merr.

科　　名	禾本科Poaceae (Gramineae)
屬　　名	莎簕竹屬
英 文 名	Climbing bamboo
別　　名	藤竹

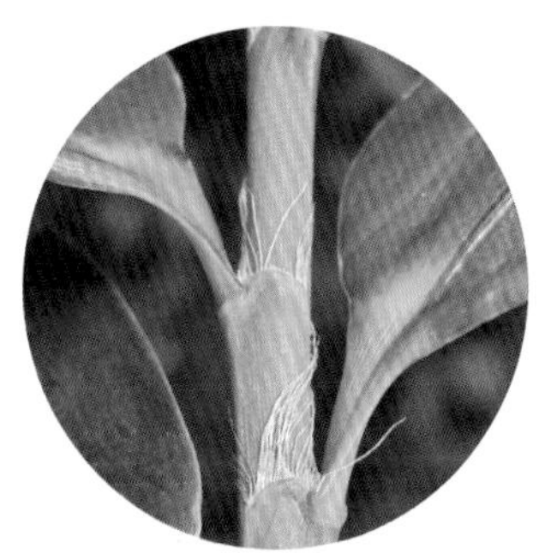

↑葉耳邊緣圓，先端具長剛毛。

稈攀緣，節明顯，具多數分支。籜早落，革質，先端弧形，表面被褐色毛，邊緣具緣毛；籜葉線狀披針形，全緣。葉長橢圓狀披針形；葉耳幼時具白色叢生長毛，後轉為褐色；葉舌圓，具芒齒；葉鞘表面光滑，邊緣單側被纖毛。小穗簇生於具葉枝條先端，穎2枚，外稃卵狀長橢圓形。

莎簕竹原產菲律賓與台灣，廣布於南部與東部海拔250～1200m原始林，常在林下長成茂密的竹藤叢，莖具有韌性。竹類中空具節、乾燥後堅硬耐用的特性，使得竹材廣受各民族的喜愛。攀緣植物爲了於茂密的叢林中生存，除了堅韌的莖條利於攀附大樹上，生長過程中得面對大樹自行疏伐，以及強風、豪雨、動物等外力導致攀附失敗，因此枝條不能過硬，才能像藤本植物般穿梭於樹林間。莎簕竹是台灣原生竹類中唯一主莖具攀緣性者，因此只要看到竹葉與它交織而成的藤叢，便能一眼認出它來。

莎簕竹的莖除了和其他竹類植物一樣，常被各民族採下編成各種器皿外，也能成爲黃藤的替代品，用來綑綁、固定家屋結構，甚至當成編材作爲交易買賣之用，另外，纖細的竹管也能製成煙斗或筷子。

↑莎簕竹密生於台灣南部與東南部山區，成為登山客難纏的對手。

秀貴甘蔗

Saccharum officinarum L.

科　名	禾本科Poaceae (Gramineae)
屬　名	甘蔗屬
英文名	Sugarcane
別　名	紅甘蔗

↑主稈基部節上具支持根，莖節表面被白粉。

根莖粗壯。稈實心，多汁，具節多數，表面紅紫色，基部節間較短，膨大。葉鞘覆瓦狀排列，基部者脫落；葉片寬大，中肋明顯，邊緣具鋸齒矽質體。圓錐花序大型，展開狀，具總狀分支多數。

↑圓錐花序頂生，具多數側生分支。

甘蔗屬植物具有累積糖分於莖節內的能力，因此常被栽培爲製糖或食用的作物。秀貴甘蔗就是平常所稱的「紅甘蔗」，原產於巴布亞紐幾內亞，隨著南島語族的遷移，秀貴甘蔗廣泛傳播至太平洋諸島、中南半島、印度等地，隨著大航海時代葡萄牙等國的推廣與強迫種植，現爲全球熱帶地區種植供製糖用的經濟作物。

秀貴甘蔗引進台灣地區栽培的時間甚早，因此許多民族皆有種植秀貴甘蔗的傳統，也是許多民族祭祀、婚禮的禮物之一。秀貴甘蔗的莖內糖分較低，水分較多，因此在台灣多直接啃食以吸取糖分，在其他熱帶殖民地，卻多栽培來供製糖之用。

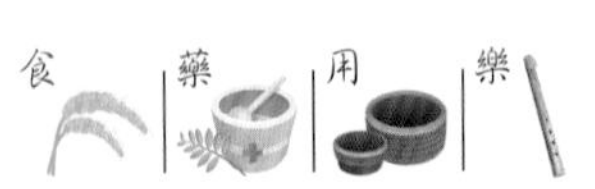

↑秀貴甘蔗是平時口中所稱的「紅甘蔗」，水分較多，適合直接嚼食。

↑秀貴甘蔗是許多原住民族的祭品之一。

↑花序軸表面明顯被毛。

↑葉片簇生於莖稈先端，葉片基部疏被毛。

甘蔗

Saccharum sinensis Roxb.

科　名	禾本科Poaceae (Gramineae)
屬　名	甘蔗屬
英文名	Sugarcane
別　名	白甘蔗

↑各式的糖製品多是以甘蔗作為原料來源。

稈粗壯，節間表面黃褐色，偶轉為色深者，實心而多汁，近花序下方者被絲質毛。葉片寬大而光滑，具單一明顯主脈；葉鞘長於節間，呈覆瓦狀排列，莖下部者葉片早落。圓錐花序大型，主軸白色，被絲質毛；穗柄與花序梗先端膨大。

↑甘蔗一般俗稱「白甘蔗」。

甘蔗屬植物爲高大的禾本科植物，其常具有大型的圓錐花序，分支總狀，有許多具關節的穗柄及小穗。小穗成對而同型，一具柄而另一無柄；由於穗柄間具關節，因此小穗成熟時易隨斷落的穗柄脫落。

甘蔗，就是一般俗稱的「白甘蔗」，其莖幹富含糖分，節間表面黃褐色，微被蠟粉，可與秀貴甘蔗相區分。甘蔗在台灣曾經大規模、大面積栽培，自日治時期開始，台灣各平原皆受日本政府的指示栽種甘蔗，作爲製糖之用，國民政府來台後持續推動，曾爲台灣賺進大量外匯。隨著國內人工薪資提升，與國外大規模

花期 1 2 3 4 5 6 7 8 9 10 11 12

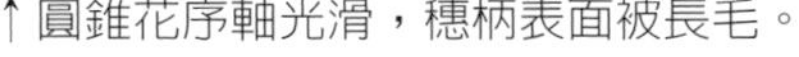

↑圓錐花序軸光滑，穗柄表面被長毛。

↑稈表面淺黃色，葉鞘表面被白粉。

種植的競爭下，製糖外銷不再是台灣創造外匯的主力，昔日的糖廠逐漸轉型，僅有部分地區至今仍可見到以機械採收「白甘蔗」的景象。

↓現今仍可見到以機械採收「白甘蔗」的景象。

包籜矢竹

Pseudosasa usawai (Hayata) Makino & Nemoto

科　　名	禾本科Poaceae (Gramineae)
屬　　名	矢竹屬
英 文 名	Usawa cane
別　　名	矢竹仔、包籜箭竹

↑葉耳先端銳尖，邊緣具一列長剛毛。

稈直且節間光滑，基部節明顯具不定根；分支多單生，偶於上部節2～3枚。籜宿存，革質，表面光滑，嫩時邊緣被纖毛；籜耳不明顯，具少數毛；籜葉舟狀或廣線形，表面光滑，全緣。葉2～6枚，長橢圓形，先端銳尖，葉基鈍，具橫隔小脈；葉鞘表面光滑，邊緣具纖毛。

包籜矢竹廣布於全島灌叢與開闊草地，常零星分布或生長於闊葉林，海拔至1200m高。「矢竹」是泛指一群較爲矮小且具短地下根莖的直立竹亞科植物，它們的竹籜宿存於節上，不像大型竹子會於生長期間展開剝落，這些矢竹的莖直徑較細，節上分支較少，與其他大型的竹類相去甚遠。

相對於矢竹這個名稱，「箭竹」這個名稱就耳熟能詳許多，隨著飲食文化的多元，「箭竹筍」早已成爲台灣各民族食用的野菜之一，也是許多山產店的佳餚。除此之外，矢竹的莖較爲細長而直，能作爲小型魚網或油紙傘的握把，也能製成弓箭之用，爲以往各靠山民族在山林內打獵的用具來源之一。

↑籜片先端具一圈長剛毛，籜葉披針形。

↑籜片近基部表面光滑，其餘部分被伏糙毛。

臭腥草

Houttuynia cordata Thunb.

科　　名	三白草科Saururaceae
屬　　名	蕺菜屬
英 文 名	Pig thigh
別　　名	蕺草

具強烈氣味的多年生草本，有許多纖細根莖。莖斜倚，表面光滑。葉廣卵心形，先端漸尖，邊緣常帶紅色，脈上被毛；葉柄常為紅色。花穗密生花多數，總苞片常4枚，先端圓，卵形至卵狀長橢圓形，於開花後宿存且反捲。花兩性，無柄。蒴果廣倒卵形，內含多數微小種子，橢圓形。

↑臭腥草是台灣北部低海拔潮溼處常見的匍匐草本。

分布於喜馬拉雅山區、中國、日本、琉球與爪哇。台灣全島低海拔森林內遮蔭處或近水邊可見。臭腥草的中名與魚所散發而出的腐敗氣味同義，指得是臭腥草的葉片搓揉後，會散發出一股醒腦的氣味，這股氣味有人聞起來覺得帶有清新氣息，也有人無福消受，只感受到一股刺鼻。臭腥草從深綠的葉叢中開出白色花朵，只是白色而顯眼的不是它的花瓣，而是4片反捲的總苞片，排列在苞片中央花序軸上的細微小花，才是它眞正的花朵。

臭腥草具有消炎、降火氣、舒緩咳嗽症狀的功能，為客家人、賽夏人、賽德克人、太魯閣人所採用的草藥，與新竹、苗栗客家人鄰近的賽夏族人，也會摘取曬乾後與當地客家人進行交易；布農族人行走山林時，也會嚼食它氣味獨特的葉片生津。

花期 1 2 3 4 5 6 7 **8 9 10 11 12**

菸草

Nicotiana tabacum L.

科　名	茄科Solanaceae
屬　名	煙草屬
英文名	Tobacco
別　名	妖草、相思草、菸葉、煙草

一年生或多年生直立草本，於莖上半部分支，表面被黏毛。葉無柄或近無柄，葉片卵形，先端漸尖，基部漸狹或近耳狀抱莖。聚繖花序頂生，花萼聚生成圓筒狀或鐘狀，常短於花冠；花冠直，下半部白色或帶淺綠色，先端粉紅色或紅色，表面被腺毛。蒴果窄橢圓形、卵形至球形，內含種子多枚。

↑菸草是直立的大型草本，花序頂生於主莖或側枝先端。

原產中南美洲，於台灣中南部平野計畫性栽培，另於各地零星栽培，逸出後歸化於村落周圍荒地。菸草的植株高大，全株被有黏毛，開花時一輪輪白中帶紅的菸草花聳立於菸田中，十分壯觀。

菸草爲茄科煙草屬成員，因具製菸及觀賞等經濟價值，爲世界各地廣泛栽培。在台灣，菸草的引進可追溯至西荷時期，由荷蘭人首先攜入，使得台灣各原住民族都留有捲菸草、抽菸斗的習慣，以及刻製木製菸斗的文物，至今仍可見許多部落旁零星栽培。然而，根據 鳥居龍

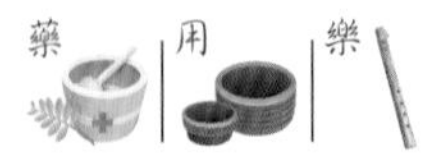

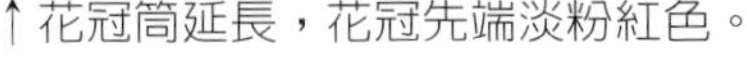

↑花冠筒延長，花冠先端淡粉紅色。

↑蒴果卵形，成熟時2瓣裂。

藏博士的記載，蘭嶼的達悟族人不具有抽菸草的傳統，也未受大航海時代的西方航海士所影響，不僅在台灣，這種不抽菸的傳統在全球原住民族中都極爲罕見。許多原住民族會將菸葉擣碎後敷於外傷患部，藉以止血。

台灣的菸業主要在日治時期引進，經過多處試種後選定與美國北卡羅萊納州地理條件最爲相似的美濃平原進行大規模栽培，並由公賣體系收購，國民政府來台後，仍持續收購至20世紀末。60年的栽培歷史，至今美濃一帶仍有許多客家住宅保存了當時爲「菸樓」的「太子樓」，見證當時這段歲月。

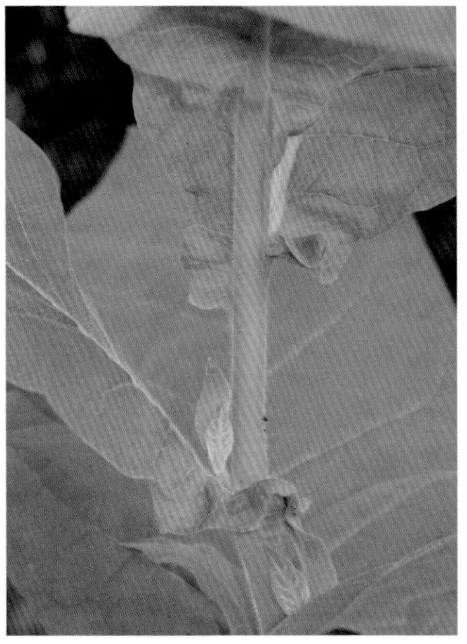

↑莖生葉半抱莖，互生於直立莖上。

毛酸漿

Physalis pubescens L.

科　　名	茄科Solanaceae
屬　　名	燈籠草屬
英 文 名	Hairy groundcherry, Husk tomato

一年生草本，全株明顯被絨毛，偶被腺毛；莖直立或斜倚。葉單生或對生，卵形至橢圓形或披針形，先端漸尖至銳尖，葉基圓至鈍，全緣、具凹刻或齒緣。花萼中裂，裂片窄三角形。花冠黃色，花喉具毛與深色斑紋；花藥藍色。漿果被宿存花萼包被，宿存花萼明顯具5稜。種子黃色，盤狀。全年開花結果。

↑花冠筒內的斑紋顏色深淺多變。

毛酸漿原產美洲，廣布於熱帶與溫帶地區，在台灣南部低海拔干擾地可見。毛酸漿與燈籠草皆生長於台灣低海拔地區，然而毛酸漿多分布於南部與東南部、蘭嶼干擾地，分布較燈籠草爲狹隘。毛酸漿與秘魯苦藏同樣全株密被絨毛或腺毛，花喉內含深色斑紋，可與燈籠草相區隔。然而毛酸漿與燈籠草的花果大小相似，皆小於1元硬幣的大小，加上皆分布於低海拔地區，因此能與花果較大型，分布於中海拔地區的秘魯苦藏相區分。

花期 1 2 3 4 5 6 7 8 9 10 11 12

↑毛酸漿廣布於台灣南部平野與海濱，中、北部偶爾可見。

毛酸漿的漿果與燈籠草、秘魯苦蘵一樣，都是許多孩童信手捻來的零嘴，不過隨著種類不同口感差別也各異，因此不同地區的小孩各有不同偏好。

↑花萼筒表面被毛，會隨著果實成長而膨大。

←全株密被至疏被毛，就連花萼筒表面也不例外。

秘魯苦蘵

外來種

Physalis peruviana L.

科　　名	茄科Solanaceae
屬　　名	燈籠草屬
英 文 名	Cape gooseberry
別　　名	黃金莓、燈籠果

多年生直立草本，莖疏具分支，全株密被毛與腺毛。葉廣卵形至心形，先端短漸尖，葉基心形，全緣或具少數不明顯齒緣。花萼廣鐘狀；花冠黃色，花喉具深色斑紋，雄蕊藍紫色。漿果成熟時為黃色，結果時宿存花萼綠色，卵形，具5～10微稜角。

↑秘魯苦蘵是矮小的蔓性草本，全株明顯被毛。

原產南美洲，現已歸化多國，偶見栽培以收成果實。在台灣，秘魯苦蘵於嘉義、南投一帶中海拔干擾地可見，局部地區數量頗豐。秘魯苦蘵的外觀與台灣平地常見的同屬植物：燈籠草（苦蘵，*P. angulate*）相似，然而秘魯苦蘵全株明顯被毛，花冠約有5元硬幣大小，花冠內明顯具有深色斑紋，可與全株近光滑，花冠約1元硬幣大小，花冠內僅具淺色斑紋的燈籠草相區隔。加上秘魯苦蘵在台灣僅分布於中南部中海拔山區，生育地與分布於低海拔地區的燈籠草明顯不同，可供區分。

秘魯苦蘵與燈籠草一樣，漿果外圍有宿存而膨大的廣鐘狀花萼包圍，裡頭的漿果同樣多汁，因此與燈籠草相仿，秘魯苦蘵成爲南投、嘉義中海拔山區小朋友嬉戲時的零嘴。

花期 1 2 3 4 5 6 7 8 9 10 11 12

↑黃色的花朵腋生，花冠內具有明顯的深色斑紋。

↑結果時花萼筒膨大，表面明顯被毛。

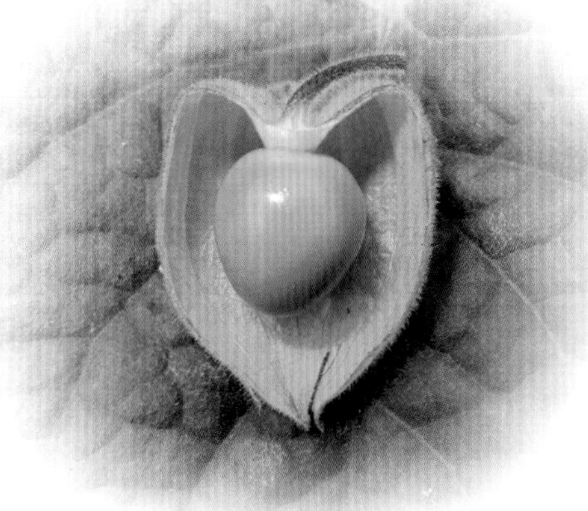

↑秘魯苦蘵的漿果是中部中海拔小孩的零嘴。

相似種比較

↑燈籠草的葉緣多變，黃色花冠筒內具有淺色斑紋。

←燈籠草又名「苦蘵」，是全台平地可見的直立草本，全株光滑。

光果龍葵

Solanum americanum Miller

科　　名	茄科Solanaceae
屬　　名	茄屬
英 文 名	American nightshade

一年生至多年生草本，被毛，莖綠或紫色。葉卵形，先端銳尖，基部截形或楔形，膜質，全緣或齒緣。繖形花序腋生，花萼裂片卵形；花冠白色，內具黃斑，裂片卵狀長橢圓形，外表被毛；雄蕊花藥黃色。漿果球形，亮黑色具光澤，果梗直立或垂頭，萼片於結果時反捲。

↑光果龍葵是台灣平野至中海拔可見的小型直立草本或灌木。

原產南美洲，現已廣泛分布全球熱帶至溫帶，以及台灣全島中、低海拔荒地、路旁。以往台灣的植物圖鑑及野菜食譜所指的「龍葵」眾說紛云，指的是一群「葉片卵形、葉基截形、花白色」的小草本至灌木，這其中包括了「雙花龍葵（*Lycianthes biflora*）」、「光果龍葵」、「龍葵（*Solanum nigrum*）」等植物，其中光果龍葵是最爲常見者，從都市內的草坪、道路旁，到山間的路旁田邊，都能見到它的蹤影。

「龍葵葉」是許多山產店可以點到的野菜，這苦中帶澀的葉片帶有生物

食

花期 1 2 3 4 5 6 7 8 9 10 11 12

↑花萼裂片於開花時展開，結果時向後反捲。

鹼，適合與黑豆、小魚乾或生雞蛋拌炒，成為一道佳餚，也是台灣各民族的野菜之一。

成熟的光果龍葵漿果呈黑色，表面帶有光澤，可供嘴饞的孩子們作為零食。

→光果龍葵的漿果成熟後轉黑，表面具有光澤。

龍骨瓣莕菜

Nymphoides hydrophylla (Lour.) Kuntze

科　　名	睡菜科Menyanthaceae
屬　　名	莕菜屬
英 文 名	White water snowflake, White water
別　　名	水蓮、野蓮、銀蓮花

根莖短，延長狀，花與葉片間生。葉柄狀莖具節少數，偶生根。葉片圓形，葉基深心形，具窄凹陷，葉背紫色。節上具2～10朵花。花萼深5裂，裂片窄披針形，花冠白色，花喉黃色，鐘狀。花冠裂片5枚，長橢圓形，中央具脊紋。

龍骨瓣莕菜是一種浮葉性的水生植物，其種子自湖泊、池塘的底泥中萌芽、生根，長出粗短的直立短莖，再由這埋藏於底泥中的直立莖長出翠綠而富含通氣構造的枝條，從先端長出卵圓形的葉片。隨著水位升降，龍骨瓣莕菜的葉片始終平貼於水面，藉由柔軟的枝條與葉柄將養分與空氣往水中的其他部位傳送。

莕菜的花朵十分可愛，花季時可見一朵朵的5束性小花自葉柄先端長出，挺出水面吸引昆蟲前來訪花，而龍骨瓣莕菜的花朵更是特別，在台灣可見且開出白色花的莕菜種類中，僅有龍骨瓣莕菜的花瓣具有龍骨脊紋，不具絲狀突起，其餘者的花瓣皆具有明顯絲狀突起，卻不見花瓣表面的脊紋，這也成為它中文名稱的由來。

龍骨瓣莕菜原本生長於高雄市美濃區的中正湖中，無奈棲地改變與湖泊、溝渠水泥化，使得原生族群完全消失，不過，當地居民發現它脆嫩的葉柄頗具口感，便保留種原並大量繁殖，搖身一變成為可口的野菜：水蓮，從此成為當地的特色佳餚。

↑葉背暗紅紫色，葉柄基部具有花苞。

花期 1 2 3 4 5 6 **7 8 9 10 11** 12

↑龍骨瓣莕菜曾成片生長於高雄美濃的中正湖中。

↑花瓣中央除了毛狀突起外還具脊紋，因此稱為「龍骨瓣」莕菜。

相似種比較

↑小莕菜的花朵微小，花瓣上具有發達的毛狀突起。

→龍潭莕菜的花與印度莕菜相似，但葉片明顯較小。

↑印度莕菜花瓣常多於5枚，表面密布毛狀突起。

月桃

Alpinia zerumbet (Pers.) Burtt & Smith

科　　名	薑科Zingiberaceae
屬　　名	月桃屬
英 文 名	Light galangal, Pink porcelain lily, Shell flower, Shell ginger, Variegated ginger, Butterfly ginger
別　　名	玉桃、良姜、虎子花

多年生草本。單葉互生，具長葉鞘相互包被成假莖，葉片長橢圓形至長橢圓狀披針形，先端漸尖，葉基楔形。聚繖狀圓錐花序具梗，花序下垂或上舉；花萼與花冠白色；唇瓣(瓣化雄蕊)凹陷狀，內部深黃色且具紅色條紋及點紋。蒴果球形至橢圓體，熟時紅色，表面具縱稜。種子具白色假種皮。

↑月桃為廣布於台灣海濱至中海拔山區的大型草本。

月桃是舊世界熱帶與台灣低海拔山區廣布的多年生薑科草本，花期甚長，一年四季都可見到自枝條先端抽出圓錐狀密繖花序，這些花序大多向下懸垂，有時可見花序軸末端上舉而呈蠍尾狀甚至完全直立者，這種花序上舉的月桃常分布於海濱，加上葉片較厚，因此被台灣植物分類巨擘的日本學者：早田文藏發表爲恆春月桃（*A. koshuensis*），然而經過劉淑娟博士利用分子親緣的研究成果，具有下垂與上舉花序的個體間尚未分化至種的位階，因此恆春月桃可能是月桃的一種海濱型（forma）。

薑科植物的每朵薑花常由3枚花萼與花瓣組成，包圍中央的雌蕊與多枚雄蕊，以月桃爲例，每朵花皆具有白色帶粉紅色的花萼與花

花期 1 2 3 4 5 6 7 8 9 10 11 12

↑花梗先端的白色苞片脫落後，可見綠色的子房。

瓣。您或許會有疑問，月桃那片鮮黃綴著紅斑的花瓣是什麼？從花的結構與花部發育的證據，學者認爲薑花內一側的雄蕊仍保有產生花粉的能力，爲可稔雄蕊，而另一側的雄蕊常特化如花瓣般寬廣，具有鮮豔的色彩卻不生成花粉，外形有如唇形花科（Lamiaceae）或蘭科（Orchidaceae）植物的唇瓣，稱爲「瓣化雄蕊」，具有提供訪花者降落、指示花蜜位置的功能。月桃的蒴果成熟時轉爲紅色，表面具縱稜，乾燥開裂後會露出白色種子。

月桃的葉片大而堅韌，表面具有蠟質，不僅能當做食物墊材或器皿，也能包入糯米、小米及其他食材後蒸

↑蒴果表面具多道縱稜，先端具宿存花被。

↑月桃的葉鞘堅韌，平展後可編織成器皿或提袋。

↑以月桃葉鞘包裝的排灣族奇那富。

製成各民族帶有特殊香氣的「月桃粽」。葉鞘內富含堅韌的纖維，經過剝製、抽絲、曬乾後可供做草席、繩索之用或編織成創意手工藝品。月桃也是藥用植物之一，在醫療不發達的年代，月桃的根莖搗碎後被太魯閣族人用來治療皮膚病；行走於山野間的鄒族人利用葉鞘纖維來止血；早年卑南族採用月桃的嫩心口服以驅除蛔蟲，而這也是噶瑪蘭人醃漬泡菜用的素材之一；月桃種子外圍具香氣的膜質假種皮，是漢人製作仁丹的原料。

↑蒴果紅熟後開裂，露出其中具稜的種子。

↑月桃採收後，需先將葉片摘除。

↑葉鞘需反捲後曬乾，才能進一步進行編織。

↑月桃葉鞘也能編製成船用纜繩。

相似種比較

↑烏來月桃的花序軸直立，與月桃懸垂的花序軸明顯不同。

↑烏來月桃的瓣化雄蕊表面帶有細緻紅點。

通脫木

Tetrapanax papyriferus (Hook.) K. Koch

科　　名	五加科Araliaceae
屬　　名	通脫木屬
英 文 名	Pith plant
別　　名	蓪草

↑花序分支是由許多小型的繖形小分支組成。

常綠灌木。圓形葉片大型，紙質或近革質，羽狀裂葉，自葉片基部分裂，裂片卵狀長橢圓形，先端漸尖，邊緣全緣至疏齒緣；葉柄表面被褐色易落絨毛，後漸光滑。複圓錐花序頂生，表面密被毛；繖形花序分支具花多數，花萼密被絨毛，花瓣光滑。

分布於中國南部，台灣北部、中部與東部海拔300～2,000m灌叢中可見，並於各地零星栽培。通脫木出現於台灣植物名錄的歷史極早，清末英人亨利氏來台灣北部滬尾（今稱淡水）採集時，便於港邊採獲此一植物。通脫木的葉片為掌狀裂葉，葉片大型，藉由細長且被絨毛的葉柄與莖相連。通脫木的莖表面具有橫向的葉痕與縱向紋路，雖然樹皮頗為堅硬，樹幹卻十分輕巧；原來通脫木的「髓」非常發達，直到植株長到2m高後才逐漸被木質素取代。

↑通脫木的莖稈表面具有橫向的葉痕與縱向的皮孔。

通脫木圓而大的葉片是戶外包裹食物、獵物的最佳容器，也是若干原住民族摘採來當環保鞋的材料之一，雖然葉片表面被有絨毛，但觸感舒適，加上葉片大型，因此能完全包覆雙腳。可惜行走於山林時容易滑倒，不過在物資缺乏的年代，這用完就丟棄的環保草鞋可沒什麼好挑剔的。通脫木的莖髓又稱為「蓪草心」，採下曬乾後質地輕盈，觸感還有幾分類似現代的石化產品──保麗龍，不過通脫木的髓心比保麗龍環保許多，以往常用於人造花材、葫蘆、酒瓶瓶塞、

花期 1 2 3 4 5 6 7 8 9 10 11 12

↑通脫木是全台中、低海拔山區可見的大型灌木。

或是編織衣物時用的針插等。多用途的它自從平埔族各族群與中國商人接觸以來，便有採「通脫木髓心」進行交易買賣，至今仍可見零星栽培，甚至引進蘭嶼北部栽種。

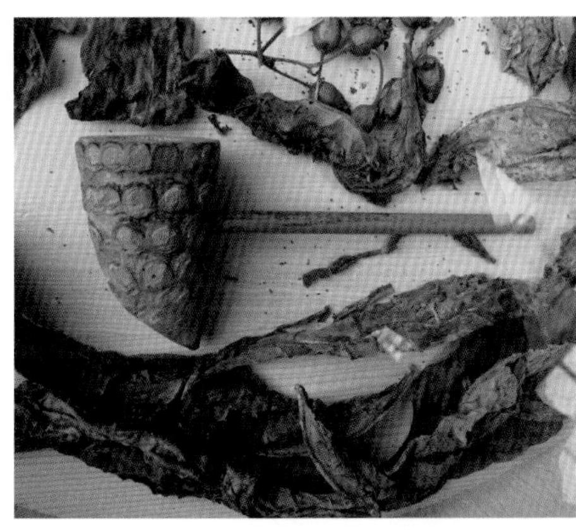

↑把通脫木的莖頂挖空後，可製成簡易的煙斗。

↑幼嫩的莖內具有鬆軟的髓，稱為「蓪草心」。

艾納香

Blumea balsamifera (L.) DC.

科　　名	菊科Asteraceae
屬　　名	艾納香屬
英 文 名	Sambong
別　　名	大丁黃、大風草、大楓草、三稔草、楓草

↑頭花由許多黃色管狀花組成。

多年生灌木或亞灌木，直立，莖表面密被綿氈毛與黃白色毛。葉窄長橢圓形，先端漸尖，葉基窄，葉柄具耳突，邊緣鋸齒緣常具不彎曲的齒，葉兩面密被毛。頭花聚生成展開錐狀圓錐花序。總苞鐘狀，苞片外表密被綿毛。心花黃色，邊花細管狀，淺黃色。

↑葉柄具有許多翼狀裂片，成為辨識的重點。

廣布於南亞、東南亞與中國。台灣南部低海拔荒地常見，中南部農村亦有栽培。台灣產艾納香屬植物多爲直立小草本，具有蓮座狀的基生葉，花序從葉叢中直立或斜倚伸出，僅有艾納香一種爲灌木，高1～2m，不致與同屬的其他成員混淆，反倒許多民衆將其誤認爲外來種——美洲闊苞菊（*Pluchea carolinensis*）。同爲灌木的艾納香與美洲闊苞菊，皆具有長橢圓形的葉片與展開的花序，因此容易讓人混淆。其實開花後兩者的差異一目瞭然，艾納香的頭花較窄，裡頭具有多數黃色小花；美洲闊苞菊的頭花稍寬，頭花由淺粉紅色與粉紅色的小花組成，極易區分。

艾納香的葉片具有和樟腦成分相同的龍腦（camphor），因此曾被用於提煉此一化學物質之用。傳統上孕

食｜藥

花期 1 2 3 **4** **5** 6 7 8 9 10 11 12

↑艾納香為矮小的灌木，常栽培於中南部與東南部田野與淺山地區。

←將成綑乾燥的艾納香枝葉加入洗澡水，可讓孕婦去寒。

婦生產後有「坐月子」的習俗，認爲產後婦女需藉由這段時間調理身體，以免體質受損，因此客家、鄒族、排灣族與卑南族人會摘採艾納香的葉片添入洗澡水中，據說有助於調理。此外，客家人家中飼養的母牛產後，也能以加入艾納香的溫水擦拭；排灣族與卑南族人也會利用艾納香的葉片製作酒麴。

相似種比較

↑美洲闊苞菊為歸化多年的外來菊科灌木，葉片披針狀卵形至卵形。

假酸漿

Trichodesma calycosum Collett & Hemsl.

科　　名	紫草科Boraginaceae
屬　　名	碧果草屬

↑深色型的花冠呈紫色。

多年生灌木，分支幼時被糙毛，後漸無毛。葉對生，倒披針形至橢圓形，先端銳尖，葉基漸狹，兩面明顯被糙毛。花白色至粉紅白色，花萼杯狀，表面被鉤毛，結果時膨大，具卵狀披針形裂片5枚；花冠漏斗狀，卵形裂片5枚，先端具長尾尖，開花時反捲，花冠筒內具10片橫隔。小堅果卵形。

↑假酸漿是台灣南部與東南部常見的低矮灌木。

廣泛分布於中國南部、中南半島、印度，台灣常見於中南部海濱至低海拔灌叢與山丘。雖然沒有鮮豔的花朵，然而假酸漿開花時奇特的外形還是能吸引不少遊客好奇。第一眼看到，多以為這葉片寬大的灌叢會開出綠色花朵，其實那是綠色的花萼，眞正的花瓣是內輪淺色或紫色，癒合成筒狀的構造，只是花冠筒開花後就枯萎凋零，淡綠色的花萼會繼續留存，直到果實成熟後功成身退，難怪會被人誤認。

假酸漿為許多生活於中南部的民族所利用，例如排灣族與鄒族人將堅果加工後食用；寬大的葉片被卑南

花期 1 2 3 4 5 6 7 8 9 10 11 12

↑淺色型的花朵白色，枯萎後轉由宿存的花萼筒點綴樹梢。

族、排灣族人用來包製山地粽：奇那富與阿拜；此外，由於卑南族人認為其有補血、舒緩潰瘍與高血壓的藥效，再加上本種口感香嫩滑口為可食用植物之一，因而被大量栽培於民宅四周，形成特殊的景觀植物。

←假酸漿的葉片寬大，被排灣族、魯凱族與卑南族用來製成小米粽。

冇骨消

Sambucus chinensis Lindl.

科名	忍冬科Caprifoliaceae
屬名	接骨木屬
別名	接骨木、接骨草、蒴藋

肉質草本或矮灌木；奇數羽狀複葉，小葉3～5枚，膜質，無柄或具短柄，披針形，先端漸尖，葉基鈍至圓，歪斜。頂生複聚繖花序，部分花朵特化為橘色圓柱狀或壺狀蜜腺；雄花與雌花混生於同一花序。雄花白色，具纖細花梗，花萼裂片三角形，花冠反捲，5裂，卵形；雌花無花瓣。果球形，成熟時紅色。

分布於中國、日本與琉球，台灣於低海拔至海拔2000m灌叢中常見。冇骨消是台灣山野的常見植物，其複聚繖花序中具有許多白色花朵，白花間夾雜著很多杯狀的黃色蜜腺，藉以產生花蜜吸引蝴蝶和螞蟻來此採蜜，產生花蜜的腺體起初爲綠色，後則逐漸轉爲橘色或黃色。

冇骨消的「冇」字有脆弱易斷之意，顧名思義即可用來消除骨折之痛，在閩南人的民俗療法中，常被用來治療跌打損傷，消腫止痛，因而得名；在泰雅族被視爲療傷的靈藥，將木灰藉由冇骨消的葉片包覆在布上，置於患處熱敷，能夠減緩腰酸背痛、下腹漲痛、撞傷等疼痛症狀。

↑冇骨消是台灣中、低海拔山區常見大型草本。

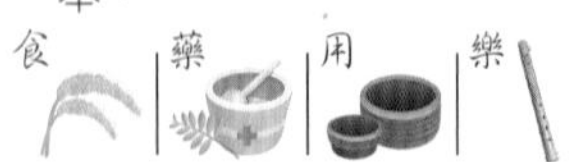

↑聚繖花序中除了白色的可稔花外，還藏有橘色的蜜腺，讓它成為吸引蝴蝶的蜜源植物之一。

花期 1 2 3 4 5 6 7 8 9 10 11 12

忍冬科

呂宋莢蒾

Viburnum luzonicum Rolfe

科　　名	忍冬科Caprifoliaceae
屬　　名	莢蒾屬
英 文 名	Luzon viburnum
別　　名	紅子仔

灌木或小喬木，葉早落；小分支被毛。葉片紙質，於開花分支上為卵形，先端漸尖至銳尖，葉基銳尖，鋸齒緣，上表面漸無毛，下表面被星狀絨毛，營養枝葉片長橢圓形至橢圓形，微齒緣。複聚繖花序頂生於側生小分支，表面被絨毛。花白色，花萼被毛，花冠反捲，5裂，裂片展開。果紅色，球形。

分布於中南半島、中國、菲律賓與馬來西亞，台灣全島常見。呂宋莢蒾爲落葉性木本植物，春天到來時可見它們展開新芽和錦簇的白色花朵，密生於腋生的複聚繖花序上，吸引許多昆蟲前來吸取花蜜；秋天時可見鳥兒穿梭於鮮豔的紅色果實間啄食，好奇的你也可以嚐嚐看喔！

呂宋莢蒾既可觀花也可觀果，鮮豔的果實不僅可以誘鳥，也可作爲插花素材，植株則可作爲藥用植物，治療風溼酸痛、跌打損傷等，堪稱爲優良的原生景觀植栽。

↑葉片上的側脈直達葉片邊緣的鋸齒緣。

↑秋冬之際結出鮮紅的果實。

花期 1 2 3 4 5 6 7 8 9 10 11 12

忍冬科

聖誕紅

Euphorbia pulcherrima Willd. ex Klotzsch

科　　名	大戟科Euphorbiaceae
屬　　名	大戟屬
英 文 名	Common poinsettia
別　　名	一品紅、向陽紅、老來嬌、猩猩木、聖誕花

多年生灌木，莖斜倚或直立。葉卵形至卵狀披針形，先端銳尖至鈍形，葉基楔形至圓形，葉緣全緣、鋸齒緣至齒緣。大戟花序頂生於複二叉枝條上；苞葉紅色或黃色；總苞苞片，先端具裂片至略凹；黃色腺體1枚，多少2唇化，展開時窄長橢圓形；雌花具光滑子房、花柱及柱頭。蒴果表面光滑。

原產於墨西哥的聖誕紅，由於觀賞價值高，加上嚴冬時仍能開出耀眼的紅色苞葉，因而成爲耶誕節的應景花卉。除了紅色外，尚有能開出黃色苞葉的個體，別稱「聖誕黃」。聖誕紅眞正的花朵極小而簡單，雄花僅具花萼與雄蕊，雌花則具有花萼與雌蕊，即使雌雄蕊帶有些許的紅色，仍難藉此招蜂引蝶；黃色的杯狀蜜腺雖然提供採蜜的訪花者前來吸食，若是沒有大而鮮豔的苞葉點綴，恐怕只能仰賴勤勞的螞蟻來協助傳粉。聖誕紅枝條先端靠近花序部分的葉片，會呈現紅色或略帶紅色，它的功能就像一般植物鮮豔的花瓣，有如大型的廣告看板吸引訪花者上門。

↑鮮豔的苞葉除了熟悉的紅色外，還有清雅的黃色。

不知何時聖誕紅遠渡重洋，從遙遠的美洲傳至台灣，但由文獻可知鄒族人於日治時期便開始栽培聖誕紅，並將

大戟科

花期 1 2 3 4 5 6 7 8 9 10 11 12

↑根據瀨川吉孝的記載，聖誕紅早年即引進台灣，於中南部原住民部落中栽植。

其開花枝條連同鮮紅的苞葉裝飾皮帽。現今北鄒族居住的阿里山區部落仍可見到其種植於民宅旁，昔日通往南鄒族居住的那瑪夏山區重要聯外道路台21線沿線更是大量栽培，成爲紅黃相間的美麗景緻。

↑聖誕紅的大戟花序疏生於枝條先端，花序中可見綴著紅色邊緣的總苞、黃色的蜜腺、雄花與雌花。

木薯

Manihot esculenta Crantz

科　　名	大戟科Euphorbiaceae
屬　　名	樹薯屬
英 文 名	Cassava, Manioc, Sweet-potato tree, Tapioca, Yuca
別　　名	木番薯、巴西箭根、番薯樹、樹番薯、樹薯

灌木，莖木質化，二叉或三叉分支。葉互生，葉片深裂，羽狀脈，裂片3～11枚，葉表光滑。圓錐花序頂生於莖頂或側枝先端，雌雄同株，雌先熟；雌花著生於花序基部，具單一雌蕊，基部具盤狀蜜腺。雄花位於花序先端，具10枚雄蕊。

木薯為分支稀疏的灌木，其種子苗具明顯主根，後長出鬚根與塊根；扦插苗多具鬚根，少數鬚根膨大呈塊根狀。由於偶見栽培，加上葉片呈掌狀深裂，時常被誤認為是還沒長大的木瓜苗。然而，這矮小的樹苗並不會長出明顯的主幹，也不會像木瓜一樣從莖頂叢生的葉腋間開出白色花朵。木薯的莖幹多分支，莖上的葉片互生；疏生葉片的莖頂抽出帶有綠色或淺色花朵的圓錐花序。仔細觀察它們的花朵，長在花序基部的雌花中央僅有3叉的柱頭，能接受來自其他花序的花粉；同一花序的雌花開放後，先端的雄花才展開它綠色的花萼，將排列成2輪的10枚雄蕊露出來。

木薯原產中南美洲，現已廣布於全球熱帶與亞熱帶地區，為全球第六大糧食作物，除了一般食用的塊根外，在它的故鄉也會採用其葉片作為蔬菜食用。不過，由於木薯全株各部位生食後皆會釋出致命的氰化物，因此食用前必須完全蒸煮才能安心食用。在台灣雖然廣泛栽培，卻不像其他國家的人食用其塊根與葉片，而是處理後製成太白粉，或是進一步製作成「粉圓」。

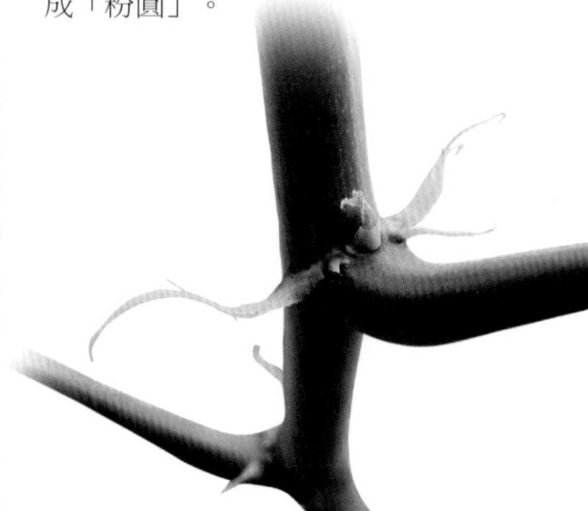

↑葉柄基部具有成對的線形托葉。

用

花期 1 2 3 4 5 6 7 8 9 10 11 12

↑雌花的5枚花被片內，具有橙色的蜜腺與雌蕊1枚。

↑木薯是原產熱帶非洲的小型灌木，具有大型的掌狀裂葉。

蓖麻

Ricinus communis L.

科　　名	大戟科Euphorbiaceae
屬　　名	蓖麻屬
英文名	Castor bean, Castor-oil plant
別　　名	紅茶麻、紅都麻、蝪麻

↑雌花具有鮮豔的紅色柱頭。

粗壯直立草本或灌木，表面光滑。掌狀裂葉對生，圓卵形，葉片薄，掌狀裂片5～7枚，裂片長橢圓形，先端漸尖，鋸齒緣，葉柄先端具腺體。花單性，排列成腋生近圓錐狀的花序，基部者為多數雄性聚生，上部為雌性者單生；雄花雄蕊多數；雌花花柱鮮紅色。蒴果為3瓣球形，綠或紫色，表面被疏鬆刺狀突起。

廣布於熱帶地區，在台灣全島，特別是中南部干擾地及開闊荒地可見。或許您會在中南部的田園附近看到一些長相奇特的「木瓜樹」，其葉片不但明顯光滑具光澤，葉片的裂片也不像普通的木瓜會再細裂，那麼您很有可能看到的是一種有毒的大戟科植物——蓖麻。

蓖麻與木瓜是截然不同的兩種植物，除了皆具有相似的裂葉外，兩者都是雌雄異株的木本。不過不論雌花或雄花，兩者都沒有花瓣，雌花引人注目的是紅色的柱頭，雄花則是淺黃的花藥。蓖麻的蒴果表面具有許多軟質的棘刺，剝開滿布軟刺的3瓣蒴果裂片，裡面藏著一顆顆閃亮的種子，表面細緻的波紋極具觀賞價值，不過種子含油量高，放久了容易從種子表面突起的「種阜」出油發酸，收藏時得格外留意。

蓖麻應是西荷時期引入，日治時期推廣栽培並收購的作物之一，由於蓖麻的種子富含油脂，不僅能提煉工業用油，醫藥上也具有助瀉功能，造成當時廣泛栽培。除此之外，在沒有手電筒的年代，蓖麻的種子還能點火，爲夜歸的族人照路。

↑種子表面不僅有美麗的飾紋，一端還有突起的種阜。

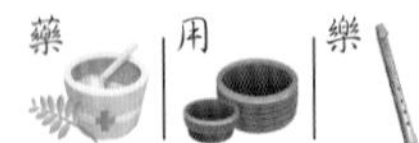

花期 1 2 3 4 5 6 7 8 9 10 11 12

↑紅色的園藝型全株通紅。

↑蓖麻是台灣中、南部常見的大型外來種灌木。

↑雌花授粉後，子房膨大成綠色的未成熟蒴果，表面具有多枚疣突。

←橢圓形的蒴果3裂。

相似種比較

↑紅葉麻瘋樹的蒴果表面不具疣突，葉片多為3裂。

台灣馬桑

Coriaria japonica A. Gray ssp. *intermedia* (Matsum.) Huang & Huang

科　　名	馬桑科Coriariaceae
屬　　名	馬桑屬
英 文 名	Taiwan coriaria

↑花圓球形，不具鮮豔的花被片。

灌木至小喬木，髓大型。葉對生，長橢圓形至長卵形，先端銳尖，近無柄，三出脈，中脈略呈粉紅色。花聚生成腋生總狀花序，雌雄同株或雜性。蒴果球形，具5室與5脊。

分布於菲律賓呂宋島北部，台灣低至高海拔（2500m）灌叢或開闊森林、路緣可見。台灣馬桑的葉片長卵形至長橢圓形，具有明顯的三出脈，對生於枝條上，由於經常生長在山區開闊的道路兩側，因此不難發現它的縱影。

↑台灣馬桑是台灣中部中海拔常見的小型喬木。

許多具有殺菌消毒功能的傳統草藥，若是不慎食用過量或是誤食，容易造成中毒或危及生命的事件發生。台灣馬桑即是屬於有毒植物，其莖葉除了被布農族、泰雅族、賽德克族人用來外敷消毒或毒魚外，也曾發生食用該植株自殺的案例，因此使用時不可不慎。

↑葉片具三出脈，再由側脈延伸緣脈。

花期 1 2 3 4 5 6 7 8 9 10 11 12

波葉山螞蝗

Desmodium sequax Wall.

科　　名	豆科Leguminosae
屬　　名	山螞蝗屬
別　　名	山毛豆花、滿鼎草

灌木，小分支密被鉤毛。三出複葉，小葉近革質，葉背微被毛或近無毛，頂小葉圓菱形，先端鈍且明顯波狀。總狀花序頂生或腋生，花單生或2枚對生，疏鬆排列於花序軸上；花冠粉紅色。莢果具8～12枚關節，關節被有鉤糙毛，節間方形。

分布於熱帶亞洲，台灣全島海拔2500m以下荒地、路旁、林緣、岩坡常見。山螞蝗屬是一群豆莢具有關節的豆科植物，不像豌豆、木豆的豆莢長直而相通，山螞蝗屬成員的豆莢就像被橡皮筋勒過一樣緊縮成一節一節，若是剝開果實，可以看到一顆顆的小豆子住在單獨的小房間裡，一旦種子成熟，原本完整的豆莢便會一節節脫落，與其他豆科植物成熟後直接開裂、散出成熟種子的現象不同，這種「種子單獨於莢果分隔內成長，成熟後逐節脫落」的莢果稱爲「節莢果」。波葉山螞蝗就會結這種類型的豆莢，即使還不到結果時節，波葉山螞蝗這種常見於山間溪谷旁的小灌木，也能藉由它略帶波狀緣的三出複葉，以及成串的紫色蝶形花加以辨別。

部分山螞蝗屬成員的莢果表面被有微細的鉤毛，一旦莢果成熟，便會黏在行人的衣褲上。天眞可愛的原住民小朋友，經常把它當成玩具般，在衣服上排字、嬉戲。

↑波葉山螞蝗的花序總狀，腋生於枝條先端。

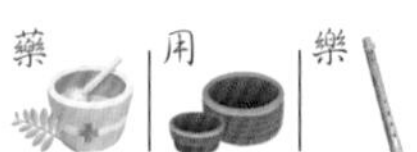

花期 1 2 3 4 5 6 7 **8** **9** **10** **11** 12

木豆

Cajanus cajan (L.) Millsp.

科　　名	豆科Leguminosae
屬　　名	木豆屬
英 文 名	Cajan, Catjang, Cajan pea, Pigeon pea
別　　名	白樹豆、柳豆、放屁豆、埔姜豆、黃豆樹、鴿豆、樹豆

直立灌木，表面被灰色毛。三出複葉，小葉3枚，長橢圓狀披針形至披針形，先端漸尖，葉兩面被柔毛與灰色腺點。蝶形花黃或橘色，聚生成腋生聚繖總狀花序；花萼鐘狀，表面被毛，萼齒披針形。莢果線形，先端具長喙，節間壓扁狀；種子扁圓形。

↑黃色的蝶形花兩側對稱，尚未被訪花者造訪。

原產印度，台灣全島廣泛栽培，偶逸出於野外。相信讀者們在小學階段時曾栽種過豆子，不論是紅豆、黃豆、綠豆、黑豆還是花豆，皆爲矮小的草本或捲曲的藤本植物，當生長到一定高度後就得插上一根木棍，讓它順利成長，因此若有人說有種豆子是長在樹上，且具木質莖幹，可能會被笑說是在騙人！事實上，還眞有這種神奇的豆子樹，那就是——木豆。木豆直立而木質化的主幹長著三出複葉，開出黃色的蝶形花，隨後結出線形豆莢，先端還具有長長的喙，這就是許多原住民族栽培的木豆，只要走進原住民居住的部落，不難發現一叢叢的木豆種植在田邊。

花期 1 2 3 4 5 6 7 8 9 10 11 12

↑木豆又名「樹豆」，是許多部落常見的作物之一。

收成後的木豆籽為扁圓形，浸泡後即可與排骨、鮮魚一併燉煮，味道甜美。不僅是傳統原住民的美食，現在也包裝成地方的特色菜餚，搶占「平地人」的胃口。

↑渾圓的木豆可用於煮湯。

↑莢果鐮形，先端具有漸尖的尾突。

小槐花

Desmodium caudatum (Thunb. Ex Murray) DC.

科　名	豆科Leguminosae
屬　名	山螞蝗屬
別　名	抹草、味噌草、金腰帶、銳葉小槐花、拿身草

灌木，分支近光滑。三出複葉，小葉膜質，頂小葉披針形，兩端銳尖；側小葉較小；葉柄具極窄翼；托葉針狀。假總狀花序或圓錐花序腋生或頂生；花萼裂片漸尖，表面被毛；蝶形花冠黃或綠白色。節莢果扁平，具4～6關節；節間窄長橢圓形，表面具褐色鉤毛。

↑腋生的總狀花序具有許多淺黃色蝶形花。

分布於日本、南韓、中國、琉球、馬來西亞、喜馬拉雅山區至印度錫蘭。台灣生長於海拔300m以下潮溼或半遮蔭灌叢，特別是在北部地區。小槐花是矮小的灌木，具有狹長小葉所組成的三出複葉，長長的花穗與黃色的蝶形花，結出的豆莢爲山螞蝗屬植物常見的節莢果，成熟後一節節地脫落。

小槐花是傳統市場或花市常見的植栽種類，只是通常都以閩南語「抹草」稱呼，若是摘下一片小葉片搓揉一番，便會聞到一股獨特

花期 1 2 3 4 5 6 7 **8** **9** **10** 11 12

↑節莢果線形，每節驟縮成橢圓形，成熟後逐漸脫落。

的清香撲鼻而來，這股特殊的香氣，放入熱水中更能散發出來，因此被閩南人及中部客家人視為除穢避邪的草藥，可加入洗澡水中沐浴淨身。另外，小槐花的葉片也能加入味噌中防腐，因此，小槐花為閩南或客家人花圃中常見的小盆花之一。

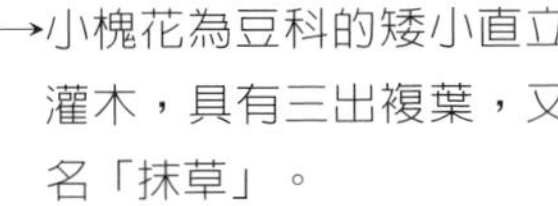

→小槐花為豆科的矮小直立灌木，具有三出複葉，又名「抹草」。

揚波

Buddleja asiatica Lour.

科　名	馬錢科Loganiaceae
屬　名	揚波屬
英文名	Asiatic butterflybush
別　名	駁骨丹、白埔姜、山埔姜

灌木。葉薄紙質，披針形，先端漸尖，葉基楔形，邊緣全緣，櫛齒或鋸齒緣，下表面被灰白色或暗黃色絨毛，脈隆起於葉背，脈於近邊緣處聯合。圓錐狀穗狀花序頂生或腋生，表面密被暗黃色或灰色絨毛；花萼鐘狀，裂片三角狀長橢圓形；花冠直管狀，白色，先端具短裂片；雄蕊著生於花冠筒中段。蒴果橢圓形。

↑花白色，具短梗，聚生於圓錐花序分支。

揚波分布於印度、馬來西亞、中國，在台灣常見於海拔600～1400m山區向陽路旁及山坡上。每當道路坍方或山坡剛除草後，便容易見到揚波，從分支先端抽出下垂的花序，開出成串的白色小花，一不留意，會錯過它不顯眼的橢圓形綠色蒴果。

馬錢科植物多少具有毒性，揚波也不例外。生活在山區的民族便在溪流中堆置石塊後，摘取魚藤與揚波的葉片丟入水中，藉以麻醉魚兒。

藥  用 

花期 1 2 3 4 5 6 7 8 9 10 11 12

↑揚波的果序上結滿橢圓體蒴果，果梗往上扭轉。

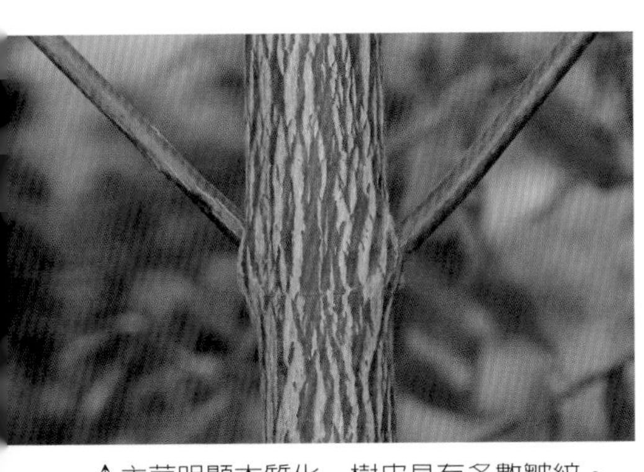

↑主莖明顯木質化，樹皮具有多數皺紋。

↑蒴果橢圓形，成熟後開裂成2瓣。

←揚波是台灣溪谷或崩塌地常見的陽性灌木。

山芙蓉

Hibiscus taiwanensis S. Y. Hu

科　名	錦葵科Malvaceae
屬　名	木槿屬

↑5枚花瓣中央由合生雄蕊包圍雌蕊。

灌木，莖、葉柄及托葉被粗毛。葉紙質，廣卵形，先端銳尖，葉基心形，3～7裂片，裂片廣三角形，偶全緣。花近鐘形，單生，腋生，花梗與葉柄近等長，花萼鐘形，被星狀毛，花瓣近圓形。蒴果被氈毛。

山芙蓉是台灣全島低至中海拔山區及海濱常見的高大灌木，亦分布於綠島、蘭嶼等離島。錦葵科植物的表面多具有星狀毛，也就是自中央放射狀排列的毛被物，山芙蓉即爲一例。

↑清晨時的山芙蓉花色純白。

不過這細微的特徵只有湊近細看才能體認，若是遠觀，可能只覺得它全株毛茸茸的，無法察覺箇中差異。好在錦葵科植物還有另外一項特徵，那就是雄蕊筒，也就是花朵中的雄蕊花絲彼此合生成長筒狀，環繞中央的雌蕊；雄蕊筒表面密被許多黃色的花藥，環簇中央5裂的雌蕊柱頭。

山芙蓉的蒴果5裂，外圍由宿存的花萼包被，花萼外圍還有5枚離生的副萼片，同樣是錦葵科植物的特色之一。宿存花萼與蒴果表面密被糙毛與星狀毛，著生在長長的果梗先端，一旦蒴果開裂，裡頭一粒粒被有長毛的種子便露出，極爲有趣。

山芙蓉的花朵大型而醒目，加上植株生長於開闊向陽處，極易被人發現，因此受到人們栽培，甚至育出雄蕊特化爲花瓣的「重瓣」品系，以供景觀之用。

別看山芙蓉的樹枝纖細，它的樹皮內富含堅韌的纖維，能編織成強韌

花期 1 2 3 4 5 6 7 8 9 10 11 12

↑花萼5枚，表面具有多道脊稜。

的繩索而廣爲各民族所利用。因此，少數年長的卑南族人曾於日治時期，把繳交山芙蓉到學校當成作業之一；擅長漁獵的噶瑪蘭人也會用其木材製成浮鏢，或是把較直的枝幹製成器具的握把。

↑總狀花序花梗延長，使花朵近同一平面開放，形成繖房花序。

↑蒴果成熟後5瓣裂，裡頭的種子表面密被長褐毛。

野牡丹

Melastoma candidum D. Don

科　名	野牡丹科Melastomataceae
屬　名	野牡丹屬
英文名	Common melastoma
別　名	山石榴、王不留行

灌木；莖被伏鱗狀毛。葉卵形或卵狀橢圓形，5～7脈，先端鈍至漸尖，葉基圓或淺心形，邊緣鈍齒緣，兩面被毛；葉柄密被鱗狀毛。花集生成頂生聚繖花序；花萼密被鱗狀毛，裂片5枚，披針形；花瓣紫紅色，歪卵形；雄蕊二型。漿果卵形。

↑野牡丹的花朵大而顯眼，從翠綠而帶有平行脈的葉叢中開放。

分布於中國南部，台灣全島開闊地、草原與林緣易見。台灣地區沒有花大而豔麗的中國花王「牡丹」，但是只要走進淺山，一定能找到花大而色紫的「野牡丹」。不過野牡丹是野牡丹科的小灌木，與毛莨科的牡丹分屬不同科別。野牡丹的花部構造極爲特別，紫紅色的歪斜花瓣中，點綴著又黃又紫的雄蕊花藥，看來目不暇給。

野牡丹的花形雖然由5枚花瓣排列成輻射狀，雄蕊卻特化成兩種不同的外觀，一側的雄蕊花藥爲鮮黃色，全數不稔性；另一側的雄蕊花藥兩型，接近中央的花藥爲黃色，無法產生可稔的花粉，另一端的雄花蕊藥延長成柄狀，花藥也延長成纖細且彎曲狀，表面帶紫色，能產生可稔花粉。當蜜蜂前來拜訪這美豔的花朵時，專注的是花朵中央鮮黃的「美食」，大

花期 1 2 3 4 5 6 7 8 9 10 11 12

↑偶爾可見具有6枚花瓣的個體。

快朵頤時就會碰觸到延長的紫色可稔花藥，當蜜蜂往下一朵美麗花朵前進時，花粉就這麼帶了出去，為下一朵野牡丹花授粉，以結出漿果。

野牡丹的漿果由密被鱗狀毛的花萼所包圍，內含鮮紅果肉，即使不開花，許多人也能藉由葉片來辨認它。野牡丹長卵形的葉片表面有明顯的5～7出脈，葉脈陷入葉片之中，其中外側1～2對極為接近葉緣，加上葉片密被毛，因此極易區分。

以往野牡丹是許多民族喜愛採食的野果，吃完後滿嘴會變成黑色，因此也算是趣味童玩之一；過去客家人會採取野牡丹的莖葉，與黃土共同悶煮後煉製染料。

↑蒴果表面被粗糙短毛，開裂後露出鮮紅的果肉。

小葉桑

Morus australis Poir.

科　　名	桑科Moraceae
屬　　名	桑屬
英 文 名	Taiwan mulberry
別　　名	桑材仔、桑樹、鹽桑仔、蠶仔葉樹

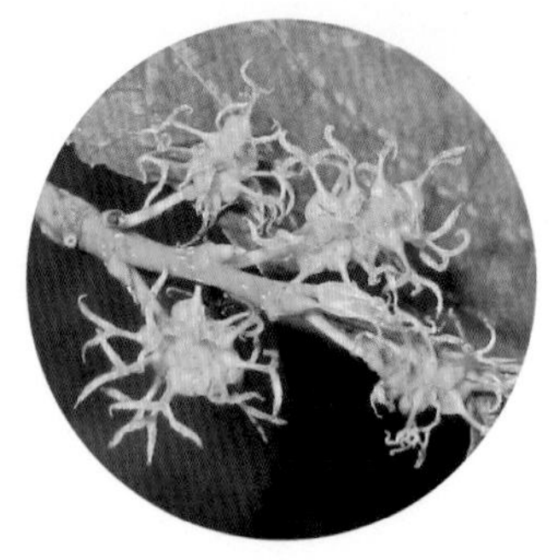

↑雌花先端具有花柱。

落葉中型喬木至大型灌木，分支光滑，小分支具多數黃灰色縱紋。葉膜質，卵形至廣卵形，先端尾狀漸尖，葉基圓至心形，銳齒緣，全緣或具多數裂片。雄性葇荑花序較雌花穗為長。聚合果長橢圓形或圓柱狀橢圓形，成熟時紅色至深紫色；瘦果被肉質膨大花被所包圍。

廣布於中國、日本、琉球、韓國、台灣、菲律賓、中南半島、緬甸與喜馬拉雅山區，台灣全島低至中海拔常見。小葉桑爲雌雄異株，雄花爲葇荑花序淡黃色，花與展葉的時間同時；雌株所結的果實稱之爲桑椹，爲多花聚合果，是由肥厚的苞片包著瘦果聚集合成，肥厚的萼片多汁甜美，相當美味。有句俗話說「前不栽桑，後不栽柳，庭中不種斷頭花」，而「桑」與「喪」同音，宅前栽桑則會有喪事，因此老一輩在住家栽植樹木時有所忌諱。

↑小葉桑的葉形多變，最常見的就是心形單葉了。

過去國小的自然課，總會要求小學生養蠶，藉由觀察蠶的一生，了解昆蟲的蛻變與培養觀察自然的興趣。蠶的主食便是桑葉，爲了餵飽日漸茁壯的蠶寶寶，只好拚命的搜尋桑樹。好在從都會到鄉野，小葉桑都能成長、開花、結出一顆顆酸甜的桑椹，翠綠的桑葉成了養蠶的飼料，紅紫的桑椹就成了小朋友的零嘴。台灣的蠶

花期 1 2 3 4 5 6 7 8 9 10 11 12

↑中裂成如槭葉般的葉片，混淆不少為了養蠶的家長與小朋友。

↑雌花序較為短小。

↑小葉桑的聚花果稱為「桑椹」。

業由來已久，日治時期更於台北公館（現今國立台灣師範大學公館校區）開闢桑田、推廣蠶業，後來遷至苗栗公館，幾經演變成爲今日的苗栗區農業改良場。隨著絲織品的進口與產業外移，苗栗區農業改良場雖已日漸轉型，卻仍保留許多桑樹種源，並力圖「蠶」的其他發展與利用。許多原住民族在以往日人推廣下種植桑樹，以供養蠶之用；小葉桑的樹皮富含纖維，以往北鄒族人利用其纖維製成束腰帶，不僅能使男性吃的比較少，也能藉以方便行動於山林之間。

↑樹皮除了縱向的交錯細紋外，還帶有橫向或圓形的皮孔。

牛奶榕

Ficus erecta Thunb. var. *beecheyana* (Hook. & Arn.) King

科　名	桑科Moraceae
屬　名	榕屬
別　名	牛奶柴

↑隱頭花序先端的開口處隆起，就像母山羊的乳頭一樣。

小型落葉或半落葉喬木或灌木，具褐色被絨毛分支。葉形多變，廣菱形、長卵形、倒卵形、披針形至線形，表面被絨毛，先端銳尖或具尖突，葉基心形、截形或近銳尖，邊緣全緣或波狀緣，具3～5條主脈。隱頭花序總花托黃紅色、橘紅色或深紅色，腋生，球狀，被毛。

分布於中國、香港與越南，為台灣低海拔山區常見物種。牛奶榕的枝葉具有乳汁，摘取後會自傷口處流出黏稠的白色液體，這也是所有桑科榕屬植物的共同特徵。雖然葉形多變，但是開花時葉片常為倒卵形，加上葉表面密被絨毛，極易辨識。

牛奶榕的「榕果」其實是聚生雄花、蟲癭花與雌花的「隱頭花序」，在以往是中北部原住民族輕易採摘的零食野果。此外，和許多榕屬植物一樣，這天然的美味也成為許多野生動物的珍饈之一，因此狩獵時，牛奶榕附近也是值得留意的地方。牛奶榕的樹皮富含纖維，極為堅韌，不僅能搥製成布農族傳統服飾的腰帶，也是排灣族五年祭藤球的編織用材之一。

↑牛奶榕的葉片橢圓形或卵菱形，全株被毛。

花期 1 2 3 4 5 6 7 8 9 10 11 12

桑科

天仙果

Ficus formosana Maxim.

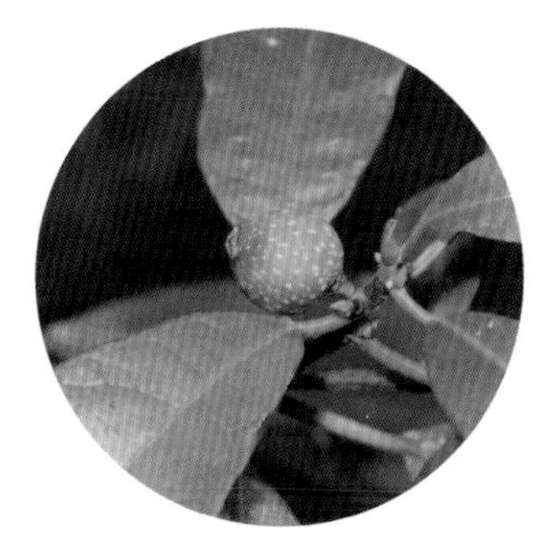

科　　名	桑科Moraceae
屬　　名	榕屬
英 文 名	Taiwan fig-tree
別　　名	台灣天仙果、台灣榕、羊奶頭

小型常綠灌木，分支與小分支褐色或紅褐色，表面光滑或疏被長柔毛。葉長倒卵形，紙質至膜質，上表面光滑，下表面淺綠色，先端具小尖頭，葉基銳尖或楔形，全緣或偶具大齒緣。隱頭花序總花托綠色，具白點，單生或成對腋生，卵形、倒卵形或近球形。

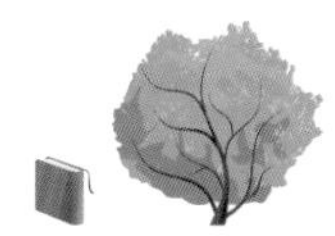

分布於中國、香港與越南，台灣全島及蘭嶼闊葉林下潮溼灌叢內可見。天仙果是桑科榕屬植物中直立的矮小灌木，植株常未及成人的腰部，便從葉腋間長出小巧的隱頭花序，加上莖上明顯的托葉痕與全株具有白色乳汁，不難自物種繁盛的闊葉林中找出它來。只是它綠色的隱頭花序先端帶著紅暈，加上榕屬植物招牌的白色乳汁，貌似山羊媽媽餵養小羊奶水的乳頭，因此天仙果也有「羊奶頭」的別稱。

天仙果的根與莖部是許多民族採用的食補或藥用植物，除了隱頭花序能當作零食之外，它的根部帶有甜味，也可以拿來當作野菜食用，與排骨、豬腳或全雞一起燉煮，在閩南或客家人的眼裡是活血、通筋骨、治療酸痛的補品。除了食用外，天仙果的根部也能浸泡製成藥酒，同樣具有活血、顧筋骨甚至補腎的功能。除了自身採食外，部分原住民族也會採收後與漢人進行交易。

↑未成熟榕果多呈倒卵形。

花期 1 2 3 4 5 6 7 8 9 10 11 12

台灣山桂花

Maesa Perlaria (Lour.) Merr. var. *formosana* (Mez) Yuen P. Yang

科　　名	紫金牛科Myrsinaceae
屬　　名	山桂花屬
英 文 名	Taiwan maesa

灌木，幼時分支疏被毛及腺點，漸無毛至光滑。葉膜質，披針形、卵形、橢圓形或倒卵形，先端漸尖或鈍，葉基鈍、銳尖或近圓形，邊緣波狀緣、鋸齒或細齒緣，幼葉與葉柄疏被毛，成熟後脫落。腋生花序圓錐狀或總狀，花白色；花萼裂片廣卵形；花冠裂片廣卵形或卵形，約與花冠筒等長。果球形。

分布於中南半島、中國與琉球，台灣全島低海拔至海拔1500m處路旁、森林或林緣可見。桂花是木犀科的著名園藝植物，不論是「故鄉的桂花雨」文中高大的木犀，還是台灣花台上平易近人的桂花，總讓人難忘它旋掛在略帶鋸齒的葉片間，帶有點金黃色的淺色小花。然而，這只在秋天才能看到的香花植物，卻是文人雅士引進台灣的外來物種。紫金牛科的台灣山桂花同樣具有略帶鋸齒的葉片，葉腋間同樣具有多數的淺白色小花。只不過，台灣山桂花葉片互生，葉腋間具有多數總狀或圓錐狀的花序，在冬、春之際抽出、開花，與葉片對生、花朵簇生、在秋季開花的桂花不同。近年系統分類學者根據遺傳物質的證據，建議將山桂花屬成員自紫金牛科中分出，獨立爲「山桂花科（Maesaceae）」。

台灣山桂花的花具有淡淡香氣，冬、春時節花開滿枝條，默默在這座亞熱帶島嶼上開放，因此戲稱爲「山桂花」；另種說法是指台灣山桂花的花朵較小，花瓣白色，與坊間庭園內栽培的桂花類似，因而得名。由於台灣山桂花原生於林緣，耐陰性佳，葉片常保翠綠，開花時節又有滿樹的白色花朵點綴，加上夏季結出的褐色果實可誘鳥，無論栽培作爲綠籬、護坡植物或庭園植栽都很適宜。魯凱族的原住民朋友會採摘嫩葉煮成一道可口的青菜。

花期 1 2 3 4 5 6 7 8 9 10 11 12

↑台灣山桂花廣泛分布於台灣中、低海拔山區，葉片互生且光滑。

↑漿果成熟時呈乳白色，渾圓地排列在葉腋。

↑台灣山桂花的嫩葉及嫩芽多為光滑。

番石榴

Psidium guajava L.

科　　名	桃金孃科Myrtaceae
屬　　名	番石榴屬
英 文 名	Guava
別　　名	拔仔、那芭、芭樂、雞屎果

↑番石榴的白花內具有為數衆多的雄蕊。

小喬木或大灌木，樹皮光滑，淡赤色，嫩枝密被柔毛。葉橢圓形，對生，短柄，革質，先端銳，全緣，裡面有毛，中肋及側脈顯著。花單生或成少數花之聚繖花序，腋出，花梗纖細；花白色；萼壺形。漿果球形或卵形，熟時紫黑色。

番石榴盛產於中南美洲各國，隨著16世紀大航海時代的來臨，由西班牙人和葡萄牙人傳入菲律賓後引進中國，爲一種外來種果樹，目前在全台低海拔地區與平野廣泛栽培。由於番石榴的果實外形與多籽的安石榴相似，因而命名爲「番」石榴，加上它的果實腐爛後看來像是一堆堆的雞屎，所以又有「雞屎果」的別稱。不過即使樹上沒有一粒粒的綠色果實，許多人都能從它片狀剝落的淺褐色樹皮，或是具有羽狀刻痕的橢圓形葉片認出它來。

番石榴是日常生活中經常食用的水果之一，其含多種豐富營養素，具有潤澤與保護肌膚的能力，台灣民間也經常利用其葉片泡茶飲用。排灣族巫師在祭祀祖靈等重要祭典時，會將豬肉放在番石榴葉上，祭祀請罪祈求病人平安；小孩們則會利用番石榴細緻而具有彈性的木頭，製作陀螺、弓、彈弓及吊桿。

番石榴極早傳進台灣，並被南部的平埔民族栽培食用，據傳早年漢人來台開墾拓荒時，覺得這綠色的果實帶有一種怪味，還不太敢吃，或許是越吃越上癮，後來還有人特別獨愛這土芭樂的味道。

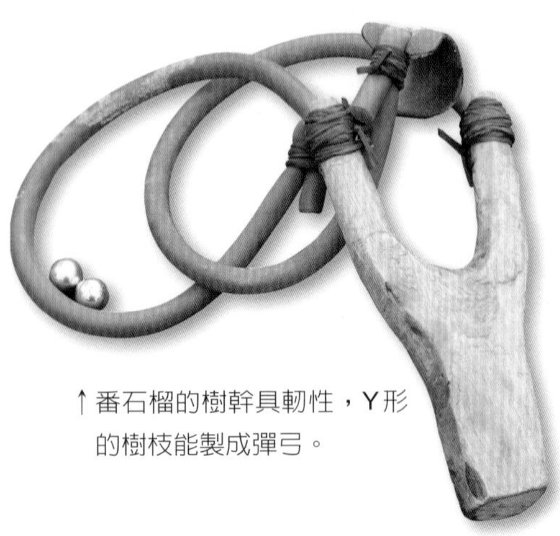

↑番石榴的樹幹具韌性，Y形的樹枝能製成彈弓。

食　藥　織　用　建　樂

花期 1 2 3 4 5 6 7 8 9 10 11 12

↑經過改良的番石榴果肉較厚，果實也較為豐碩。

↑未經改良的番石榴果實青澀但具獨特香氣。

↑樹皮經常剝落，使它常保光鮮。

林投

Pandanus odoratissimus L.f.

科　　名	露兜樹科Pandanaceae
屬　　名	露兜樹屬
英 文 名	Tahitian screwpine
別　　名	榮華、阿檀、華露兜、露兜樹

↑果序由許多雌蕊長成聚花果。

灌叢，具多數分支，有許多不定根。葉3～5枚，線形，先端尾狀漸尖，邊緣與背面脈上至先端具棘刺。佛燄苞片白色；花序頂生而單性；雄花序具分支，雌花序頂生，總狀或單生。結果時成肉質球形或卵形，由約80枚核果組成，核果倒卵錐狀，先端截形，具稜，先端具近無柄直立柱頭。

廣布於印度、馬來西亞地區至熱帶澳洲與玻里尼西亞，台灣全島海濱廣泛可見。林投是台灣海濱地區極爲常見的大型木質化灌叢，粗壯的木質莖基部具有許多不定根，能將植株撐起成較高的灌叢。先端長條狀的葉片邊緣及葉背中脈上具有許多刺，葉叢中又常掛著橙黃色的聚花果，令人直接聯想到熱帶水果之后——鳳梨。不過，林投的聚花果會一顆顆剝落，成熟後木質化的它會隨著海流飄送，直到下一處海濱停泊。

林投生長的海濱地區也是人類活動頻繁的地區，開墾時採伐下來的木質莖幹正好能拿來搭造臨時性的圍籬、屋柱，或順勢把林投叢撐起，讓人能在豔陽下躲避酷暑。林投的不定根內富含纖維，適當的削製、處理後能作爲繩索之用。林投被有棘刺的葉片，在噶瑪蘭媽媽細心的去除硬刺、編織後，能變成男人出外攜帶的飯包。林投幼嫩的髓心與黃熟的果實可食。

↑林投為台灣海濱地區常見的粗壯植被。

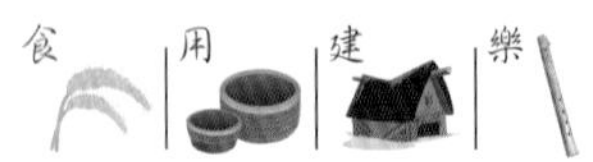

花期 1 2 3 4 5 6 7 8 9 10 11 12

露兜樹科

↑雄花序具有多枚白色的苞葉包被。

↑葉片厚革質，葉緣與葉背中肋上被硬刺。

↑達悟族人的飛魚乾，能用林投纖維抽成的線懸吊。

↑林投的聚花果也能當成吊飾，極具海洋風情。

←紅熟的聚花果隨著海浪飄流，在下一處淺灘登陸。

石蓯蓉

Limonium sinense (Girard) Kuntze

科　　名	藍雪科Plumbaginaceae
屬　　名	石蓯蓉屬
英 文 名	Sea-lavender
別　　名	黃花磯松

光滑多年生草本或灌叢，莖直立至斜倚，粗短。葉叢生，倒卵狀披針形或匙形，先端鈍或圓，葉基楔形並下延至葉柄，邊緣全緣且偶為波狀緣。花淺黃色至乳白色，由2～3朵花密生成聚繖狀圓錐花序，具許多斜倚分支；花萼裂片圓，白色；花冠漏斗狀，5裂，約等長於花萼，黃或白色。

分布於日本、琉球、中國，台灣西南部泥灘地與鹽田內海濱溼地、北部岩岸縫隙內可見。藍雪科植物廣泛分布於全世界各地，特別適合生長在鹽鹹地、沼澤和鈣質土壤上。1981年克朗奎斯特分類系統將本科單獨列爲一個藍雪目，1998年根據基因親緣關係進行分類的APG分類系統則將藍雪科放在石竹目中。在台灣，藍雪科是種類較少的科別，只有2屬3種植物。

石蓯蓉是台灣西南部海濱鹽分地帶常見的矮小草本，在平坦而單調的泥灘地上，黃白相間的石蓯蓉成爲極易聚焦的海濱植物之一。它繽紛的花色，加上耐看也耐久置的花瓣與花序，與花藝店內的紫色「星辰花」相比毫不遜色。說也奇怪，這美麗的海濱植物似乎不愛含砂量較高的海濱地區，因此台灣西北部的海濱並無此一美麗花朵的分布，然而，到了北海岸的跳石海岸及岩壁岬角，它卻刻苦地生長在岩縫間。唯一相同的是，若是一時興起想要把它占爲己有，就會發現它粗壯的莖深埋在基質中，一個不小心就會把莖折斷，徒留殘存的半截植株。

石蓯蓉的地下莖具有活血、化瘀、清熱功效，可用於治療婦女月經不調、膀胱炎或糖尿病等，因此易有草藥商挖取栽培。

↑石蓯蓉具有翠綠而質薄的基生葉，聚繖狀的花序腋生。

藥

花期 1 2 3 4 5 6 7 8 9 10 11 12

烏芙蓉

Limonium wrightii (Hance) Kuntze

科　名	藍雪科Plumbaginaceae
屬　名	石蓯蓉屬

多年生光滑灌木，具多數分支。葉疏生且頂生於分支先端，厚革質，線狀倒披針形，先端鈍至圓，葉基漸狹至葉柄，邊緣全緣或淺銳齒緣。花莖頂生於分支，直立，花序單側生長，花具短柄，常3朵聚生成穗狀；花苞邊緣撕裂狀，先端圓；花萼白色，具5肋，肋上被倒伏長柔毛，花冠黃色或紫色。

分布於琉球，台灣本島東南部、蘭嶼與綠島岩岸海濱可見。烏芙蓉的葉片不隨季節的更迭而常保翠綠，疏生於明顯直立的主莖上，花莖從滿布的葉片中抽出，開出黃色或藍紫色的花朵，著實無法理解爲何冠上「烏」芙蓉之名。不過，就算錯過了夏、秋兩季的開花盛況，光是欣賞珊瑚礁岩上佇立的莖稈與常綠的葉片，也別具一番風味。

烏芙蓉通常開出藍紫色的花，外圍由白或綠色的花萼及苞片包被，不過在綠島，烏芙蓉卻淘氣地開出黃色花朵，好在同一處生育地內也能找到紫花個體，加上明顯直立的莖與疏生的線狀倒披針形葉片，可輕易與同屬的「石蓯蓉（黃花磯松）」相區分。

烏芙蓉全株曬乾後具有怯風、治傷、降血壓之功效，被民間草藥商視爲治療風溼病、高血壓等疾病的藥方之一，因此面臨極大的採集壓力。

↑烏芙蓉的葉片質厚，叢生於短小的直立莖先端。

花期 1 2 3 4 5 6 7 8 9 10 11 12

水冬哥

Saurauia tristyla DC. var. *oldhamii* (Hemsl.) Finet & Gagncp.

科　　名	獼猴桃科 Actinidiaceae
屬　　名	水冬瓜屬
英 文 名	Oldham' s saurauia
別　　名	大冇樹、火筒冇、水冬瓜、水管心、水枇杷

↑紅色花朵從葉痕間伸出。

小型喬木或灌木，常綠；幼枝被粗剛毛。葉互生，具葉柄，葉片膜質，披針形至倒披針形，先端銳尖至鈍，葉基銳尖，常於近先端近齒緣。花聚生成腋生被毛短聚繖花序；花萼5枚，圓形，表面光滑或近光滑；花瓣5枚。漿果球形，白色，萼片宿存。

分布於中國南部至琉球，廣泛分布於台灣中北部低至中海拔林下。每到冬末春初之際，常在台灣中北部潮溼的林下或是溪流旁，見到水冬哥葉腋間開出朵朵粉紅色小花，外圍圓而厚的花萼銜接在纖細的花梗上，與被剛毛的枝條相連，直到夏令，換成一粒粒粉白的漿果懸在樹梢。即使不開花，水冬哥倒披針形的葉片表面，以及被有明顯紅色粗剛毛的細枝，相當容易從樹叢中認出它來。而水冬哥的白色漿果，在過去是許多居住在山邊人家採食，作爲零食的野果之一。

↑葉片、葉柄與嫩莖表面密被紅色疣毛。

↑成串的果實成為鳥獸與昔日人們口中的野果。

花期 1 2 3 4 5 6 7 8 9 10 11 12

獼猴桃科

山枇杷

Eriobotrya deflexa (Hemsl.) Nakai

科　　名	薔薇科Rosaceae
屬　　名	枇杷屬
英 文 名	Taiwan loquat
別　　名	夏粥、台灣枇杷

常綠喬木或灌木，幼時常被紅褐色毛。葉具長柄，革質，長橢圓形或橢圓形，疏齒緣，葉兩面光滑，中肋明顯隆起於葉背。花多數，聚生成頂生圓錐花序，表面被鏽色絨毛；花萼裂片披針形，表面被鏽色絨毛；花瓣白色，倒披針形，先端具小缺刻。梨果橢圓形或球形，表面被絨毛，具宿存花萼裂片簇生。

山枇杷與枇杷類似，只是沒有枇杷果實那麼大、那麼甜，其果實外型呈金黃色的水滴形，果皮上有著毛茸茸外表。山枇杷在春季時萌發淡紅色新葉，葉叢生於枝端，直挺的新葉與鮮明的鋸齒緣，在野外可輕易辨認出來。

早期排灣族具有涅齒文化，會利用植物的汁液把牙齒染黑，山枇杷的汁液便是涅齒時的天然染料。將砍落的山枇杷直接放入柴堆中火燒，當枝幹開始著火燃燒時，將樹枝末端冒出的小水泡塗抹於刀刃或鐵器上，再用手指沾取並塗抹牙齒表面，便能將牙齒染黑，據說這樣具有固牙的效果。泰雅族及魯凱族人則是採摘果實食用。除此之外，山枇杷的樹幹堅硬不易斷，可用來作爲掘土的工具。根據賽夏族人的傳說，以往指導賽夏族人耕種、卻又時常欺凌族人婦女的矮黑人族「達隘」，便是在返家過程中，攀越賽夏族人預先鋸好的山枇杷樹幹後落水，跌落山谷之中，因此，這種台灣全島中、低海拔山區可見的喬木，便出現於兩年一度的矮靈祭祭曲之中。

↑山枇杷是台灣中、低海拔常見的小喬木，葉片光滑且邊緣鋸齒緣。

食　藥　織　用　建　樂

花期 1 2 3 4 5 6 7 8 9 10 11 12

薔薇科

山黃梔

Gardenia jasminoides Ellis

科　名	茜草科Rubiaceae
屬　名	黃梔屬
英文名	Cape jasmine, Common gardenia, Gardenia
別　名	木丹、支子、黃枝、鮮梔、梔子花

→山黃梔果實表面具脊稜，先端具宿存花柱。

常綠灌木或小喬木，小分支疏被毛。葉近無柄，橢圓形至長橢圓形，先端漸尖，葉基銳尖，葉兩面光滑。花白色，單生，頂生或腋生於枝條。花萼5～8裂，裂片線形，宿存；花冠鐘狀，基部窄，裂片倒卵形或長橢圓狀卵形；雄蕊花藥線形。漿果橢圓形，表面具5肋，先端宿存鑽狀花萼筒，成熟時為紅橙色。

分布於中國南部、中南半島至日本，台灣全島低至中海拔闊葉林可見。由於花朵白色大型，因此許多公園綠地都選擇栽培山黃梔，並培育出雄蕊瓣化而成的重瓣品系。山黃梔的果實橢圓形，除了表面具5道縱稜外，先端還有宿存的直立花萼，加上成熟時爲黃色，十分顯眼。

↑山黃梔是矮小的灌木與小喬木，不僅常見於中、低海拔山區，也廣獲民衆栽培。

山黃梔的黃色果實用於染織時可染出鮮豔的黃色，因此不僅東方各國愛用，也被原住民族摘取供染色用，甚至採集後向漢人兜售。其實山黃梔不只能提供染料，也是雕刻及農具製作的好木材，而原生於野地的山黃梔，也常被閩南人摘取作爲沖泡青草茶的材料之一，看來花大而美的山黃梔，不僅具有觀賞價值，而且還有多種用途。

↑重瓣品系的雄蕊特化為花瓣，廣受民衆栽培。

↑6枚白色花瓣間生6枚線形的雄蕊。

花期 1 2 3 4 5 6 7 8 9 10 11 12

狗骨仔

Tricalysia dubia (Lindl.) Ohwi

科　　名	茜草科Rubiaceae
屬　　名	狗骨仔屬
英 文 名	False coffee
別　　名	狗骨柴

↑淺黃色的花朵簇生於節上，伸出4枚延長的雄蕊。

常綠灌木或小喬木，小分支表面光滑。葉紙質，長橢圓形，先端漸尖，葉基楔形至漸狹，邊緣全緣，表面光滑；托葉合生成鞘狀，先端針狀。花簇生於葉腋，具苞片與小苞片，開花時密被毛，結果時漸無毛；花萼4裂；白色花冠漏斗狀，裂片4枚，長橢圓形，表面光滑，花喉被長柔毛。漿果球形，紅色。

分布於中國中部與南部、日本，台灣低海拔原始、次生林可見。狗骨仔的木材堅硬如狗骨，而有「狗骨仔」的稱號。狗骨仔爲茜草科植物，該科植物具有對生或者輪生的葉片，節上位置有托葉。狗骨仔的托葉呈三角形，先端爲銳尖，可與其他種區別。

狗骨仔的木材呈淡黃色，質地密緻而堅硬，可作爲雕刻用材，因此成爲印章、筷子、飯匙、拐杖甚至扁擔的良好材料。據說以狗骨仔製成的拐杖非常耐用且不易損壞，因此許多老一輩的民衆常在山林中找尋該種植物以製成拐杖。另外，狗骨仔的木材容易劈成兩半且不易劈歪，因此以往常用來搭築房舍的牆面。三級古蹟「嘉義城隍廟」內的神轎即是取用狗骨仔的木頭建造而成，相當少見而珍貴。狗骨仔的果實爲漿果，果肉內的汁液有股人參的味道，將果實去皮、炒焦、研磨成粉之後，便可當成咖啡的替代品飲用，因此其英文名稱false coffee。

↑狗骨仔為小型的喬木，具有對生的橢圓形葉片。

←狗骨仔的果實圓球形。

月橘

Murraya paniculata (L.) Jack.

科　　名	芸香科Rutaceae
屬　　名	月橘屬
英 文 名	Common jasmine orange
別　　名	七里香、十里香

灌木或小喬木；光滑，小分支纖細。奇數羽狀複葉，小葉先端鈍或短漸尖，葉基楔形；邊緣全緣，上表面具光澤。花白色，具芬芳，密集頂生或腋生，無柄且光滑聚繖花序；花萼5裂，花瓣5枚，長橢圓形，先端展開。果球狀或卵形漿果，先端銳尖，成熟後紅色。

月橘廣泛分布於熱帶亞洲與澳洲，在台灣廣布於全島低海拔山區，並廣泛栽培為綠籬。本種尚有一僅分布於綠島及蘭嶼的特有變種——長果月橘，也為達悟族人栽培利用。由於月橘的葉片翠綠、花色潔白且能持久散發香味，成為許多住家、田園旁綠籬的首選，而它所散發的香味持久，也贏得「七里香」的雅稱。長成後的月橘樹形優美，因而成為園藝家蒐集的對象，造成盜採國有林內「陳年」月橘的案件時有所聞，然而由於近年鄰近國家以較低廉的價格出售，台灣產成株的個體相對成本較高，因此獲利早已不豐。

↑利用月橘的枝葉作為配戴的頭飾。

除了造景外，月橘與長果月橘的樹幹堅硬但稍具彈性，成材後為優良的建材或木材，因此廣泛被各民族作為木板、各式器具、刀刃的握把等。不僅如此，月橘的葉片也會加入魯凱族、卑南族與排灣族所製作的酒釀中，釀造出來的米酒或小米酒口感較為辛辣。而泰雅族則是利用削尖且燒烤過的月橘枝條，或將月橘的灰燼刺入皮膚內藉此形成青色的漂亮圖案。

花期 1 2 3 4 5 6 7 8 9 10 11 12

↑月橘是「七里香」中最常見的種類。

相似種比較

←長果月橘是綠島和蘭嶼常見的向陽樹種，也時常被栽種為綠籬。

過山香

Clausena excavata Burm. F.

科　　名	芸香科Rutaceae
屬　　名	黃皮屬
英 文 名	Taiwan wampee
別　　名	山黃皮、番仔香草

灌木，小分支被毛，圓柱狀。奇數羽狀複葉，小葉中央者較大，鐮形，先端鈍或具小尖頭，葉基明顯歪斜，邊緣全緣或明顯齒緣。圓錐花序頂生，花淺黃色或淺綠色；花萼裂片先端鈍；花瓣橢圓形，先端鈍，表面光滑。果肉質，橢圓形，先端具小尖突，橘紅色，內含種子1枚。

↑過山香是台灣南部常見的中小型灌木，具有一回羽狀複葉。

↑雖然花也有淡淡清香，葉片散發的精油味才是過山香的香氣來源。

過山香分布於印度至馬來西亞，在台灣遍布於中南部，尤其常見於恆春半島，另外在庭院中也偶見栽培。芸香科植物的葉片搓揉後可聞到柑橘的氣味，原因在於其葉片富含油室，摘取一片葉片後透光來看，便可看到翠綠的葉片上綴著一點一點發亮的光點，那就是葉肉間的「油室」。過山香油室所散發的氣味十分濃郁，以往戲稱在山前攀折的葉片，翻過山頭後依然充滿香氣，因此稱爲「過山香」。

過山香在西拉雅族大滿亞族人中是神聖的植物，據傳大滿亞族的「阿立」祖非常喜愛過山香的氣味，因此經常取用過山香的枝葉作爲祀壺中的花材，也成爲庭院中常見的園藝植物之一，即使不是西拉雅大滿亞族的同胞，也深深被它的香氣吸引，成爲中南部、甚至北部地區可見的庭園花草。

藥　樂

花期 1 2 3 4 5 6 7 8 9 10 11 12

華八仙

Hydrangea chinensis Maxim.

科　　名	虎耳草科Saxifragaceae
屬　　名	八仙花屬
英 文 名	Chinese hydrangea
別　　名	土常山、常山、常山泥

小型光滑直立灌木。葉薄革質，長橢圓形、披針形或倒披針形，兩端銳尖，疏具鈍頭齒緣，葉兩面光滑。聚繖花序頂生，表面光滑；花兩性，具綠色花萼4枚，長橢圓形黃色花瓣5枚，雌蕊頂端柱頭3裂；不稔性花具3～4枚花萼，圓形花萼白色，寬大而顯眼。蒴果球形，先端具3枚線形宿存花柱。

分布於中國西部與南部、菲律賓、琉球，台灣本島與蘭嶼低至高海拔常見。華八仙與其他八仙花屬植物一樣，同一花序內常兼具可稔花與不稔花。可稔花的雄雌蕊具有釋出花粉、授粉結實的能力，但是黃色的花瓣細小，不若花序外圍的不稔花顯眼。可別以為圍繞花序的不稔花顯眼的部分，就是一般花朵引人注目的花瓣喔！仔細瞧瞧，不稔花的中央依然具有雌雄蕊，外圍具有更為細小的黃色花瓣，原來華八仙顯眼的瓣狀構造是特化而來的花萼，藉以吸引利用視覺搜尋花蜜或花粉的訪花者前來，再「順道」拜訪花序中央的可稔花。只是這「華而不實」的不稔花在人們的眼中搶盡了鋒頭，讓人以為是一隻隻白色的粉蝶前來訪花，因此近年來有人開始把台灣全島常見的華八仙栽培為景觀植物販售。

↑華八仙是台灣全島低海拔可見的直立灌木。

華八仙顯眼的不稔花能拿來做成手環、花圈、頭飾等，因此成為女孩眼中美麗的裝飾品；它堅韌而光滑的枝條能用來搭建陷阱，以捕捉獵物之用；在傳統泰雅族人眼中，華八仙可是用來祈禱，藉以治療耳聾的祈福植物之一。

用　樂

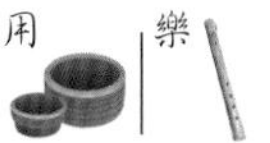

花期 1 2 3 4 5 6 7 8 9 10 11 12

繩黃麻

Corchorus aestuans L.

科　名	田麻科Tiliaceae
屬　名	黃麻屬
英文名	Jute

矮小灌木，基部具延長，並展開至地表的分支。葉長橢圓形、卵形至近圓形，先端銳尖；葉基圓或近心形，具2尾突，鋸齒緣。花具綠色花萼5枚；倒卵形黃色花瓣5枚；雄蕊多數。蒴果窄圓柱狀，先端延長呈喙狀，果表面具翼，瓣裂。

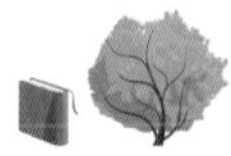

黃麻屬成員的葉片基部都具有2枚往後延伸的別緻尾突，枝條先端葉腋處開出5數性的黃色花朵，隨後結出含有多數種子的蒴果。繩黃麻廣布於熱帶亞洲、非洲與西印度群島，爲矮小而呈倒臥狀的灌木，一個不留神便會從它倒臥的植株上跨越，忘了它的存在。其實只要停下腳步、彎下腰，就會發現它卵狀的葉片基部2枚小巧的尾突，以及葉腋間鮮豔的黃色花朵。果期時，繩黃麻結出窄圓柱狀的5瓣蒴果，成熟的乾燥果瓣表面具有縱向延長的翼，先端還延伸出喙狀尖突，即使隆冬時葉片凋落，外形特殊的蒴果依然兀留於枝條上，成爲蕭瑟田野中特殊的景緻。

繩黃麻可抽出纖維供編製麻繩之用，然而製成品的品質似乎不敵黃麻與山麻；同樣具有翠綠的嫩葉，卻未獲得饕客的青睞成爲盤中飧，或許如此，繩黃麻成爲台灣產本屬植物中最爲常見的物種，在台灣中南部與東南部的向陽開闊地皆可尋獲它的蹤影。

↑ 蒴果成熟後轉為深褐色，先端開裂。

纖

花期 1 2 3 4 5 6 7 8 **9** **10** **11** 12

↑繩黃麻的葉片卵形，為台灣黃麻屬植物中葉片最短小的種類。

↑花鮮黃色，葉片基部具2尖突。

↑繩黃麻的蒴果表面具脊稜，先端具宿存花柱。

黃麻

Corchorus capsularis L.

科　　名	田麻科Tiliaceae
屬　　名	黃麻屬
英 文 名	Jute, White jute
別　　名	麻仔、麻薏、麻嬰、纖維用黃麻

矮小直立灌木，表面光滑；分支延長。葉長橢圓形或卵狀披針形，先端窄漸尖或銳尖；葉基圓，鋸齒緣，具二尾突，葉兩面漸無毛。花1～3朵簇生於節間；披針形花萼5枚；黃色倒卵形花瓣5枚。蒴果球形至倒卵形，先端無喙，表面具深縱溝，粗糙具小疣突，5～6瓣裂。

↑花腋生，葉片基部具2枚尖齒突。

黃麻爲直立而具分支的灌木，分支開展狀，著生多枚狹長的翠綠葉片；同樣開出黃色花朵，然而黃麻的蒴果卻與其他台灣產黃麻屬植物截然不同。相較於其他成員窄長的蒴果，黃麻的蒴果爲球形或倒卵形，表面沒有縱向紋路或窄翼，散布著一顆顆粗糙的疣突，極易區分。

廣布熱帶地區，並獲廣泛栽培於台灣開闊地與荒地、田野。黃麻的幼葉稱爲「麻嬰」，在植株纖維尚未長成之前採收可供食用，然而煮食前仍需以手工撕取，接著抽出葉脈中的纖維以增加口感。由於成株莖條的纖維較香蕉來的堅韌，可製成麻席、麻繩、麻袋

花期 1 2 3 4 5 6 7 8 9 10 11 12

↑黃麻是早年引進栽培的直立小灌木，互生的葉片狹長。

或背袋，因此栽培它的農家就把長著翠綠葉片的黃麻種在田埕旁，待長出嫩葉時採來加菜，或是抽取纖維後成束放在田埕上接受冬陽曝曬，等待收購後製成麻繩。

↑蒴果卵形，表面具深刻的不規則縱脊，為台灣產黃麻屬植物中果實最短小者。

↑莖的纖維可抽製成麻繩。

山麻

Corchorus olitorius L.

科　　名	田麻科Tiliaceae
屬　　名	黃麻屬
英 文 名	Nalta jute
別　　名	印度麻、縈麻、黃麻嬰、埃及錦葵、埃及國王菜、埃及野麻嬰、國王菜、葉用黃麻

矮小光滑灌木，具多數分支，莖灰綠色偶帶紅色。葉卵形至長橢圓狀披針形，微歪基，先端圓或長尾狀漸尖；葉基圓，鋸齒緣，具2尾突。花具綠色披針形花萼5枚，先端銳尖；黃色倒卵形花瓣5枚，先端圓，基部楔形且具纖毛。蒴果圓柱狀，具10縱稜或窄翼，表面光滑微皺，先端驟縮。

↑山麻是早期引進栽培的纖維作物，為高大的直立灌木。

山麻的葉片基部同樣具有2枚向後延伸的尾突，不過山麻的葉片不若繩黃麻短胖，也不如黃麻葉片般細長，因此要準確地區分出混生於南台灣向陽開闊地的繩黃麻、黃麻和山麻的確有點難度。山麻的蒴果細長而呈圓柱狀，表面沒有明顯隆起且向前延伸的縱向翼，或是粗糙的疣狀突起，只有10條微微隆起的縱稜以及不甚明顯的皺紋，可與前述台灣產兩種同屬植物相區隔。

山麻原產印度，現廣泛歸化於熱帶地區，台灣開闊荒地可見。山麻的嫩葉被稱爲「山麻嬰」，口感較黃麻者甘甜；雖然山麻較黃麻常見，纖維同樣能編成麻繩、麻袋等製品，但其纖維並不如黃麻適用。

花期 1 2 3 4 5 6 7 8 9 10 11 12

↑黃色的花朵大型而開展，可見中央聚生的雄蕊。

↑麻線也能織成堅韌而通風的麻布料。

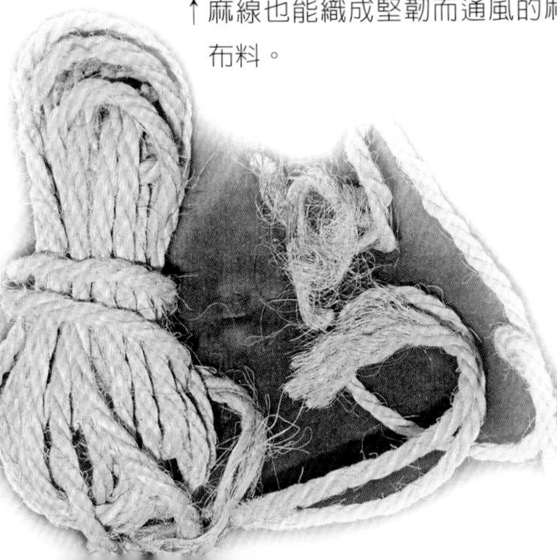

↑蒴果細長，為台灣產黃麻屬植物中最為大型者。

←山麻是搓製麻繩的重要原料。

樹番茄

Cyphomandra betacea (Cav.) Sendt.

科　　名	茄科Solanaceae
屬　　名	樹茄屬
英 文 名	Tree tomato

↑樹番茄的果序多具單一漿果。

小喬木或灌木，莖密被早落毛。單葉互生，卵狀心形，先端漸尖，葉基常心形，邊緣全緣或波狀緣，羽狀脈，葉兩面被粗毛。蠍尾狀聚繖花序近腋生；花萼鐘狀，裂片卵形；花冠反捲，粉白色，5裂，裂片披針形；雄蕊5枚，環繞雌蕊，花萼宿存。漿果橢圓形，成熟時紅色；種子壓扁狀。

番茄（*Solanum lycopersicum*）含有豐富的茄紅素（Lycopene），爲良好的抗氧化劑，由於經過加熱烹煮後番茄內的茄紅素含量會增加，因此成爲現代的保健食品。

番茄原產墨西哥至秘魯一帶的安地斯高地，由西班牙人帶到菲律賓後，再引進日本與台灣，爲稍具蔓性的草本植物。其實番茄又名臭柿，許多人對於它果肉內獨特的氣味與口感抗拒不已，然而既能生食又能烹煮的番茄，在喜愛它的老饕口中，可是絕佳的美味。當水果時不僅能沾鹽、沾糖、沾梅粉直接食用，若是沾醬油更是風味獨具。

↑卵形葉片寬大，表面光滑。

外觀與番茄相似的「樹番茄」原產秘魯、智利、厄瓜多、玻利維亞境內的安地斯山區，並栽種於其他南美洲國家、澳洲、肯亞、美國、葡萄牙與印尼，紅通通的漿果不是結在蔓生的莖條間，隱身在羽狀複葉叢中，而是高掛在一個人高的樹梢上，被卵狀心形的葉片遮蔭。

樹番茄屬約有35種，原產中南美洲，本屬最著名且廣泛利用者即爲樹番茄，但其餘種類也被視爲園藝與作物栽培。早期樹番茄被引進台灣後栽

食

花期 1 2 3 4 5 6 7 8 9 10 11 12

↑聚繖花序腋生，花冠略帶粉紅色。

培為蔬果，在阿里山與南投一帶的山間常可見到兀立的果樹以及一旁叫賣的小販，請遠道而來的遊客品嘗這奇特的「樹上番茄」。

相似種比較

↑食用的番茄是蔓性的草本或小灌木，花鮮黃色。

↑番茄的品系衆多，但是鮮紅多汁的果肉是大家對它們的招牌印象。

密花苧麻

Boehmeria densiflora Hook & Arn.

科　名	蕁麻科Urtricaceae
屬　名	苧麻屬
英文名	Dense-flowered false-nettle
別　名	山水柳、木苧麻、粗糠殼、蝦公鬚

灌木，小分支密被伏毛，漸無毛。葉對生，卵狀披針形至披針形，上表面被伏毛，下表面光滑。花序單性或兩性，密被糙毛。

↑密花苧麻又名「木苧麻」，是全台中、低海拔與平野常見的矮小灌木。

分布於琉球至中國南部、菲律賓。蕁麻科植物是潮溼環境的代表性植物，常爲林下主要植被組成，在台灣，密花苧麻常見於中、低海拔路旁、河床、向陽岩石地。

蕁麻科植物的雄花與雌花皆相當細小，密花苧麻爲雌雄異花，兩者皆爲穗狀花序，從花苞上來看並不容易區別，細心觀察可以發現雄花花被爲3～5裂，雌花花被爲管狀，具有2～4齒裂，包被子房，柱頭爲相當特別的絲狀。

蕁麻科植物如苧麻、水麻、蕁麻等的纖維可以被廣爲利用，密花苧麻又名「木苧麻」，與常爲衣飾纖維來源的「苧麻」同屬蕁麻科，既然別名有「木本的苧麻」之意，難道本種也能抽取纖維、紡紗織

花期 1 2 3 4 5 6 7 8 9 10 11 12

↑到了開花末期，花序由原先的綠色轉為紅棕色。

布？的確，密花苧麻也具有豐富的纖維，且被部分布農族人作爲苧麻的替代品，用來織成穿著的服飾，此外，密花苧麻的纖維也常被各民族用來抽絲製成繩索，作爲綁縛物品之用。密花苧麻密生的果序，也是許多野生動物喜歡取食的野果來源之一，因此生育環境成爲原住民族留意的對象之一。

→花序密生許多微小的花朵，開花初期為綠色。

苧麻

Boehmeria nivea (L.) Gaudich.

科　名	蕁麻科Urtricaceae
屬　名	苧麻屬
英文名	China grass, Ramie
別　名	白葉苧麻、真麻、線麻、紵

直立灌木，莖表面密被絨毛。葉互生，大小形狀多變，廣卵形、卵形至卵狀披針形，兩面被毛，邊緣鋸齒緣，下表面密被白絨毛，先端漸尖至尾狀，邊緣銳齒緣至齒緣，葉基楔形、廣楔形至近截形；葉柄被毛。花序單性，呈圓錐狀分支，苞片與小苞片乾膜質。

分布於印度、中國、菲律賓至爪哇、玻里尼西亞等地，台灣低至中海拔地區廣為栽培，路旁灌叢偶見逸出。台灣所產的苧麻屬植物多為對生，只有苧麻為互生的類群，因此在台灣只要看到葉序為互生的苧麻屬植物，便是先民賴以維生的苧麻。受到先民「重用」的苧麻，以往在「種」的位階下，還分出相當多的變種，像是「青苧麻（*Boehmeria nivea* var. *tenacissima*）」，除了採得纖維的產量外，外觀上多利用葉背毛被物的濃密程度來加以區分，然而除非長久栽培的個體，在野外我們常常可發現葉背白色棉毛的連續性變異，不易進行區分。

眾多蕁麻科植物纖維中，據說苧麻是品質最好的纖維植物，因為苧麻的纖維最長且堅韌，織成後成品富有光澤，染色鮮豔，不容易褪色，加上苧麻纖維的抗張強度要比棉花還高，因此可用來製作飛機翼布、降落傘、帆船用帆、航空用繩索、手榴彈拉線及各種繩索。苧麻是許多民族的編織

→花序腋生，開花時可見雌蕊鮮白色的柱頭。

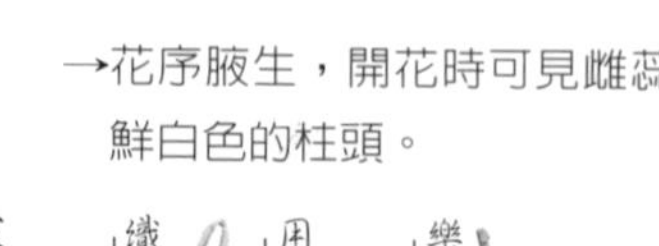

花期 1 2 3 4 5 6 7 8 9 10 11 12

↑利用苧麻線與不同的染料，便能編織出富含藝術價值的作品。

↑抽出來的苧麻纖維經過漂洗、晾乾後便可等待紡製。

材料之一，傳統上台灣地區除了達悟族採用其他蕁麻科植物的老莖纖維進行編織，或是鄒族慣用麂皮製成外衣外，其他各族多少採用此一矮小灌木的纖維從事編織、染色以製成衣服、網袋。時至今日，由於棉線、人造纖維取得容易，製作麻線的傳統逐漸勢微，目前僅存苗栗一帶仍有少數栽培以供手工編織用。苧麻對於卑南族人而言，尚具祭祀上的重大用途與意義，族內巫師的法器陶珠需以苧麻線穿繞綑綁。

↑葉背粉白的苧麻是最常栽培的類型。

↑苧麻是許多原住民族主要的纖維來源。

瘤冠麻

Cypholophus moluccanus (Blume) Miq.

科　　名	蕁麻科Urtricaceae
屬　　名	瘤冠麻屬
英 文 名	Hawaii lopleaf
別　　名	蘭嶼苧麻

高大灌木。莖直立；分支密被伏毛，漸無毛。葉片廣卵形、歪卵形或近圓形，先端銳尖至漸尖，葉片隆起於葉片呈顆粒狀，邊緣鋸齒緣，葉基鈍至圓，上表面微被毛，下表面密被伏毛；托葉長三角形，外表中脈被伏毛。花序簇生於葉腋，球形，無柄。瘦果扁卵形。

↑葉片對生，無數細小的花朵簇生於葉腋間。

分布於蘇門答臘、菲律賓至密克羅尼西亞及夏威夷，台灣僅分布於蘭嶼及花蓮海濱潮溼的溪溝中。瘤冠麻植株約1～2m高，爲較高大的灌木，大而卵形的葉片叢間，藏匿著聚生成圓球狀的花序，果實成熟後形成密生的橘色果序。

在蘭嶼，有相當多樣的蕁麻科植物分布，其中又以瘤冠麻的葉片最爲特別。在其他蕁麻科種類裡，於葉片主脈間穿梭的小脈交織成許多脈室，小脈通常明顯隆起於葉背，或是自葉背微微隆起，與脈間的葉肉呈現平緩的起伏，因此葉片多爲平滑、光亮的表面。然而，瘤冠麻的葉片除了葉背具有明顯隆起的葉脈外，葉肉更罕見地突起於葉面，就像是一顆顆的小疣突，不僅能用觸覺體驗，更能用肉眼看出這些隆起於葉面的小山丘。在蘭嶼，除了在鮮少人行走的溪溝內成叢

花期 1 2 3 4 5 6 7 8 9 10 11 12

↑瘤冠麻是台灣東南部與蘭嶼可見的大型灌木，常於潮溼的溪流或水田旁生長。

生長外，也可於水田邊坡上尋獲這樣特別的蕁麻科灌木。

與苧麻同屬蕁麻科的瘤冠麻纖維用處極廣，以往除了用來製作服飾外，也能製成耐用的魚線、魚網，對於依海爲生的達悟族人來說用途極佳，因此昔日還會採收橘色的果實到田間播灑。雖然現今的纖維材料早已被石化原料提煉的尼龍線所取代，然而在靠山的達悟族水田邊，仍能看到成叢的瘤冠麻，爲昔日生活留下見證。

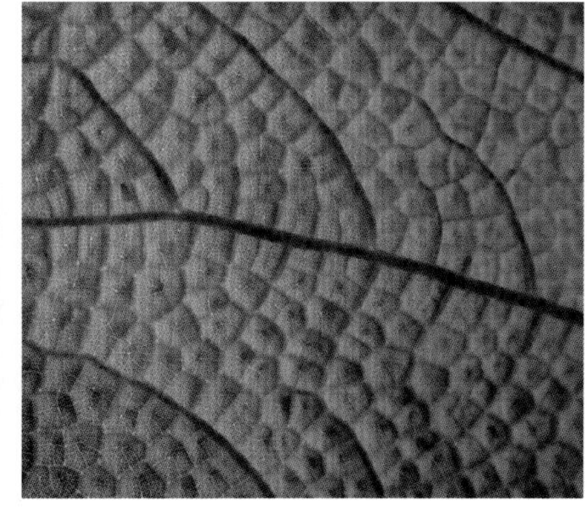

↑瘤冠麻的葉脈圍成多邊形的網室，網室中央隆起於葉面，就像溪谷間起伏的山丘。

←葉脈隆起於蒼白的葉背，脈上疏被細毛。

水麻

Debregeasia orientalis C. J. Chen

科　名	蕁麻科Urtricaceae
屬　名	水麻屬
英文名	Edible debregeasia
別　名	柳莓

↑橘黃色的果實成為春末許多野生動物的食物來源。

落葉灌木；莖具多數分支，灰褐色，密被毛。葉披針形至線狀披針形，先端銳尖至漸尖，邊緣常具細緻齒緣，葉基圓或微楔形，葉背脈間被灰色絨毛。花序腋生，單生或二叉分支，具梗或偶無梗。瘦果卵形，微壓扁狀，宿存花被片橙色，肉質。

↑葉片線形至長披針形，花朵密生成球狀，頂生於花序軸上。

分布於日本、中國東部及南部、印度、不丹與尼泊爾。台灣低至高海拔地區常見。水麻時常出現在路旁、步道旁及潮溼的森林底層，特別是有溪流通過的小溪溝內，都能見到它細長的紙質葉片，不僅葉面因爲葉脈的紋路顯得斑駁，蒼白的葉背更有種皺紋紙的感覺，與每年冬季至春末開出的褐色花朵相映，更顯隆冬降臨大地的蒼然。不過更引人注目的應該是春天時，水麻枝枒上懸滿了橙色的「果實」。這鮮豔欲滴的橙色「果實」其實是開花後宿存的花被片特化而來，裡頭包被了它眞正的微小瘦果。然而，這鮮豔的花被片果眞廣告效果十足，不僅讓它成爲各民族在野外的零嘴點心，也成爲鳥類口中的美食，一吃下肚便隨著排遺四處傳播種子。

食　藥　用

花期 1 2 3 4 5 6 7 8 9 10 11 12

四脈麻

Leucosyke quadrinervia C. B. Rob.

科　名	蕁麻科Urtricaceae
屬　名	四脈麻屬
英文名	Leucosyke

小喬木或灌木，分支密被伏毛，漸無毛。葉歪卵形至歪橢圓形，先端銳尖至漸尖，邊緣鋸齒緣，葉基歪圓形，上表面漸無毛，脈上被伏毛，小脈間被白色綿毛，葉基具3～5脈。花序與果序球形；總梗被伏毛。

↑四脈麻在台灣僅見於綠島與蘭嶼，為小型喬木。

分布於菲律賓，在台灣僅產於蘭嶼與綠島溪谷或向陽森林內。四脈麻在綠島與蘭嶼林中常成喬木生長，抬頭能看到豔陽透過四脈麻歪斜的葉片，泛白的葉背劃著幾條縱向的葉脈，摘下後不像其他蕁麻科植物的三出葉脈，四脈麻的葉片基部常有4條以上的主脈伸出，因而得名。

四脈麻的枝葉是蘭嶼當地放養羊群喜好的飼料，每當祭典舉行，羊群被關在羊圈內時，主人還會載來成綑的四脈麻、蘭嶼鐵莧（*Acalypha grandis*）作爲餵食用的草料。

→葉背粉白色，可見多條葉脈隆起於葉背。

花期 1 2 3 **4** **5** **6** 7 8 9 10 11 12

蘭嶼水絲麻

Maoutia setosa Wedd.

科　　名	蕁麻科Urtricaceae
屬　　名	水絲麻屬
英 文 名	Lanyu maoutia
別　　名	蘭嶼裡白苧麻

↑葉背粉白。

灌木，密被雪白色毛，漸無毛。葉脈上被絲狀毛，葉背全密被雪白色綿毛，卵形、廣卵形至近圓形，先端漸尖，邊緣鈍齒緣至齒緣，葉基鈍至圓；葉柄中脈與下表面被絲狀毛。花序聚繖狀，腋生於葉叢或葉叢下部，表面密被絲狀毛。

分布於菲律賓、琉球、蘭嶼、綠島溪谷與鄰近灌叢。蘭嶼水絲麻的葉片先端漸尖，主脈間有明顯的横向波痕與側脈，加上葉背密被雪白的綿毛，一陣海風順著溪谷吹拂，便可從濃密的熱帶叢林中看到斑駁的白點，極爲顯眼。相形之下，蘭嶼水絲麻的花便遜色不少，散生於歪斜的聚繖狀花序上，又被寬大而簇生的葉片遮掩，一個不留神，便誤以爲這叢葉背純白的蕁麻科植物不常開花。

若是折取它的枝條，切口處便流出清澈的汁液，加上偶爲達悟族人傳統編織纖維的來源，「水絲麻」之名不逕而走。這富含水分的枝葉，是當地羊群的美食之一，卻因含水量過高，無法直接劈砍供薪柴之用。

↑蘭嶼水絲麻是蘭嶼當地可見的灌木，常見於向陽開闊地。

↑花序腋生於葉叢中，單側分支。

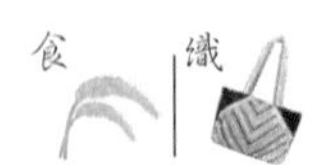

花期 1 2 3 4 5 6 7 8 9 10 11 12

蕁麻科

落尾麻

Pipturus arborescens (Link) C. Robinson

科　　名	蕁麻科Urtricaceae
屬　　名	落尾麻屬
英 文 名	Dalunot
別　　名	蘭嶼苧麻

↑落尾麻的花序簇生於葉腋。

小喬木或灌木，莖密被短伏毛。葉脈上被絲狀毛，葉背脈上密被伏毛，脈間密被白色絲狀毛，卵形至圓形，先端銳尖至漸尖，邊緣齒緣，葉基鈍至近心形。花序球狀，近無柄。瘦果被肉質花被包圍。

分布於菲律賓與琉球。在台灣於東部海濱、蘭嶼和綠島向陽處可見。落尾麻也是蕁麻科中的小喬木，雖然葉背同樣被有白色絲狀毛，葉形常為卵形，與蘭嶼水絲麻相似，但是落尾麻的葉片排列疏鬆，葉片主脈間無明顯側脈與波狀橫向皺紋，與蘭嶼水絲麻葉片近簇生、脈間具明顯側脈、橫向波紋者明顯不同。此外，落尾麻的花序簇生成球狀，迥異於蘭嶼水絲麻聚繖狀的花序。

落尾麻的樹皮在達悟族人眼中，同樣能剝取抽製麻線，以供織衣或製作釣線、魚網之用；莖葉同樣能餵食羊群。

←落尾麻又名「蘭嶼苧麻」，為高大的灌木。

花期 1 2 3 4 5 6 7 8 9 10 11 12

水雞油

Pouzolzia elegans Wedd.

科　　名	蕁麻科Urtricaceae
屬　　名	霧水葛屬
英 文 名	Elegant pouzolzia
別　　名	水櫸、濟把燕、雅緻霧水葛

灌木；分支被伏毛與糙毛。葉卵形、倒卵形、卵菱形、橢圓形、長橢圓形或披針形，兩面被伏毛，粗糙，先端銳尖至漸尖，邊緣鋸齒緣，葉基銳尖至鈍；葉柄密被伏毛，粗糙；托葉披針形，邊緣被纖毛。花序腋生，叢生，無柄。

分布於中國，台灣中、低海拔向陽處常見，全年開花結果。水雞油是台灣本島各地可見的灌叢，特別是溪流或山谷內的向陽開闊處，巨石林立的河床邊常能見到水雞油生長在岩石間的灘地上，生命力十分旺盛。由於葉片常爲卵形或橢圓形，葉緣明顯鋸齒緣，加上葉片表面具光澤，像極了台灣中海拔可見的喬木——櫸，因此又稱爲「水櫸」。

水雞油以往被台灣布農族與魯凱族取用，將其葉片搗碎後敷於腫傷處，有助於傷口復原。常生長在近水處的它，也曾被排灣族婦女取來洗頭髮，除了能驅除頭蝨外，也能使頭髮烏黑有光澤。

↑水雞油是溪床或潮溼林緣可見的矮小灌木，莖稈多為紅褐色。

↑葉片油亮有光澤，具明顯三出脈。

藥　用

花期 1 2 3 4 5 6 7 8 9 10 11 12

蕁麻科

蕁麻

Urtica thunbergiana Sieb. & Zucc.

科　名	蕁麻科Urtricaceae
屬　名	蕁麻屬
別　名	咬人貓

莖直立，表面具刺毛；葉兩面具刺毛與纖毛，廣扁卵形至卵形，葉基心形，邊緣重齒緣，每一齒具1～3枚小齒，先端銳尖、漸尖或具小尖頭；托葉2，離生，卵形，先端鈍至圓；總狀穗狀花序單性，雄花序著生於莖基部；瘦果扁卵形。

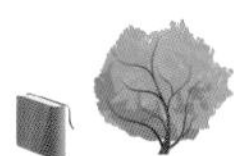

↑花序腋生，藏在卵形的葉片底下。

↑蕁麻又名「咬人貓」，全株被有富含蟻酸的刺毛。

分布於日本，台灣全島低至高海拔可見。本種屬於蕁麻科植物，其花細小，雌雄同株異花，雌花的柱頭宛如刷子狀，雄花則有4枚，花朵相當小，若要窺其堂奧，一定要細心觀察。

蕁麻是令許多登山客印象深刻的林下或林緣草本植物，只是印象不是夏至冬季間開花結果的模樣，而是它莖葉上密布的焮毛，行走在山徑間觸碰到它時，不僅有物理性的痛覺，還會把草酸與酒石酸一併注入受傷的皮膚中，所以蕁麻的葉片就成爲原住民小朋友惡作劇的工具。好在一旁的姑婆芋富含生物鹼，將其汁液塗抹在患處能減輕蕁麻所導致的疼痛。除了蕁麻，台灣的高山地區還有另一種同屬植物——台灣蕁麻（*Urtica taiwaniana*），同樣具有密布的刺毛。

花期 1 2 3 4 5 6 7 8 9 10 11 12

杜虹花

Callicarpa formosana Rolfe

科　　名	馬鞭草科Verbenaceae
屬　　名	紫珠屬
英 文 名	Formosan beauty-berry
別　　名	台灣紫珠、粗糠仔

灌木，小分支密被星狀與分叉毛。葉橢圓形，卵形或倒卵形，先端銳尖至漸尖，葉基楔形、鈍形或圓形，邊緣常細齒緣至鋸齒緣，葉背密被黃色腺點，葉面疏具星狀或分叉毛及小剛毛。花序具多分支，花萼筒密被星狀毛，花冠裂片先端鈍至圓，表面紫色至粉紅色或偶白色。果球形至橢圓形，成熟時紫色。

↑聚繖花序腋生於被毛的葉片間，由許多紫紅色花朵密生。

分布於中國東南部及南部、菲律賓、日本琉球，台灣於全島低海拔至海拔2300m灌叢與路旁常見。杜虹花廣泛分布於全台各地，會自葉腋長出一團團的紫色或白色花朵，即使錯過花季，果期時換上了紫色的核果，一樣別具風情。要是多加留意，應該就會發現杜虹花的葉形變化極大，除了常見的橢圓形或卵形，有時還能發現長橢圓形或倒卵形的葉片。此外，葉片上被的毛被物也有差異。杜虹花被分類學家細分成3變種，其中葉片長橢圓形、葉表面密被腺點者爲長葉杜虹花（*C. formosana* var. *longifolia*），主要分布於北部山區；葉片橢圓形、卵形或廣卵形，葉片表面近光滑者爲六龜粗糠樹（*C. formosana* var. *glabrata*），主要分布於南部山區，而葉表面明顯被毛的杜虹花，爲台灣地區最常見者。

花期 1 2 3 4 5 6 7 8 9 10 11 12

↑杜虹花是台灣低海拔山區與平野可見的小型灌木。

杜虹花的樹皮具辛辣味，被許多台灣南部的原住民族偶爾採用，成為荖藤莖的替代品，放入檳榔中一起嚼食，吐出來的檳榔渣同樣會變為紅色。杜虹花的葉片搓揉或揮動後具有獨特的氣味，在阿美族的祭典中會用來提振身心之用；在排灣族人眼中，杜虹花則是若干部落的祭祀用墊葉；客家族群則收取其根部作為藥用。

相似種比較

↑六龜粗糠樹為杜虹花的變種，葉片光滑無毛。

←杜虹花又名「台灣紫珠」，會結出成球的紫色果實。

黃荊

Vitex negundo L.

科　名	馬鞭草科Verbenaceae
屬　名	牡荊屬
英文名	Negundo chaste tree
別　名	不驚茶、牡荊、埔姜仔

灌木；小分支被灰色絨毛，具4稜。掌狀複葉，小葉橢圓狀卵形或窄披針形，先端漸狹、長尾狀或漸尖，葉基楔形、銳尖或鈍，邊緣全緣或先端不規則齒裂，葉背密被毛。蠍尾狀聚繖花序頂生，表面密被毛。花淺紫藍色；花萼鐘狀，萼齒三角形，外表被灰毛；花冠5裂，雄蕊外露。

↑黃荊是台灣全島低海拔向陽乾草地可見的灌木。

廣布於東非、南亞與東南亞、太平洋諸島、中國與日本，台灣全島低海拔開闊地或草坡常見。黃荊全株密被灰色絨毛，掌狀的複葉具有許多窄長的小葉，加上蠍尾狀的花序自枝條頂端伸出，在草原或路旁迎風搖曳，讓人不想注意它都難。

黃荊全株具有香氣，特別是在枝葉搓揉後會釋出一股令人放鬆的氣味，因此被卑南族及噶瑪蘭族人視爲驅邪治病時的植物，與閩南或客家族群所用的小槐花（抹草）功用相似。在西拉雅族、道卡斯族及凱達格蘭族祭祀時，也會在過程中利用黃荊的枝葉。同樣欣賞它的香氣，客家族群把它的莖葉曬乾後沖茶飲用，或是燃燒藉以驅趕蚊蟲，但是排灣族人則將其加入水煮，用來泡腳以去除腳臭。黃荊的枝條也能當成薪柴用材，一旦著火後非常耐燒，燃燒後流出的汁液，以往會被排灣族人用來染黑牙齒。

花期 1 2 3 4 5 6 7 8 9 10 11 12

↑花冠紫色，明顯二唇化。

↑黃荊傳統上能用來殺菌除穢，現經過萃取製成手工皂。

↑果序表面被灰色細毛，結著渾圓的小核果。

相似種比較

↑山埔姜為高大的喬木，具掌狀複葉，於台灣全島低海拔山區偶見。

↑三葉蔓荊是新竹、苗栗沿海一帶可見的矮小灌木，具單葉或三出複葉。

大青

Clerodendrum cyrtophyllum Turcz.

科　　名	馬鞭草科Verbenaceae
屬　　名	海州常山屬
英 文 名	Many-flower glorybower
別　　名	光花大青、路邊青

灌木，小分支被毛。葉紙質，長橢圓狀卵形、橢圓狀卵形、橢圓狀長橢圓形或橢圓狀披針形，先端銳尖至漸尖，葉基銳尖至鈍或圓，邊緣全緣或鈍齒緣。花序頂生或兼具腋生複聚繖花序，苞片線形，表面被毛。花具香氣，花萼5裂，裂片三角形；花冠白色，表面被短毛與短腺體。

↑馬鞭草科的大青具聚繖花序，粉黃色的花排列在近乎平面的花序上，露出長長的花絲。

分布於馬來西亞、越南、中國與韓國，台灣全島低至中海拔廣布。大青爲台灣低海拔較乾燥地區常見的灌木，除了狹長的橢圓形葉片外，枝條頂端具有聚繖狀花序，花期時開出具有長花絲的白色花朵，果期時結著綠或黑色的核果，在台灣各地的乾草坡上一眼就能認出它。

大青的根莖能被客家族群取爲藥用，也能被布農族與賽夏族人取爲染料之用，與爵床科的馬藍功能相近，難怪馬鞭草科的它與爵床科的馬藍都被漢人稱爲「大青」，能用來爲布料染上深沉的藍色。

←果實成熟後為藍黑色，被宿存且肉質化的紅色花萼包被。

花期 1 2 3 4 5 6 7 8 9 10 11 12

台灣胡椒

台灣特有種

Piper umbellatum L.

科　　名	胡椒科Piperaceae
屬　　名	胡椒屬
英文名	Cow-foot leaf

↑台灣胡椒為直立的矮小灌木，葉片寬大而呈心形。

直立亞灌木，分支被毛，粗壯。葉膜質，被褐色腺點，廣卵形至近圓卵形，先端銳尖，葉基深心形，具多數脈，葉兩面脈上被毛；葉柄被毛。穗狀花序直立，7～12cm長，聚生成繖形，腋生。花兩性。果離生，倒卵形，先端截形。

熱帶非洲及亞洲。台灣南部低地與山丘旁可見。台灣胡椒爲台灣地區唯一直立性的胡椒屬植物，其花序兩性，聚生成繖形並腋生的特徵亦爲台灣產本屬植物中僅見者，因此極易區分。

以往無法尋獲攀緣附生的荖藤枝條配食檳榔時，生活於台灣南部的各民族便採用直立的台灣胡椒作爲荖藤的替代品。除此之外，排灣族人也會拿它寬大的葉片煮飯、煮湯，當成食物的配菜食用。

→花序分支穗狀，腋生於葉腋。

花期 1 2 3 4 5 6 7 8 9 10 11 12

胡椒科

大頭茶

Gordonia axillaris (Roxb.) Dietr.

科　名	茶科Theaceae
屬　名	大頭茶屬
英文名	Hong Kong gordonia

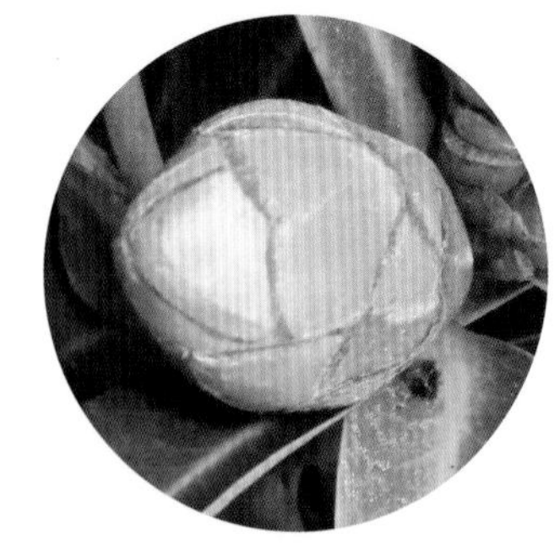

小型喬木或灌木；幼枝及頂芽密被毛。葉革質，長橢圓形、長橢圓狀披針形或倒披針形，上表面光滑，先端鈍或圓，常具凹刻，葉基銳尖或楔形。花腋生或近頂生，常單生，近無柄；花萼5枚，倒卵形，密被毛；花瓣5枚，白色，倒卵形。蒴果長橢圓形或長橢圓狀倒卵形。

分布於中南半島與中國，台灣全島低至中海拔（0～2300m）闊葉森林中或林緣可見。大頭茶是台灣全島常見的木本植物之一，由於花白色而大型，因此極易於林緣或步道旁發現，加上長橢圓形至倒披針形的葉片，辨識度極高。大頭茶的蒴果爲長橢圓形，成熟時會開裂成5瓣，灑出具有薄翼的褐色種子。

現代人的日常生活中有許多不同的汙染源，人類在這樣子的環境下容易生病，植物亦然。不過大頭茶對於這些人爲污染的抗性相當強，據研究結果顯示，在廢棄的礦區中栽植綠美化植物相當困難，由於煤礦廢棄地的土壤酸鹼値極低，土壤呈現極酸的狀態，土壤中的鋁離子濃度更是高到足以嚴重影響植物生長，甚至容易發生鋁毒害，對於生長於土壤中的植物而言，這是難以生長、發育的逆境，不過大頭茶卻能在這樣的逆境中繼續生長，令研究人員感到驚喜萬分。後來經過分析得知，原來大頭茶能自高鋁含量的土壤吸收鋁，並將其堆積在葉及細根，在輸送過程中經過植物體內的轉換，可降低鋁離子對植物體的毒害。

大頭茶爲庭園植栽上優良的觀賞樹木，也是良好的綠化樹種；木材紅褐色，材質極爲細緻且耐腐力強，爲良好的建築及薪炭材。

↑蒴果長橢圓形，開裂成5瓣後，散出具翅的種子。

用　建

花期 1 2 3 4 5 6 7 8 9 10 11 12

↑大頭茶的白色花大型，在低海拔山區的灌叢中相當顯眼。

←花苞外被許多圓形的被毛苞片包圍。

木荷

Schima superba Gardn. & Champ.

科　名	茶科Theaceae
屬　名	木荷屬
英文名	Chinese gugertree
別　名	荷木、椿木

↑港口木荷為木荷的變種，蒴果具5枚果瓣。

喬木，分支灰褐色或紅褐色，幼枝被毛。葉螺旋著生，長橢圓形，全緣、鋸齒緣或芒齒緣，先端銳尖或稍漸尖，葉基鈍，革質。花序單生或近總狀；花萼5枚，近等長，亞圓形，革質，密被毛或近光滑，邊緣被纖毛；花瓣5枚，倒卵形，基部被毛。蒴果球形，被毛。

產於中國華中、華南及日本琉球，台灣中北部中、低海拔300～1,500m山地皆可見到。另外尚有一變種 — 港口木荷，其葉先端呈尾狀漸尖，果形較大，特產台灣恆春半島及中部蓮華池。

木荷全株具有毒性，樹皮內的汁液碰觸皮膚後易引發過敏反應，這樣強烈的毒性能用來毒魚，該知識也被布農族與排灣族人所熟稔，卻多被排灣族人拒絕利用，因為從他們的經驗中了解到，毒死大量魚群將導致魚群數量驟減甚至枯竭，由此可知原住民族與天地共存的生活哲學。

排灣族生存領域內的木荷木材含水量高，加上樹汁具毒性，倖存的結果形成了天然的防火林帶，一旦森林火災發生，成片的木荷林有助於干擾火勢蔓延。排灣族領域內的木荷潮溼易腐，不適合作為建材之用，然而在布農族與泰雅族生存領域內木荷的質地較硬，能作為房屋的樑柱用材。泰雅族的干欄式建築中，有一種「防鼠板」的設計，也就是在支持建物的柱間，插入一片寬木板，藉以防止鼠輩沿著支柱往上攀入穀倉內偷吃儲糧，這片防鼠板便常以木荷作為材料。

↑木荷的白色花朵內含多數雄蕊。

藥  用  建 

花期 1 2 3 4 **5 6 7 8 9** 10 11 12

石朴

Celtis formosana Hayata

科　　名	榆科Ulmaceae
屬　　名	朴屬
英 文 名	Taiwan hackberry
別　　名	台灣朴樹

↑成熟的果實堅硬。

常綠喬木，小分支纖細；芽鱗褐色，被褐色毛或絨毛，邊緣具褐色纖毛。葉卵形、橢圓狀卵形或橢圓形，葉基圓至鈍，明顯歪基，上部邊緣鋸齒緣或全緣，上表面綠色，下表面灰白色。花1～3朵簇生，腋生；花萼裂片表面光滑，邊緣具緣毛。果卵形；果梗纖細，表面光滑。

廣布於全島低海拔至海拔1500m灌叢或次生林中。朴屬植物的葉形多變，同一個體內幼葉與成葉的變化極大，除了葉片大小外，幼葉與成葉的外形迥異。石朴又名「台灣朴樹」，廣泛分布於全島各地，其幼葉偏卵形，先端漸尖，成葉則為橢圓狀卵形至橢圓形；葉表光滑而翠綠，葉背則略白。冬末春初時，可在長滿幼葉的枝條上看見它的花。可別因為它的花過於微小而忽略，其可是走「簡約風格」，除了花被片不明顯外，同一個體內有雄花與雌花的差別，雄花僅具4枚雄蕊，雌花的花被片不發達，最顯眼的就是它雌蕊先端的柱頭，用來攔截空氣中的花粉之用。

↑成葉深褐色，葉基明顯歪基。

石朴廣泛分布於台灣全島，其木材能用於雕刻，製成日常用品或食物器皿，也被部分原住民族採用為建材及薪柴。在排灣族人的領域常可見到刻意留存的大型植株作為休憩之用，加上台灣南部的石朴抽出新葉時，正是種植小米的時節，也是許多野生動物停棲於石朴樹上的時候，因此成為排灣族人的歲時植物之一。

花期 1 2 3 4 5 6 7 8 9 10 11 12

山黃麻

Trema orientalis (L.) Bl.

科　　名	榆科Ulmaceae
屬　　名	山黃麻屬
英 文 名	Indiacharcal trema
別　　名	異色山黃麻

落葉喬木，小分支具伏毛、直立糙毛與腺毛。葉紙質，卵狀長橢圓形至長橢圓狀披針形，先端銳尖至漸尖，葉基歪斜而鈍至心形，邊緣銳齒緣，上表面粗糙，下表面粗糙且全被絨毛。花聚生成腋生聚繖花序，單性或兩性。核果卵形，黑色，表面光滑。

廣布於東南亞、東亞、玻里尼西亞與新幾內亞，台灣全島平原、河岸與山丘可見。山黃麻爲台灣各地常見的陽性樹種，在許多干擾地、草原或河濱地區，皆能看到直而具平展分支的山黃麻聳立。山黃麻的葉片表面粗糙，葉背密被絨毛，由於密被到無法看到葉背原本的綠色，因此辨識度極高。山黃麻的花呈綠色且微小，因此開花時，只能憑藉著葉腋間的聚繖花序得知開花訊息，若一不小心錯過花期，就只能觀察到許多黑色的小型核果掛在樹梢。

山黃麻生長快速而木材質鬆，除了以一般木材使用外，無法作爲永久性的建材之用，其木材以往被排灣族人削成木栓，用來塞住種菌後的椴木，以便腐爛後香菇順利長出；筆直的主幹也被噶碼蘭人挖空後製成獨木舟，輕軟的木材也能製成釣魚時用的浮球。山黃麻的根部具有固定大氣中氮元素的根瘤菌，因此採伐爲薪柴後的跡地適合種植作物。

↑山黃麻的核果微小，需仔細尋覓才能找到。

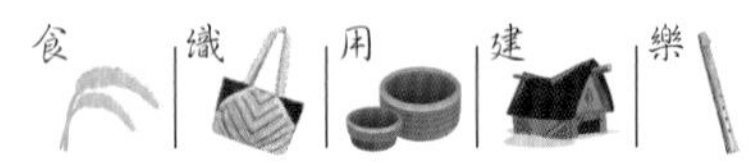

花期 1 2 3 4 5 6 7 8 9 10 11 12

↑細枝平展，由許多窄卵形葉片互生平展。

↑聚繖狀的圓錐花序腋生，明顯可見5枚雄蕊。

↑成株的樹皮具有縱向淺裂紋與橫向短皮孔，偶爾可見落枝脫落後的疤痕。

欅

Zelkova serrata (Thunb.) Makino

科　　名	榆科Ulmaceae
屬　　名	欅屬
英 文 名	Japanese zelkova, Taiwan zelkova
別　　名	台灣榆、欅榆、雞油

落葉喬木，小分支被絨毛，漸無毛；芽鱗被絨毛。葉紙質，橢圓狀卵形至橢圓形，先端漸尖，葉基鈍、圓或淺心形，微歪基，邊緣銳齒緣，兩面與邊緣微粗糙；葉柄被絨毛。核果明顯具網紋，近無柄。

分布於中國、韓國與日本，台灣中南部低海拔至海拔2000m山區可見。欅是台灣山區極爲顯眼的落葉喬木，秋冬之際走進山區，常可見開闊的山坡中聳立著樹形渾圓、枝條茂密的欅樹；到了春夏兩季，冒出長卵形、邊緣鋸齒緣、且葉面摸起來粗粗的葉片，仔細觀察，其實它不起眼的花就藏在葉腋間，加上不顯眼的綠色果實，稍未留意就誤以爲它一直都不開花。

欅木爲相當優良的建築、木雕及家具用材，可製成各式各樣的用品，廣受各民族的利用與喜愛，也是台灣產「闊葉五木」之一，由於樹形優美，因此也獲得原住民族的青睞而栽植爲景觀植物。

↑樹皮呈龜裂狀斑駁，表面具有許多橫向短皮孔。

↑欅的花為單性花，雌花具有鮮豔的紅色柱頭，雄花則露出黃色的花藥。

用｜建｜樂

花期 1 2 3 4 5 6 7 8 9 10 11 12

木蠟樹

Rhus succedanea L.

科　　名	漆樹科Anacardiaceae
屬　　名	漆樹屬
英 文 名	Wax tree
別　　名	山漆、山賊仔、野漆

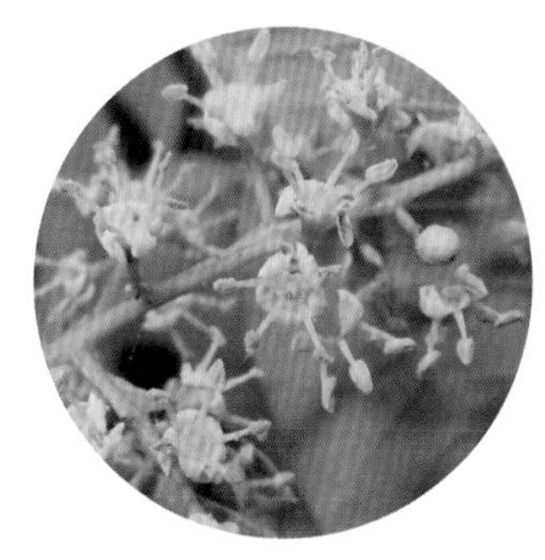

↑圓錐花序上的黃色花朵排列稀疏。

中型落葉喬木，小枝光滑。葉奇數羽狀，小葉7～13枚，側生者對生或近對生，長橢圓狀披針形，先端漸尖，葉基鈍，邊緣全緣，兩面光滑，具短葉柄。圓錐花序腋生。核果扁球形。

木蠟樹廣泛分布於全島中、低海拔森林中，在台灣原生的漆樹屬灌木中，僅有木蠟樹的葉片光滑且葉背淺綠，極易與本屬常見的其他兩種同屬植物：羅氏鹽膚木與野漆樹（*R. sylvestris*）相區分。許多漆樹科植物的樹幹富含樹汁，由於內含漆酚，和人類的皮膚接觸後容易引起過敏、腫脹發炎反應，因此傳統上採伐漆樹科植物的樹幹、樹枝時，需要多加留意！

↑木蠟樹是全台低海拔可見的小型灌木，具有光滑的一回羽狀複葉。

漆樹的樹汁呈乳白色，經過妥善的採收後稱爲「生漆」，由於黏著性強，在空氣中氧化後會凝固成膜，因此具有黏接加固功能。由於凝固的漆膜質地非常堅硬，既耐熱又耐酸鹼，因此以往被塗抹於器皿表面以保護器物。上過漆的器皿表面光滑細膩，若是在漆中調入各種色料，便可用來繪畫紋飾，不僅能保護用品，更具有美化器物的功能，許多珍貴的漆器便應孕而生。日治時期對於生漆的使用量大，日本政府爲減少對中國、安南等地進口生漆的依賴，開始在台灣進行漆樹的栽培與利用。

花期 1 2 3 4 5 6 7 8 9 10 11 12

黃連木

Pistacia chinensis Bunge

科　　名	漆樹科Anacardiaceae
屬　　名	黃連木屬
英文名	Chinese pistachios
別　　名	黃連茶、楷木、爛心木

大型喬木，半落葉性。奇數羽狀複葉，具6～10對小葉；小葉披針形，先端漸尖，全緣，歪基，近無柄。花序被毛，花單性，雄花腋生成複總狀花序，雌花腋生成圓錐花序。核果球形，紅褐色。

分布於中國與菲律賓，零星原生於台灣中南部，現已引至台灣各地供綠美化之用。「楷模」一詞中的「楷」、「模」二字，其實指的是兩種樹名，「黃連木」即為「楷木」，根據《說文．木部》記載，「楷，楷木也，孔子家蓋樹之者」；加上「其幹枝疏而不屈」，意指黃連木的樹枝不易彎曲，稱得上是樹中之模範，因而有「楷木」之名。

黃連木為深根性的大型喬木，喜好生長在陽光充足的環境，萌芽力極強，加上對土壤要求不嚴且耐瘠，對二氧化硫和煤煙抗性強，因此被廣泛應用為園藝植栽。不過，因為黃連木老樹的心材常腐爛，易中空，故又稱為「爛心木」。黃連木除了可供園景樹或行道樹外，其木材質地堅硬而緻密，木紋漂亮，因此可供髮飾、扁梳等裝飾、細工用材。除了木材利用的價值外，黃連木的嫩葉也可以沖製成茶飲，稱為「黃鸝茶」；黃連木的果實富含油分，可榨取作為燃油或潤滑油使用，也是以往的天然燃料之一。

↑秋冬時節，成串的雄花搶在葉片之前探出頭來。

花期 1 2 3 4 5 6 7 8 9 10 11 12

漆樹科

↑黃連木是中南部中、低海拔山區常見的落葉喬木。

↑花費近一年的時間，才能見到黃連木結出紅色的果實。

↑黃連木的樹皮呈片狀剝落。

羅氏鹽膚木

Rhus javanica L. var. *roxburghiana* (DC.) Rehd. & Wilson in Sargent

科　名	漆樹科Anacardiaceae
屬　名	漆樹屬
英文名	Roxburgh sumac
別　名	山埔鹽、山鹽菁、埔鹽

小型落葉性喬木，幼枝被毛。奇數一回羽狀複葉，小葉9～17枚，側生者對生，卵狀披針形或卵形，先端銳尖或鈍，葉基圓，邊緣鋸齒緣，無柄。花單性，聚生成頂生圓錐花序。核果扁球形。

↑果實表面泌有鹽沫，是早年山間民族重要的食鹽來源之一。

　　原變種產於印度至中南半島，本變種產於中國、日本及韓國。台灣低海拔灌叢與次生林等地常見。羅氏鹽膚木常見於都市近郊的山區或次生林中，雖然主幹粗壯、羽狀複葉大型，它的枝條纖細且多伸展後微微斜倚，因此枝葉與花、果序極易親近觀察。開花時鮮黃的圓錐花序頂生，上頭開滿了密密麻麻的黃色小花，每一分支頂端皆有一叢圓錐花序，由於常成片生長在開闊山坡上，非常壯觀。

　　羅氏鹽膚木的花序內含許多黃色花朵，花粉產量極高，加上植株生長密集，花粉風味獨特，成為秋季時養蜂人家爭相放置蜂箱以收集花粉粒的對象。除此之外，開花時節也正是魯凱族人整地準備耕種的季節，因此成為最佳的季節指標。

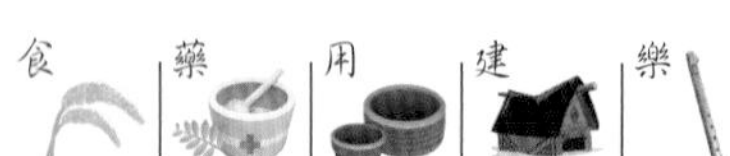

花期 1 2 3 4 5 6 7 8 9 10 11 12

漆樹科

↑羅氏鹽膚木花期時，是養蜂人家重要的蜜源之一。

羅氏鹽膚木的果實表面會累積許多鹽分，以往是居住於內陸各民族食鹽的來源之一，也是小孩嬉戲時的零嘴。羅氏鹽膚木的木材除了可製成農具外，也能燒成炭後磨製粉末，混入硫磺粉與硝石粉所製成的火藥效果較其他木材者為佳，為昔日慣有狩獵的各民族所廣泛採用。

↑小枝表面具褐色皮孔，葉柄基部膨大。

←開花時密生黃色花序。

鵝掌柴

Schefflera octophylla (Lour.) Harms

科　　名	五加科Araliaceae
屬　　名	鵝掌柴屬
英 文 名	Common schefflera
別　　名	公母樹、江某、鴨腳木

喬木或灌木，髓心質硬。葉大小多變，常具6～9枚小葉，小葉葉柄不等長，葉片革質，橢圓形或卵狀橢圓形，先端銳尖至短漸尖，葉基漸狹至近圓形，邊緣全緣至中裂，側脈約8對。頂生圓錐花序大型，由繖形花序分支總狀排列成繖形，具花多數。果球形。

分布於中國南部至中南半島、菲律賓、琉球、九州南部，台灣全島低海拔灌叢常見。鵝掌柴是台灣低海拔山區常見的小型樹種，對大家來說印象最深刻的，莫過於它的葉片由6～8片橢圓形的小葉組成，排列成掌狀，因此學名中的種小名*octyophylla*，指的便是它常具8片小葉的葉片，中名的「鵝掌」則是指它的掌狀複葉有如趾間帶蹼的鵝掌，「柴」則透露它是木本植物的特徵，而它的別名「鴨腳木」也有類似涵義。

鵝掌柴的花序於秋季抽出，花朵先聚生成繖形後，一把把小傘總狀排列在分支上，再組成一個大型的圓錐花序，不過，光遠看是無法了解這朵朵黃色花朵的排列方式，還好它招牌的掌狀複葉極易辨認，不用等到開花也能輕鬆認出。

「柴」字除了表明它木本植物的身分外，也說明了鵝掌柴是台灣各民族常用的薪柴與木材來源，能夠加以雕刻成食具、臼、編織用具或獵具等。和建材常用的樟樹、紅檜、台東龍眼相比，鵝掌柴的木材過於質軟，只能當作支架、欄干或其他附屬用材。不過，鵝掌柴的質地輕軟，極適合刨製成木片便當或小型櫥櫃用的木板、冰棒棍、火柴棒等細小的日常用品，因此日治時期木製品廣泛進入台灣人的生活後，許多民族皆有販售鵝掌柴木的往事。日治時期和式的穿著——木屐，也常利用鵝掌柴的木頭製成，由於木屐沒有左右腳的差別，因此又被閩南人稱爲「公母（音同「江某」）」，此外，其也被廣泛稱爲「江某」。

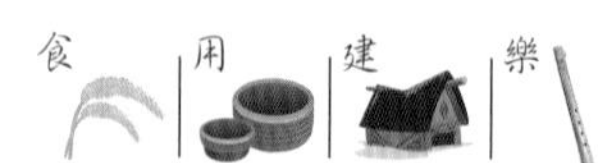

花期 1 2 3 4 5 6 7 8 9 10 11 12

↑冬季時圓錐花序自莖頂伸出。

↑幼株的新生葉片具有淺裂或中裂的裂片。

↑每一花序分支末端由許多淺黃色花朵排列成繖形。

可可椰子

外來種

Cocos nucifera L.

科　　名	棕櫚科Arecaceae (Palmae)
屬　　名	可可椰子屬
英 文 名	Coconut, Coconut palm, Coconut tree
別　　名	越王頭、椰子

大型常綠喬木，葉奇數羽狀，小葉線形至披針形，厚紙質，表面具光澤，邊緣全緣；葉鞘邊緣具棕色網狀纖維。大型圓錐花序腋生，具大型苞片；雄花黃色，花瓣3枚，長橢圓形，內含雄蕊多數；雌花花萼與花瓣各3枚。核果球形具3鈍稜，成熟時表面綠色，外被厚纖維質果皮，內含液態胚乳。

↑可可椰子具有高大的木質化莖稈，以及大型羽狀複葉。

可可椰子就是平時習慣稱呼的椰子，廣布於全球熱帶地區海濱，具有單一直立的木質化莖稈，莖稈先端具有簇生的大型羽狀複葉；羽狀複葉具有肥厚的葉鞘圍繞在莖稈上，脫落後便在莖上留下一圈圈的葉痕。一年四季抬頭仰望，您都能看到葉鞘間掛著幾顆翠綠的碩大果實，懸在相形纖細的花序分支上。由於果實具有厚而木質化的果皮，因此成熟後掉在海灘上，便能被海浪捲入海中，隨著洋流四處傳播。

台灣雖然是座亞熱帶島嶼，但卻有超過1／3地區在北回歸線以南，加上黑潮等來自南方的溫暖海水，相當適合可可椰子生長、繁殖。不過，台灣並沒有原生的可可椰子族群，現有的可可椰子應該都是人們刻意栽培。據傳台灣南部平野的原住民族遷入台灣時，便習慣在部落四周栽培這高大

食

花期 1 2 3 4 5 6 7 8 9 10 11 12

↑圓錐花序一旁具有大型的佛燄苞片。

↑果皮富含纖維，能隨著海流傳播。

的果樹，然而這種熱帶果樹並不受到漢民族的青睞，因此漢人遷入取得平野的土地後，便開始移除這種高大的木質草本。日本國殖民台灣後，爲了迎合日本人民對於「熱帶島嶼」的刻板印象，便開始在台灣各地栽植椰子樹，南部的氣候合適，便栽培可可椰子；北部的秋冬季節過冷，就栽培同爲外來種，莖稈直立但果實微小的大王椰子。

可可椰子不僅一年四季都有清涼的「半天水」可喝，清除外層粗厚的果皮後還能製成碗、杓子、水壺等容器。可可椰子的葉鞘與檳榔一樣富含纖維，可以抽出一條條的繩索，用來綑綁物品、農穫，成片的椰子葉鞘也能製成達悟族人的盔甲；即使不加工，光是小孩們跨坐在椰子葉上拖行，就能玩上大半天，帶來不少歡樂時光！

↑利用可可椰子葉鞘與當中的纖維，也能製成達悟族人穿著的盔甲。

↑種皮質地較為堅硬而緻密，加上藤編後便是達悟族人以往取水用的水壺。

台灣海棗

Phoenix hanceana Naud.

科　　名	棕櫚科Arecaceae (Palmae)
屬　　名	海棗屬
英 文 名	Formosan date palm, Taiwan date palm
別　　名	台灣糠榔、台灣桄榔、姑榔木、麵木、椌榔、桄榔、糠榔

↑乳白色的花朵嬌小，具有3枚花被片。

常綠性，樹幹木質單生，表面被三角形葉柄痕。羽狀複葉。小葉堅硬，線形，先端棘狀，全緣，灰綠色，微反捲，葉柄基部具多對棘刺；葉鞘網狀，纖維褐色，先端扁平，下半部圓。花序腋生，花單性。果橢圓形，綠色、橙黃色或黑色。

分布於中國東南部、海南島、香港、台灣、離島山丘與乾燥海濱，現栽培於全島花園供觀賞、海濱綠化或行道樹用。海棗屬植物具有木質化的粗狀莖幹，外觀與富含熱帶風情的「椰子」神似，不過大多數椰子的羽狀複葉脫離莖幹後，常僅留下一圈圈的葉痕，少數會留下宿存的葉鞘基部，一旦剝落後葉痕平整，而台灣海棗的羽狀複葉脫落後，葉鞘基部多會宿存一陣子，完全剝落後會在莖幹上留下圓鈍的突起，與台灣地區常見的椰子種類不同。

台灣海棗的外觀也與屬於裸子植物的「蘇鐵」雷同，不過它可是道地的單子葉植物，會從腋生的花序中開出微小的單性花；而蘇鐵科成員雌雄異株，從莖頂的葉叢中抽出大型的毬果。雖然許多棕櫚科植物的葉片都呈羽狀，台灣海棗的葉片卻讓人聯想到萬鳥之王「鳳凰」的羽毛，因此將鳳凰（Phoenix）當做它的屬名。

台灣海棗不只可作爲觀賞植物而已，長久以來南台灣各民族習慣以台灣海棗厚革質而堅韌的葉片做成掃帚，據說十分耐用。另外，台灣海棗的果實就像「海濱地帶的棗子」般，可供嘴饞的人們食用；位於堅硬葉叢中央的嫩芽也可食用。

→果序分支開展，分支木質化而堅硬。

食　樂

花期 1 2 3 4 5 6 7 8 9 10 11 12

↑花序叢生於葉腋間。

↑果實橢圓形，成熟時由橘色轉為黑紫色。

↑台灣海棗具有粗壯的木質莖，大型的羽狀複葉會依序脫落。

↑羽狀複葉小葉質地堅硬，小葉基部鑷合。

檳榔

Areca catechu L.

科　　名	棕櫚科Arecaceae (Palmae)
屬　　名	檳榔屬
英 文 名	Areca nut, Beetle nut, Betel palm, Pinang, Penang
別　　名	青仔、菁仔、仁頻、螺果

↑檳榔的果實像極了綠色的金龜子，因此英名稱為beetle nut。

莖直立而木質化，先端具多枚一回羽狀複葉。羽片披針形，中段羽片最長；基部葉鞘抱莖。花單性，混生於展開的圓錐花序中，花序腋生於葉叢基部，雌花著生於分支基部，雄花著生於花序分支先端。花乳白色，具香氣，早落；雌花大型。核果卵形，成熟後黃、橘或紅色；果皮富含纖維。

廣泛栽培於東非、南亞、東南亞與太平洋諸島。檳榔爲棕櫚科的大型木質化植物，莖內不具環狀形成層，以致無法隨著植物體生存年分而逐年加粗形成年輪，而是由莖內的維管束細胞壁木質化加厚、堆疊成聳立的莖，因此與一般所認定的「木本植物、喬木」有所不同。

檳榔的植株與羽狀複葉大型，花朵卻非常微小，和葉片及葉腋間的圓錐花序相比毫不顯眼，然而檳榔花的香氣濃郁，花序分支先端者爲雄花，基部者爲雌花；就在微小的花朵凋謝後，一顆顆貌似金龜的果實悄悄發育成熟，成爲大家口中熟悉的「檳榔」。

一提到檳榔，或許腦中浮現的印象是「馬路旁隨處可見的鮮紅檳榔渣」，或是「颱風過後被大水沖垮的檳榔園」這些負面印象。其實，檳榔是廣受台灣、甚至是南島語族利用的民族植物，除了豐富的纖維耐嚼食，提供舟車勞頓的旅人提神之外，檳榔葉叢間幼嫩的頂芽，則可成爲山產店中熱門的「半天筍」。採收時剝落的檳榔葉鞘，自古也是獵人們上山或日常使用的食物器皿。您也許聽說過半天筍性涼，因此消化道不佳或是體質虛寒的女性切忌服用，但食用檳榔果實卻能怯寒，也有容易上火等說法；這些都是檳榔爲藥用植物的最佳實證。

花期 1 2 3 4 5 6 7 **8** **9** **10** 11 12

↑檳榔應為早年隨著原住民族遷移而傳入台灣的作物。

檳榔也常被栽培於田梗上或田邊，作爲地界之用，倒下的木質化莖幹還能充作臨時建物的支架；南島語族在祭祀或送禮時，少不了實用價值極高的檳榔果，這項傳統也影響了隨後來到台灣的漢人，至今深深地融入台灣民間社會。隨著南島語族的遷移，這寶貴的民族植物也隨著傳播，廣布於太平洋及印度洋間，以致到現在無法確認檳榔的原生分布地區。此外，檳榔的汁液能染上深褐色，成爲噶瑪蘭人製作香蕉布料時的染色原料之一。

↑秋季造訪山間，便能看見檳榔的圓錐花序，以及嗅到陣陣清新的檳榔花香。

↑檳榔是許多原住民族祭祀的貢品之一，例如西拉雅族人便以檳榔奉祀「向」。

↑檳榔花極為微小，具有3枚白色花被。

↑恆春一帶將檳榔果曬乾，覆水後即可嚼食。

↑許多原住民族都有檳榔袋的配飾，阿美族人更賦予它「情人袋」的美意。

↑利用檳榔葉木質化的葉鞘，能夠製成環保的飯盒或容器。

台灣赤楊

Alnus formosana (Burkill ex Forbes & Hemsl.) Makino

科　　名	樺木科Betulaceae
屬　　名	赤楊屬
英 文 名	Formosan alder
別　　名	水柯仔、水柳柯、台灣榿木

落葉喬木，小分支光滑或於幼時微被毛。葉互生，橢圓形、長橢圓形至卵狀長橢圓形，先端漸尖，葉基廣楔形，表面光滑或幼時微被毛，鋸齒緣。葇荑花序位於小分支先端，下垂；雌性穗狀花序位於老枝先端。果穗1～3枚簇生，毬果狀，橢圓形，小堅果壓扁狀，具宿存窄翼。

台灣赤楊分布於琉球與台灣，爲台灣全島廣布的向陽性樹種，只要是海拔400～3000m的河岸或荒地、開闊地，甚至是剛崩塌過的邊坡，都可見到它的樹影，甚至形成純林。台灣赤楊的花於秋至隔年春季開放，不過讓人留意的恐怕是它毬果狀的果實，掉落地面後時常被誤認爲是松樹所結的毬果，抬起頭才發現台灣赤楊圓而寬大的葉片，表明它不是葉片針狀的松樹。

↑台灣赤楊的雄花無柄，排列成懸垂的葇荑花序。

赤楊又名「榿」，許多台灣產具有相似葉片外觀的木本植物，都會被冠上「榿葉」的形容詞，可見赤楊是極爲常見的樹種，這樣的描述才能讓人領會它特別的外觀。而如此廣泛分布且常見的樹種，當然成爲原住民經常利用的植物，舉凡薪柴、建材、食物器皿或是培養香菇用的椴木，都能以台灣赤楊的樹幹爲材。不過台灣赤楊有它看不見的祕密，那就是它的根部與根瘤菌共生，能將大氣中的氮固定於根系中，久而久之土壤的地力也會增加。台灣赤楊用來克服崩塌地的祕密武器，也早被各原住民族發現，以致常藉著栽植它來恢復農地地力。

花期 1 2 3 4 5 6 7 **8 9 10 11** 12

山菜豆

Radermachia sinica (Hance) Hemsl.

科　名	紫葳科Bigoninaceae
屬　名	山菜豆屬
英文名	Asia bell-tree
別　名	苦苳舅

中型喬木，葉早落。葉二回羽狀複葉，小葉橢圓形至卵形，先端漸尖，全緣或偶不規則裂片。花聚生成大型頂生圓錐花序；花萼卵形，先端具不等大短裂片，花冠白色或黃色，漏斗狀，裂片不等長。蒴果長圓柱狀，略壓扁，2瓣裂；中央具厚隔，種子兩側具翼。

分布於中國南部，台灣低海拔叢林與蘭嶼可見。山菜豆是台灣山野河谷或向陽山坡的常見樹種，雖然是植株頗高的喬木，不過由於時常生長在山區道路的邊坡或河谷兩旁，因此還是有機會仔細觀察它樹梢葉片與花果。山菜豆的葉片表面油亮，甚至能反射陽光；在春末夏初的傍晚，會綻放出白色漏斗狀的花朵，這潔白無暇的花朵，在天一亮、陽光照射後就會凋萎。當山菜豆授粉成功後，會結出長長的蒴果，外形有如菜豆一樣，因此有了菜豆樹的稱號，內藏著具有薄翅的種子，等待風中使者帶著它前往更遠的地方。

↑山菜豆是台灣中、低海拔常見的喬木。

排灣族與魯凱族具有分享共飲的「連杯」文化，這頗具特色的連杯便可利用強韌不易變形的山菜豆木材製成，然而，即使是傳統的連杯也隨著時代浪潮有所改變，由於大家對於衛生的顧忌，連杯也成為能抽換紙杯的「連杯座」，讓獲邀共飲的賓主皆能盡歡。

用　樂

花期 1 2 3 4 **5 6 7 8 9** 10 11 12

↑山菜豆潔白的花朵於夜晚綻放，到了清晨時分便一一掉落。

↑山菜豆的羽狀複葉由許多先端漸尖的卵形小葉組成。

↑山菜豆的長角果貌似菜豆莢，因而得名。

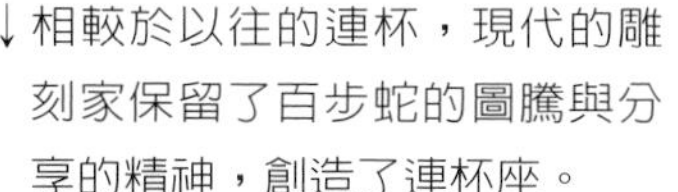

↓相較於以往的連杯，現代的雕刻家保留了百步蛇的圖騰與分享的精神，創造了連杯座。

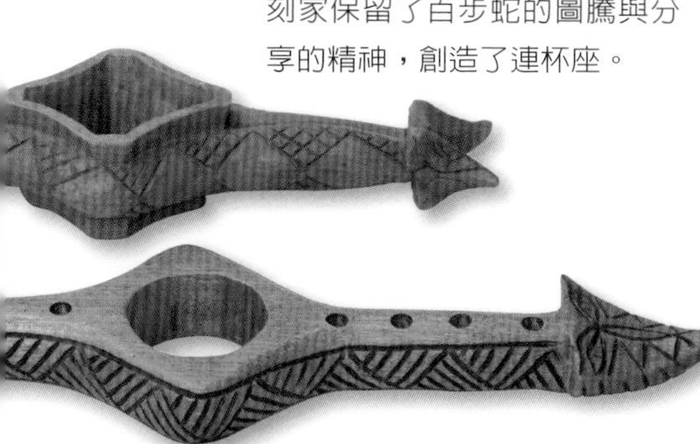

↓長角果裡裝著扁平而具薄翼的種子。

木棉

Bombax malabarica DC.

科　　名	木棉科Bomboxaceae
屬　　名	木棉屬
英 文 名	Cotton tree, Malabor bombax
別　　名	斑芝樹、斑芝棉、攀支、攀枝花

大型喬木，主幹少，分支平展，樹形高大而呈錐狀，樹皮疏被疣刺。葉早落；小葉5～7，橢圓形至橢圓狀披針形，先端漸尖，表面光滑。花大型，橘紅色，於長葉前開花，簇生或集生於小分支先端；花瓣大型而肉質，雄蕊多數。蒴果果瓣內被絲毛。

分布於印度至馬來亞、菲律賓，早年荷蘭人引進栽培，現今廣泛栽培供景觀或行道樹用，並歸化於台灣南部低海拔地區。木棉的樹幹直而高大，分支呈輪生狀平展，枝條於末端下垂，在嚴冬過後、葉片落盡的初春時節開出拳頭般大的橘紅色花朵，格外引人注目，若是撿拾被風吹落的碩大花朵，可見鮮豔的花瓣中藏著數不清的雄蕊，簇擁著中央單一的雌蕊。隨著新葉伸展，樹梢也結出一顆顆橢圓形的蒴果。就在5枚果瓣開裂之際，裡頭白色的棉絮呵護著黑色種子，隨春風吹拂而四散，緩緩地飄落地面，等待明年萌芽。

↑木棉樹除了用翠綠的掌狀複葉迎接夏季，還用充滿綿絮的蒴果製造一場初夏的雪景。

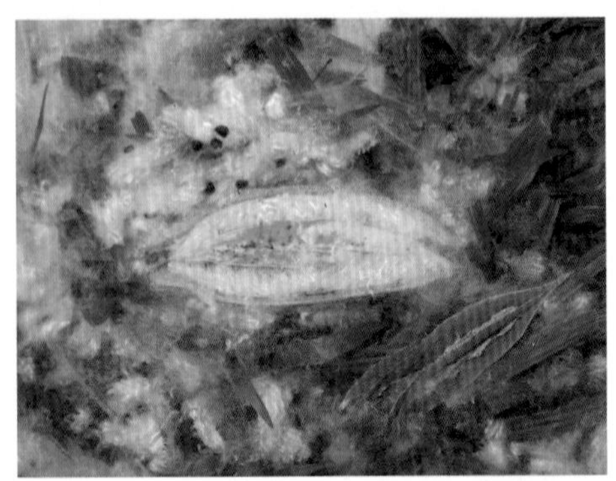

↑蒴果內含許多黑色種子，著生在中央的果軸上，藉著綿絮般的假種皮乘風飄揚。

花期 1 2 **3** **4** 5 6 7 8 9 10 11 12

↑遠從非洲傳入台灣的木棉樹，現為台灣各城市常見的行道樹。

↑筆直的樹幹上有許多刺突。

木棉的樹形高大且分支平展，經過適當的修剪後極適合作爲行道樹之用，因此廣泛栽培，然而，不少人認爲這漫天飛舞的棉絮容易引發過敏、阻礙行車視線。昔日，由於台灣不產錦葵科經濟作物——棉花（*Gossypium arboreum*），木棉因而成爲棉花的替代品之一，被各民族曬乾後用來塡充枕頭、香包等物品。西拉雅族的吉貝耍部落，即爲西拉雅族語「木棉」之意，以往當地有大量種植，雖然如今僅剩下少數個體，但從遺留下來的舊地名仍可讓我們窺見早期當地民衆對此一樹種的喜愛。

↑春天時先冒出枝梢的是橘紅色的大型花朵，不是翠綠的嫩葉。

↑木棉花肥厚多汁，內由許多合生雄蕊環繞單一雌蕊。

破布子樹

Cordia dichotoma G. Forst.

科　　名	紫草科Boraginaceae
屬　　名	破布子屬
英 文 名	Bird lime tree
別　　名	樹子仔

↑葉片常具蟲癭。

中型落葉喬木，分支被褐色毛。葉披針狀卵形至廣卵形，先端漸尖至鈍，葉基楔形至近心形，邊緣全緣或波狀緣，或偶具往前小鈍齒。花序常頂生；花白黃色；花萼鐘狀，初被短毛，結果時漸無毛；裂片短三角形且反捲。花冠與花萼等長，花喉被纖毛，裂片反捲。果成熟時黃色或紅色，近球形。

分布於琉球、中國南部、馬來亞、新加里多尼亞、中南半島及巴基斯坦。台灣低海拔向陽灌叢可見，並廣泛栽培於庭院或田間。破布子樹是台灣常見的落葉性原生喬木，通常位於田邊、庭院或淺山路旁。破布子樹的主幹明顯，較細的分支從主幹先端放射狀展開，著生許多卵形葉片，然而破布子樹的葉片並不翠綠，反倒因為葉表面被有糙毛而像是蒙上了一層灰，加上葉片常被螨蜱所啃食、寄宿，因而遍布疙瘩狀蜱癭，不太雅觀。

↑春季時不顯眼的白色花朵躲在橢圓形的葉片下。

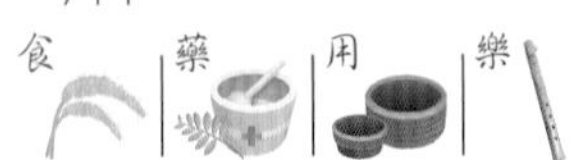

↑幼株的葉片邊緣具明顯鋸齒。

花期 1 2 **3** **4** **5** **6** 7 8 9 10 11 12

紫草科

↑夏季時可見滿樹結實纍纍的破布子樹果實。

既然如此，爲何這不太雅觀的喬木會廣泛爲居住在淺山地區的居民種植？主要是因爲破布子樹的果肉獨具風味，早年農作物欠收或農產品無法銜接採收時，淺山民衆便取食醃漬後的破布子樹果實作爲配菜，即使是豐衣足食的現代，破布子樹搖身一變成爲增加食物風味的佐料，依然出現在餐桌上。此外，它還具有緩解芒果食用過量所導致的過敏現象喔！除了食用的功能外，由於破布子樹樹皮富含纖維，以往被西拉雅族人抽取作爲繩索之用；木材也被排灣族及卑南族人製成臼或其他生活用具，不僅如此，在西拉雅族馬卡道人眼中，破布子樹是一種神聖的植物。

↑樹皮具有多數斜向皮孔。

欖仁

Terminalia catappa L.

科　　名	使君子科Combretaceae
屬　　名	欖仁屬
英 文 名	Indian almond

喬木。葉卵形至倒卵形，先端廣圓形，常具短鈍頭，成熟葉片光滑，革質，於落葉前由綠轉紅。穗狀花序，基部花朵兩性，先端花朵雄性，花萼裂片內側光滑；雄蕊外露。果橢圓形，具2稜；果仁可食。

廣布於舊世界熱帶地區，台灣南部與離島海濱可見，另廣泛栽培爲園藝及行道樹種。欖仁爲亞洲及大洋洲地區的海飄植物，橢圓形的果實兩側具稜脊，表面被有蠟質，果皮爲厚達1cm的木質果皮，能隨海流四處傳播；著陸時外表的翠綠蠟質早已磨損，肥厚的木質果皮也被浸潤，讓深藏其中的種子得以萌發。

欖仁的主幹單一而直立，樹根偶有適應潮溼或海浪拍打而隆起的板根。欖仁的分支平展，多數分支輪生於主幹，仔細看的話會發現欖仁的葉片叢生於枝條先端，只是這叢生葉片的主莖不會再延長，而是由葉叢基部橫向伸出腋生枝條，長出叢叢的綠葉，因此欖仁的分支平展，每一個腋生節間微微彎曲成弧形。平展的側枝使得樹形有分層的視覺感受，加上平時翠綠的葉片每到隆冬便轉爲紅色，頗具觀賞價值。

據傳欖仁紅熟的葉片能治療肝病，因此有一陣子會看到早起的婆婆媽媽們到公園的欖仁樹下撿拾這紅透的倒卵形葉片。此外，欖仁的種仁可是排灣族與達悟族人的零嘴，而挺

↑總狀花序腋生於葉叢中。

花期 1 2 3 4 5 6 7 8 9 10 11 12

↑欖仁為熱帶海濱的大型喬木，常為海岸林的主要成員。

直且堅硬樹幹，則成爲兩族人利用的建材與木材，可以雕刻成許多日常用品。不過，卻有部分社群的排灣族人認爲這枝葉茂密的欖仁樹下常有惡靈聚集。

↑核果扁橢圓形至倒卵形，未成熟時具兩道明顯的縱稜。

↑倒卵形的葉片寬大，簇生於側生枝條先端。

台灣肖楠

台灣特有變種

Calocedrus macrolepis Kurz var. *formosana* (Florin) Cheng & L. K. Fu

科　名	柏科Cupressaceae
屬　名	肖楠屬
英文名	Taiwanense Incense-cedar
別　名	肖楠、黃肉仔

大型喬木，樹幹常彎曲，樹皮光滑，紫紅褐色；小分支二叉，互生。葉鱗片狀，先端鈍，外表深綠色，內層淺綠色。成熟毬果長橢圓形，微彎，僅中央2枚鱗片可稔，內含種子1～2枚，表面具翅。

原變種分布於中國西南部、越南與緬甸。本變種特有於台灣中北部，海拔300～1900m，喜好溼潤且陽光稍強之環境，常生長於陰坡或溪谷兩岸懸崖處與闊葉樹林混生。

台灣肖楠、紅檜及台灣扁柏同屬於柏科植物，分布海拔較低，天然族群原本就較其他台灣產裸子植物稀少，加上台灣肖楠爲貴重針葉樹一級木，木材材質細密，不易受白蟻蛀蝕，因此常被用來作爲建築、家具、棺木、雕刻及裝飾用材，經濟價值極高，除了以往利用其木材進行加工外，更因此被大規模砍伐。

隨著政府禁止伐採天然林，以及廣泛於低海拔至中海拔地區推動造林工作，或許有一天，中、低海拔有機會再出現壯觀的肖楠樹海。

台灣肖楠的木材含有檜木酚（hinokiflavone），具抗菌、消炎的作用，其木屑有芬芳的氣味，俗稱「淨香」，是製作高級線香的材料之一。此外，台灣肖楠亦可供作綠籬或景觀植物栽植。

↑台灣肖楠的樹形呈現長圓錐狀。

用｜建

花期 1 2 **3** **4** 5 6 7 8 9 10 11 12

↑葉片如鱗片般伏生，兩型且十字對生。

↑樹皮呈條狀剝落。

↑鱗葉葉背呈灰綠色，具淺色氣孔帶。

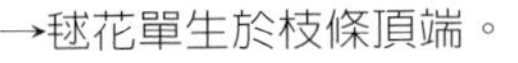

→毬花單生於枝條頂端。

紅檜

Chamaecyparis formosensis Matsum.

科　　名	柏科Cupressaceae
屬　　名	扁柏屬
英 文 名	Formosan Cypress
別　　名	松梧、松蘿、薄皮仔

大型喬木，樹皮多少紅褐色，分支展開，小分支扁平。葉鱗片狀，三角形，上表面綠色，下表面淺白色，先端銳尖至漸尖。成熟毬果長橢圓狀卵形，鱗片10～13枚，盾狀著生；種子具窄翼。

紅檜與台灣扁柏合稱檜木，是台灣中海拔山區經常有雲霧遼繞地區中的主要樹種，由於樹皮薄且平滑，經常呈長條片狀剝落，溝裂較淺，因此閩南語俗稱「薄皮仔」。

紅檜的木材紋理細緻，富含芳香精油，不易受蟲蛀與因受潮而腐朽，因此是高級家具、建材與壁板的高經濟價值原料。早年各民族經常撿拾利用，布農族人取其木材作爲家屋的樑、板材，亦會將其製作成織布箱及家具。另外，在清朝時期的古道遺跡或昔日的布農族聚落，偶爾可以看到將剖半後刨空的紅檜木材作爲水管管線，以把珍貴的水源導引至部落中。日治時期爲了開採台灣山區的檜木林，進行大規模資源調查、開設林場，甚至克服萬難修築了通往山區的鐵路，而這些保留至今的森林鐵

↑鱗葉同型，伏生於側枝表面。

柏科

花期 1 2 3 4 5 6 7 8 9 10 11 12

↑毬果具10～13片果鱗，於成熟後開裂。

路也爲這段過往歷史留下見證；國民政府時期藉由持續的採伐，爲台灣賺取不少外匯，紅檜、台灣扁柏與台灣肖楠等樹種卻也因此遭到大量砍伐。昔日的林班地內，只留下若干木材腐爛、不具砍伐價值的巨大紅檜，被視爲「神木」；在林道、公路所及之處，幾乎沒有成片的紅檜林。

↑紅檜的木材具有香氣，能提煉精油。

↑傳統的足蹬式織布箱（經卷）是許多南島語族長輩們的編織工具。

毛柿

Diospyros philippensis (Desr.) Gurke

科　　名	柿樹科Ebenaceae
屬　　名	柿樹屬
英 文 名	Taiwan ebony
別　　名	台灣黑檀

大型常綠喬木，分支被黃褐色絨毛。葉革質，披針形，先端銳尖，葉基圓心形至耳狀，邊緣全緣或波狀緣，微反捲。雄花聚生成腋生短聚繖花序；花萼深裂，裂片長橢圓形，表面被纖毛；花冠外表微被毛，裂片明顯反捲。雌花單生，腋生。果扁球形，表面密被纖毛，深紅紫色。

↑毛柿是台灣南部與東南部常見的大型喬木，廣泛栽培為行道樹或綠化樹種。

毛柿原生於台灣東部與南部海濱至近海內陸灌叢中，有時會成片生長成純林。毛柿對於北台灣與中台灣民衆而言，可能較爲陌生，不過東台灣與南台灣人們對於這樹皮黝黑、側枝表面具有縱向紋路，枝條上帶有兩列厚革質葉片的高大喬木可就相當熟悉，加上少數簇生於葉腋的白色花朵，以及果實成熟後渾圓的漿果，點綴著宿存的4枚花萼裂片，葉片、花朵與柿果表面皆被有絨毛或纖毛，極易讓人分辨。

每到夏天，就能看到長滿絨毛的果實高掛樹梢，隨著豔陽日漸從黃褐色轉爲紫紅色。不過，大家可曾留意過它腋生的白色小花，就在春暖花開之際綻開4枚毛茸茸的白色花瓣。想不到這一朵朵比小指頭還細的花朵，能結出這麼碩大的果實。

花期 1 2 3 **4** **5** **6** 7 8 9 10 11 12

↑花腋生，具有4枚厚質的白色花瓣。

台灣地處熱帶與溫帶交會的北回歸線上，位於歐亞大陸與太平洋之間，全年有季風吹拂，加上島上高聳的山脈，提供了多樣化的環境供針葉樹與闊葉樹種生長，因此台灣能提供利用的木材種類相當多。總括而言，台灣產闊葉樹中的上好用材包括：牛樟、樟樹、台灣櫸樹、烏心石、台灣櫸、黃連木與分布於台灣南部和離島的「毛柿」。毛柿木材材質細膩而沉重，顏色呈現黑色，因此又稱爲黑檀，加上味道及紋飾符合木產品愛用者的喜好，因此從衆多台灣產熱帶樹種中脫穎而出，成爲高貴的木材。除了木材利用外，毛柿的果實就像密布絨毛的柿子般，在夏末秋初時紅熟，可供食用；在現今育種發達的年代，這略嫌酸澀的滋味當然不對老饕們的胃口，但在以往，這可是許多南部小孩口中的山珍喔！毛柿的葉片也會被南部的原住民族摘取曬乾，充當菸葉享受，不過這可能已經是耆老們話當年的題材之一了。

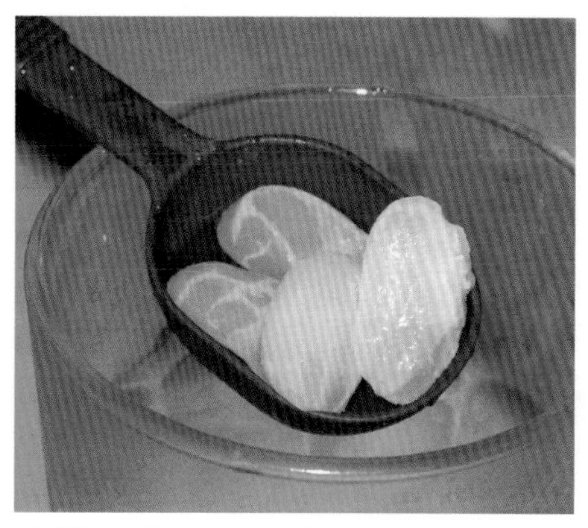

↑種仁可食，尤以未成熟果實者為佳。

↑紅熟的毛柿需將表面細毛搓掉，才可食用。

↑樹皮具有多條交錯的縱向皮孔。

↑未紅熟的果實表面密被刺絨毛，蒂處具有宿存的4枚圓形花萼。

薯豆

Elaeocarpus japonicus Sieb. & Zucc.

科　　名	杜英科Elaeocarpaceae
屬　　名	杜英屬
英 文 名	Japanese elaeocarpus
別　　名	牛屎烏、日本杜英、香菇柴

常綠喬木，葉薄革質，橢圓形或長橢圓形，先端漸尖，具鈍頭，葉基鈍至近圓形，表面光滑，上表面微具光澤，下表面具黑色腺點，邊緣疏鋸齒緣；葉柄先端略為膨大。總狀花序腋生，花梗微被毛，或漸無毛；花萼卵狀長橢圓形，先端銳尖，長橢圓形，微被毛。果卵形。

分布於中國、日本南部與琉球，台灣全島中、低海拔森林可見。在亞熱帶森林中，樹木多半爲常綠的類型，因此在台灣要看到深秋的紅葉景觀，恐怕得在秋冬氣溫較低或者寒流來臨時，才能在中、高海拔見到時令催促著葉色的轉變。然而，杜英科的植物平時就能利用宿存的紅葉點綴翠綠的亞熱帶森林，像是台灣中、低海拔可見的薯豆與杜英，彷彿像是自然彩妝師般，爲滿綠的森林點綴了片片紅葉。

除了森林的妝點外，昔日薯豆的木材也是作爲種植香菇用椴木的絕佳材料，由於種植出來的香菇品質良好，因此又有香菇柴的別名。

↑薯豆的葉片橢圓形，先端漸尖，簇生於枝條先端。

↑葉柄細長，兩端色深而膨大。

用　建

花期 1 2 3 **4** **5** **6** 7 8 9 10 11 12

杜英

Elaeocarpus sylvestris (Lour.) Poir.

科　　名	杜英科Elaeocarpaceae
屬　　名	杜英屬
英 文 名	Common elaeocarpus
別　　名	山橄欖、杜鶯、猴歡喜

常綠喬木。葉互生，紙質，長橢圓形或披針形至倒披針形，先端漸尖，具鈍頭，葉基銳尖至長漸狹，偶為廣銳尖，表面光滑，葉背具黑色腺點，邊緣齒緣。總狀花序腋生或於葉痕先端枝條抽出；花瓣5枚，三角形，先端裂成流蘇狀，基部內側被長柔毛，基部較狹。果橢圓形，兩端銳尖，種子表面具疣突。

←葉片長橢圓形至倒披針形，邊緣具鈍齒緣。

分布於中國南部、琉球與日本。在台灣中、低海拔森林中，薯豆與杜英是經常可見的中小型常綠喬木，不過薯豆的葉片常呈橢圓形，連著細長的葉柄懸掛在樹梢，而杜英的葉片多呈倒披針形，葉柄明顯較短，從枝條上斜生，可與薯豆相區分。開花時，杜英的白色花瓣邊緣綴著流蘇狀的花瓣裂片，薯豆則僅具全緣的花瓣，如此更能確認兩者的不同。

食　用

花期 1 2 3 4 **5 6 7 8** 9 10 11 12

↑杜英是台灣中、低海拔山區常見的落葉喬木。

杜英的果實外觀如同小橄欖，只要稍微醃製過，就能成爲美味的小零食，故又稱爲「山橄欖」，若有機會品嘗這天然的美食，也千萬別忘記仰賴野果維生的野生動物喔！

→花瓣邊緣的流蘇狀裂片，讓杜英的花有如精緻的紙雕作品。

→果實橢圓形。

茄苳

Bischofia javanica Blume

科　　名	大戟科Euphorbiaceae
屬　　名	重陽木屬
英 文 名	Autumn maple tree, Red cedar
別　　名	加冬、紅桐、秋楓樹、重陽木

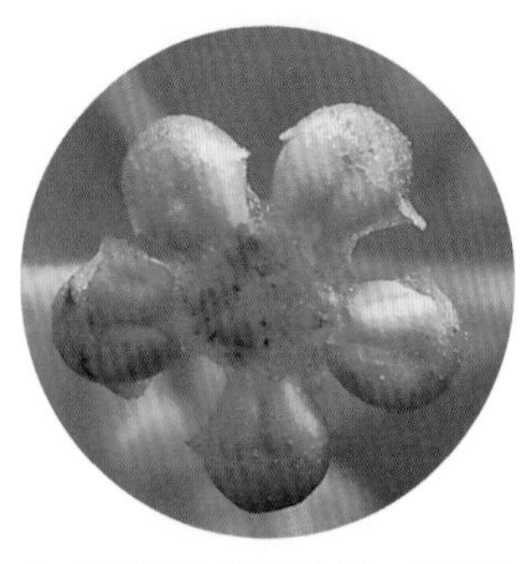
↑小花裡的每個雄蕊，都有1枚花被片呵護。

喬木，樹皮表面剝落狀，分支圓柱狀，光滑。三出複葉，小葉卵形或卵狀長橢圓形，先端尾狀尖突，葉基銳尖或鈍，邊緣鈍齒緣或鋸齒緣。雄圓錐花序具多數分支；雌圓錐花序疏鬆，分支較雄性者為少，偶退化為單純總狀花序。核果球形。

↑茄苳為平地常見的闊葉樹種。

廣泛分布於印度、馬來西亞、中國南部、琉球、玻里尼西亞、澳洲，台灣全島低至中海拔森林常見。茄苳是常見的闊葉樹種之一，其斑駁的樹皮、略爲革質的三出複葉，加上時常懸掛在樹梢的褐色果序，不論是在低海拔的山野，還是都會的行道樹列，都能輕易辨識出它。

茄苳的樹形渾圓而飽滿，加上秋冬時由綠轉紅的葉片，讓它成了廣爲栽培的園藝或行道樹。其木材略帶血紅色，能供薪柴、建材、木工、舟船等用途，而它的果實也能入菜。茄苳也是賽夏族人染苧麻時的染材之一；布農族則是用它來作爲杵；在卲族與

←花季時不起眼的雌蕊於秋天結出成串的果實。

花期 1 2 3 4 5 6 7 8 9 10 11 12

大戟科

↑冬末春初時，茄苳長出密生小花的圓錐花序。

撒奇萊雅族人的心中，更有無可取代的地位。相傳部族祖先爲了追捕大白鹿，發現了日月潭後決定遷居至此，便於珠山（拉魯島、光華島）上的茄苳樹下發誓，期待子孫如茄苳枝葉般茂密；而撒奇萊雅族人在原有部落被清兵強攻後，逃出的族人便在往日的茄苳樹林旁另闢家園，長期以來與阿美族人混居，直到2007年才被公告爲台灣原住民族之一。

↑新生的幼苗僅具單葉。

←果實褐色，先端仍留有宿存的雌蕊柱頭。

血桐

Macaranga tanarius (L.) Muell.-Arg.

科　名	大戟科Euphorbiaceae
屬　名	血桐屬
英文名	Macaranga
別　名	大冇樹、流血樹、面頭果、橙桐、橙欄

↑花序上無數的綠色小花由半圓形、邊緣細齒緣的苞片保護。

喬木，分支與小分支常被白粉。葉簇生於枝條先端，盾狀著生，廣卵形或三角狀鈍形，先端具銳尖突，邊緣全緣或具缺刻，葉背微被毛；葉柄與葉片近等長，被白粉。雄花序13～30cm長；雌花少數，叢生。蒴果2～3裂，革質，先端具小尖頭，表面具戟刺與腺點。

分布於南亞至澳洲，台灣全島低海拔次生林與灌叢內常見。森林的演替可分為裸化、遷移、建立、競爭、反應、安定相等六大階段，在演替初期時多半為陽性樹種，而這類的植物通常有小苗性喜陽光充足環境、生長快速等特性，也因為這些先鋒植物的開疆闢土，使得其他陰性植物得以進入到新的區域中生長，常見的種類有山黃麻、血桐、白匏子、野桐、蟲屎等植物，若要認識這些植物得到向陽區域尋找。

血桐的樹汁遇到空氣後會逐漸氧化成紅色，就像樹木受傷後滲出鮮血，因此稱為「血」桐。血桐的葉片圓形，先端鈍至銳尖，葉柄呈盾狀著生於葉片中部，極易與其他種類區分。其蒴果具2～3裂瓣，每一裂瓣中部具有2～3枚彎曲的棘刺，讓渾圓的蒴果有如外星生物般奇特。血桐除了可作為薪柴、

↑幼株的葉片先端漸尖，葉緣疏具齒緣。

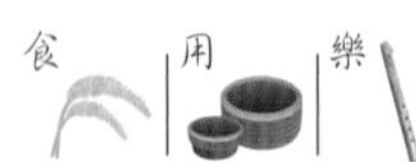

花期 1 2 3 **4 5 6 7 8** 9 10 11 12

↑即使抽出淺色的花序，血桐大而圓的盾狀葉片仍然顯眼。

木材外，它的葉片也能充當飼養羊或鹿的飼料；卑南族及排灣族人會利用血桐的葉片包裹山地粽一併蒸煮。

↑蒴果3瓣裂，果瓣表面具有長的肉質棘刺，先端仍留有宿存的雌蕊。

↑托葉三角形，葉柄脫落後葉痕處極易氧化呈紅色。

野桐

Mallotus japonicus (Thunb.) Muell.-Arg.

科　　名	大戟科Euphorbiaceae
屬　　名	野桐屬
英 文 名	Japanese mallotus
別　　名	大白匏仔、野梧桐

喬木，小分支、葉柄與穗狀花序被星狀毛。葉卵形至圓形，先端銳尖，上半部淺3裂，葉基近圓形或近心形，具三出脈，邊緣全緣或淺波狀緣；葉柄約與葉片等長。蒴果密被腺點與疏被棘刺；種子扁球形，黑色。

分布於中國南部與日本，台灣全島低海拔灌叢與次生林可見。許多大戟科灌木及喬木樹種的葉片基部具有腺點，能分泌蜜汁吸引螞蟻前來收集、取食，當其他動物前來取食或折取這些樹種的枝葉時，螞蟻們為了捍衛自己的食物便會啃咬外敵，這時大戟科的樹種就能藉此保留植株完整。不同大戟科樹種的葉基腺體外觀略有不同，野桐的葉片常為全緣的卵形葉片，葉基具有2枚扁平的腺點。野桐的花朵呈綠色而不顯眼，成串頂生於莖梢，一旦果期到來，便會看到一串串直立的果序，著生密密麻麻的蒴果及蒴果表面的棘刺。

↑葉片基部近葉柄處具2枚平坦的腺點。

↑未成熟的蒴果表面除了明顯的棘刺外，還有微小的星狀毛。

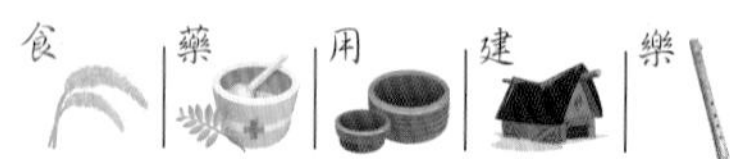

花期 1 2 3 4 5 6 7 8 9 10 11 12

大戟科

↑同樣是圓錐花序，野桐的雄花序清雅許多，雄花的雄蕊多數聚生，就像微小的彩球。

↑野桐的雌花序為長而被毛的柱頭所占據，主要是為了增加授粉的機會。

野桐除了木材的利用外，其葉片能充作牛羊的飼料；在泰雅族人祭祀時，能用來盛裝祭品；魯凱族人也會取它的葉片當作蒸煮食物的鍋蓋用。

↑蒴果成熟後3瓣裂，露出裡頭的黑色種子。

↑授粉成功後，轉而由子房表面的棘突布置果序。

白匏子

Mallotus paniculatus (Lam.) Muell.-Arg.

科　　名	大戟科Euphorbiaceae
屬　　名	野桐屬
英 文 名	Turn-in-the-wind
別　　名	白葉仔、穗花山桐

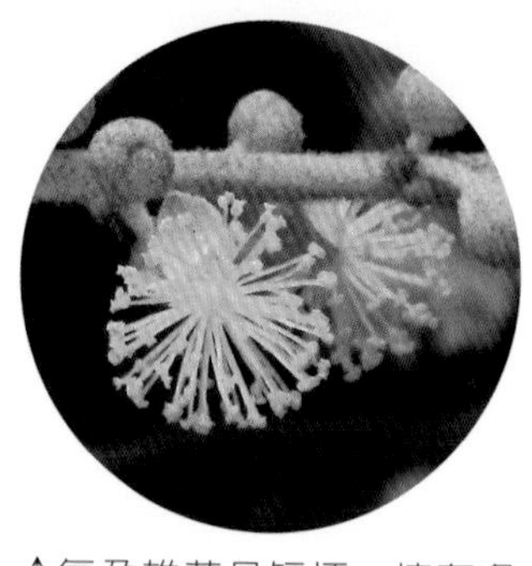

↑每朵雄花具短梗，擁有多枚雄蕊。

喬木，小分支、葉片下表面與花序被白色伏毛或蒼白絨毛。葉互生，菱卵形，先端具銳尖突起，全緣或偶3裂，葉基楔形，邊緣近全緣。蒴果3室，表面被絨毛及角狀小尖突。

分布於南亞至熱帶澳洲，台灣全島低海拔灌叢與次生林常見。白匏子的葉片菱卵形，葉片的邊緣常具3枚銳角，稀疏的枝條加上葉背白中帶褐的顏色，每當一陣山風吹過，原本翠綠的山坡一下子點綴了點點白斑，殊為奇景。雖然它的蒴果表面也有棘刺，但是果序排列較為鬆散，懸垂的分支排列成圓錐狀，因此易與相近物種區分。在台灣東南部尚有葉片5～7裂的「台灣白匏子」，葉形有如國外的楓葉般，頗為特別。

↑雄花序頂生於枝條先端，花序分支延長，且疏生雄花多數。

↑葉背粉白，暗綠的葉片一經清風吹拂，便瞬間翻白。

用　樂

花期 1 2 3 **4 5 6 7 8 9** 10 11 12

↑雌花序頂生於枝條先端，花序分支數目較少。

和血桐、野桐一樣，質輕而軟的木材廣受各民族使用，賽德克族與鄒族也會取白匏子的主幹當椴木使用；以往排灣族人會把白匏子的葉片懸掛在田邊，每當風吹時，葉片瞬間翻白的效果能嚇跑前來偷吃農作物的野豬。此外，據說只要白匏子的葉背不停的被風吹起，就表示即將變天，彷彿囑咐著上山的旅人留意天氣的變化。

相似種比較

↑台灣白匏子僅分布於東部與恆春半島，葉片寬卵形且側裂片較明顯。

↑蒴果表面具有多枚肉質棘刺。

蟲屎

Melanolepis multiglandulosa (Reinw.) Reich. F. & Zoll.

科　　名	大戟科Euphorbiaceae
屬　　名	蟲屎屬
英 文 名	Molucca mallotus
別　　名	白樹仔

灌木或小喬木，多少被細緻星狀毛及絨毛。葉大型，圓卵形，先端漸尖，葉基心形，偶深3～5裂，或具銳角齒緣或波狀緣，葉上表面於成熟後光滑，葉背疏被星狀毛。圓錐花序腋生於上部葉腋，花序表面密被星狀絨毛，花單性，雄花具雄蕊多數，雌花單生。蒴果球形，表面密被星狀柔毛。

廣布於熱帶亞洲，台灣全島常見於低至中海拔灌叢及次生林。蟲屎的植株與外觀都與同科的野桐相近，雖然蟲屎的花序與果序懸垂，果實表面僅被褐色的星狀毛，不像野桐具有疣突，然而兩者的花果期較短，無法由花果序以及蒴果的表面特徵協助判斷時，還真難區分這兩種大戟科灌木。不過，蟲屎用來吸引螞蟻大軍的葉基腺點只有1枚，隆起呈疣突狀，加上幼株的葉片多呈深裂狀，葉緣多具銳齒緣，有助於鑑別之用。

蟲屎的樹幹內常有鞘翅目昆蟲的幼蟲蛀食，在物資缺乏時，排灣族人也會找尋這些幼蟲取食。蟲屎的葉片也能充作蒸煮食物時的鍋蓋。

←蟲屎的成株具有卵形的單葉，葉緣疏具齒緣。

用

花期 1 2 **3** **4** **5** **6** 7 8 9 10 11 12

↑雄雌花混生的花序分支上，可見球狀的蒴果與滿是雄蕊的雄花

↑蟲屎的葉片基部具有單一的腺體，葉片疏被星狀毛。

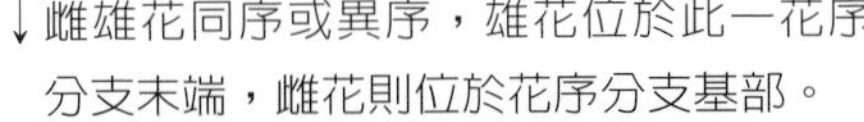

↓雌雄花同序或異序，雄花位於此一花序分支末端，雌花則位於花序分支基部。

↑雄花明顯具有4～5枚綠色的花被片，環繞著中央的雄蕊。

白桕

Sapium discolor Muell.-Arg.

科　　名	大戟科Euphorbiaceae
屬　　名	烏桕屬
英 文 名	Taiwan sapium, Taiwan tallow-tree
別　　名	山烏桕、山桕、冇拱

灌木或小喬木；分支纖細，表面光滑。葉長橢圓形或卵狀長橢圓形，先端漸尖或鈍，上表面綠色，下表面蒼白色或白色；葉柄先端具2枚腺體。總狀花序兩性。蒴果扁球形，成熟時黑色，種子宿存於果皮上；種子近球形。

分布於馬來西亞與中國南部，台灣全島中、低海拔森林邊緣開闊地偶見。在台灣，山野中可以觀察到的變色植物不只楓香或槭樹，薯豆、杜英與台灣欒樹在秋冬時期也會褪下綠色，將葉片換上沾染深秋氣息的黃色或紅色，爲翠綠的森林增添繽紛的色彩，而生長在森林邊緣的白桕與同屬的烏桕，同樣可以換上彩妝增添秋冬的色彩。撿拾深秋飄落的白桕落葉時，你可能會與白桕綻紅的葉片「四目相交」喔！不過這可不是它的葉片長了眼睛，而是它葉基晶瑩剔透的腺點，就向水汪汪的眼睛一樣注視著你。

白桕果實表面具有白色的臘，白臘與果實內的球形種子富含油脂，可以將其刮取下來作爲蠟燭用油；雖然果實表面的臘質和種子可榨出的油脂量較烏桕者爲少，不過相信在今日能源危機下，或許傳統的燃料植物能夠重返我們的日常生活，扮演新的舊時角色。除了果實與種子之外，布農族人則取其木材製成獵槍。

↑樹形開展成傘狀，冬天時葉片逐漸轉紅。

花期 1 2 3 4 5 6 7 8 9 10 11 12

↑白桕能在台灣的平地，創造冬季時滿樹的紅葉景觀。

↑花序直立於樹梢，先端為多數雄花。

↑未成熟的蒴果微具有3稜。

↑葉片長卵形，具有細長的葉柄。

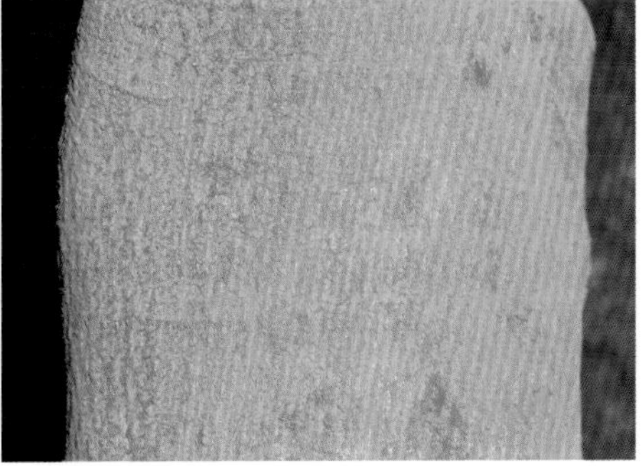

↑樹皮具淺而密的縱向細紋。

烏桕

Sapium sebiferum (L.) Roxb.

科　　名	大戟科Euphorbiaceae
屬　　名	烏桕屬
英 文 名	Chinese tallow-tree
別　　名	瓊仔

喬木，分支光滑，纖細，圓柱狀。葉膜質，菱卵形，先端短漸尖，葉基鈍，邊緣全緣，葉片基部具2枚明顯腺體。圓錐花序頂生，先端皆為雄性花，基部分支上具多朵雌花。蒴果近球形，黑色，先端具小尖頭；內含種子3～4枚。

原產中國南部，台灣全島路旁、村落或低海拔山坡可見，可能是從中國引進栽培。烏桕是台灣平地可見的喬木，略為粗壯的主幹表面具縱向皮孔，主幹頂端分出若干較細的分支，分支上懸掛著許多卵菱形綠色葉片，一陣風吹來就像是翱翔在藍天的風箏，隨著季節轉變，烏桕的葉片還會隨著秋風的吹送而轉紅，形成平野的紅葉景緻。

烏桕的葉片具有一對位於葉基且能分泌糖蜜的腺點，以讓辛勤工作的螞蟻們取食。夏天一到，分支先端會抽出黃色花序，不過這看似總狀的圓錐花序其花序先端是由許多密生於花序分支先端的微小雄花組成，在圓錐花序的基部，才是一朵朵能結出球形蒴果的雌花。隆冬之際成熟的黑色蒴果會開裂成3瓣，露出裡頭渾圓的白色種子。

烏桕的木材可作成船槳及杵臼等工具，也有人劈成木材以供買賣；另外種子表面富含的白色蠟質，可供製成肥皂或蠟燭使用。除此之外，烏桕也是蜂農眼中重要的蜜源植物之一。

↑葉片卵菱形，先端漸尖；蒴果球形微具3稜。

花期 1 2 3 **4** **5** **6** 7 8 9 10 **11** **12**

↑烏桕是早年自中國大陸引進，栽培於鄉村外的經濟作物。

↑花序懸垂於枝條先端，由許多單性花合生。

↑樹皮疏具淺皮孔。

千年桐

Vernicia montana (Wils.) Lour.

科　　名	大戟科Euphorbiaceae
屬　　名	千年桐屬
英文名	Mu-oil tree, South china wood oil tree, Wood oil tree
別　　名	木油桐、木油樹、五爪桐、廣東油桐、皺桐

大型落葉喬木，單葉互生，闊卵形，邊緣全緣或3～5淺裂，葉柄先端具2腺體。聚繖花序排列成圓錐狀，頂生於側枝先端；花單性，花瓣白色基部帶紅色或否。蒴果圓球形，先端具小尖突，表面具3稜，稜間表面具皺紋，3裂。

分布於中國，台灣中、北部及東部廣泛栽培後逸出。千年桐是高大的落葉喬木，每當碩大的掌狀裂葉落下時，徒留樹幹爲每一年冬季添增幾分蕭瑟；春天一到，吐芽的新葉伴隨著白色花朵，就是晚春時節的美景之一。千年桐的葉片基部截形，葉柄先端具有2枚突起腺體，有如陀螺停留在細窄的葉緣，而大如梧桐葉片表明了它大戟科植物的身分。許多大戟科的喬木具有寬大而掌裂的葉片，葉片基部也有發達的腺體或腺點，然而千年桐的果實卻與其他「桐」不同，3瓣開裂的蒴果表面光滑無毛，但具有許多皺褶，果皮就像是被搓揉過，與其他平整卻密被細毛或棘刺的「三年桐」、「血桐」、「野桐」大不相同。

千年桐於日治時期引進推廣栽培，藉此採收種實、榨取提煉桐油，以供國防工業利用，因此常可在山區的客家與原住民族山地見到成片的千年桐林，直到石化替代品興盛後，桐油無人收購，便無人經營管理，不過千年桐的種子能自行更新，因此族群量穩定，成爲台灣山野可見的歸化植物。近年來在政府與客家民族的包裝

↑葉片基部具2枚倒卵形突起腺體。

花期 1 2 3 4 5 6 7 8 9 10 11 12

↑桐油是早年重要的生產物資，使得千年桐成為中北部淺山村落旁的栽培樹種。

下，「油桐花」成爲客家意象之一，成片綻放的油桐花彷彿4月雪般沾染了山頭，成爲獨特的季節景觀。

↑樹皮具有長紡錘狀縱向淺裂皮孔。

→雌花略帶色彩的花瓣中央具有柱頭5裂的雌蕊1枚。

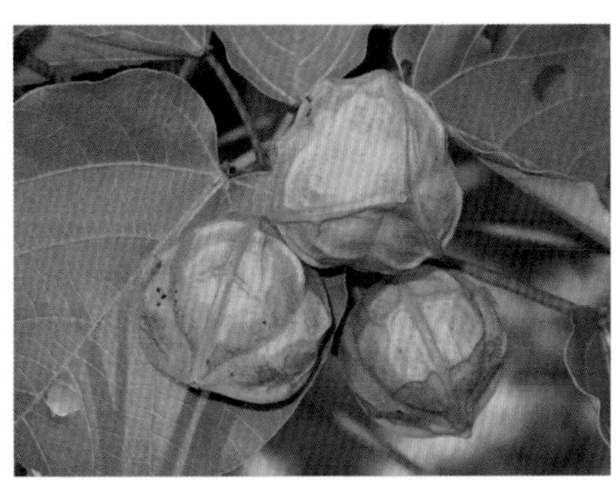

↑蒴果具3道縱脊，脊間具有許多皺紋。

赤皮

Cyclobalanopsis gilva (Blume) Oerst.

科　名	殼斗科Fagaceae
屬　名	椆屬

常綠喬木，樹皮深灰褐色，分支具黃褐色星狀毛。葉倒披針形至廣倒披針形，先端驟銳尖，葉基楔形，葉背密被黃色星狀毛，邊緣鋸齒緣；葉柄密被星狀毛。葇荑花序雄性者下垂，雄花花被片外表被毛，雌花包被於總苞中。殼斗杯狀，鱗片呈6～8輪同心圓排列，表面被褐色絨毛。堅果橢圓形，褐色。

分布於日本、中國、台灣北部及中部海拔250～1500m山區。許多人對於殼斗科植物的果實印象深刻，它就是松鼠每到秋天細心收藏的「戴著帽子的果實」，由於松鼠記性不佳，常常忘記埋藏在土壤裡頭的果實，使得果實就這樣發芽，成爲廣泛分布於溫帶至亞熱帶的樹種。殼斗科植物廣泛分布在台灣低至中海拔林地，許多樹名內含有「柯、櫧、櫟、栲」的樹種，指的就是在台灣森林中極爲優勢的殼斗科植物。它們爲雌雄異花的植物，雌花授粉後會結出大型的堅果，基部由膨大成杯狀的總苞 ── 「殼斗」包圍。殼斗的外觀隨著屬別不同而異，但都由許多鱗片狀的苞片組成，排列成同心圓狀。部分種類的殼斗表面被毛，有些殼斗的苞片則延長並反捲，甚至有些種類的殼斗苞片特化成刺狀，堅果不露出殼斗外，藉以保護它那營養而飽滿的堅果。

赤皮可作爲器具、農具的木柄或重結構材。鉋刀是木材加工時重要的工具，關係著加工出來的成品好壞，看過鉋刀的人一定會被鉋台暗褐色且堅硬的木材所吸引，而鉋台木材徑切面上寬廣之集合木質線所形成美麗而隆起之虎斑紋理更是吸引人們目光，這上好的鉋台木材首選就是赤皮。鉋台與被削木材接觸的平面稱爲誘導面，誘導面必須絕對平直，藉以確定鉋削面的平整，直接影響木材鉋削後的品質，由此可知赤皮的重要性。

→赤皮的堅果基部被半圓形的殼斗包被。

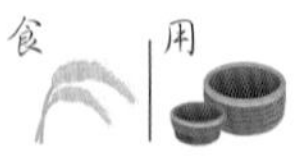

↑ 葉片長橢圓形至倒披針形，先端邊緣銳齒緣。

↑ 幼枝與幼葉葉柄密被褐色伏毛。

↑ 樹皮具有許多細而淺的縱向皮孔。

油葉石櫟

台灣特有種

Lithocarpus konishii Schottky

科　名	殼斗科Fagaceae
屬　名	石櫟屬
英文名	Konishi tanoak
別　名	小西氏石櫟、細葉杜仔、油葉杜仔

常綠喬木，具灰褐色樹皮，小分支纖細。葉片倒卵形，先端漸尖至尾狀，葉基楔形至鈍，先端鋸齒緣。雌花花被片6裂。殼斗無柄，淺盤狀，具捲曲、被絨毛的三角形鱗片。堅果扁圓形或半球形。

台灣中部與南部海拔500～700m可見，由於葉片具有油亮的光澤，因此將這種具有倒卵形葉片的樹種稱爲「油葉石櫟」。其實它的種小名konishii意指「小西氏」，是東京帝國大學教授早田文藏（B. Hayata）爲了紀念小西成章先生，以其姓氏爲種小名的台灣原生樹種。小西成章原任職於台中樟腦局，負責製腦與造林事業，後轉任職於林務課，爲台灣樟腦造林的奠基者之一。在台灣植物發現史上，小西成章最著名的貢獻莫過於1906年發現了台灣最高大的樹種，後由早田文藏所命名的新屬新種植物──台灣杉（*Taiwania cryptomerioides*）。

殼斗科植物的果實除了是人類的食物外，也受許多野生動物喜愛，因此在殼斗科植物附近容易聚集許多野生動物。殼斗科果實一端常呈錐狀，只要在原先戴著殼斗的一端插上根竹籤，就成了孩童遊戲的「戰鬥陀螺」。殼斗科的木材也有許多用途，除了一般用材外，其樹幹也是飼養蕈類時極佳的「椴木」用材。

↑油葉石櫟為台灣中部中、低海拔山區常見的樹種。

食　用　建

花期 1 2 **3 4 5 6 7** 8 9 10 11 12

↑堅果扁球形，殼斗由許多鱗片交疊，覆蓋堅果基部。

↑葉片卵形至倒卵形，葉尖漸尖呈長尾狀，葉基下延。

青剛櫟

Quercus glauca Oerst.

科　　名	殼斗科Fagaceae
屬　　名	櫟屬
英 文 名	Glaucous-leaf oak, Japanese Blue oak, Ring-cupped oak
別　　名	白校欑

↑青剛櫟的堅果微呈倒卵形，殼斗表面具同心圓細紋。

中型常綠喬木，樹皮綠褐色，分支略光滑。葉互生，倒卵狀長橢圓形至廣橢圓形，革質，先端尾狀漸尖，葉基銳尖，先端邊緣鋸齒緣，葉背蒼白，幼葉時被白色絲狀毛。雄性葇荑花序下垂，雄花與幼葉同時生長。雌花殼斗杯狀，外表被絲狀毛，鱗片排列成7～10輪同心圓；堅果長橢圓狀球形，先端銳尖。

↑葉片長橢圓形至橢圓形，近先端葉緣具銳齒緣。

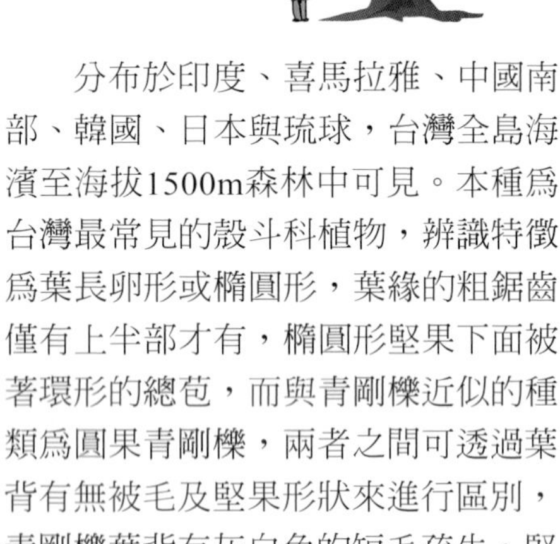

分布於印度、喜馬拉雅、中國南部、韓國、日本與琉球，台灣全島海濱至海拔1500m森林中可見。本種爲台灣最常見的殼斗科植物，辨識特徵爲葉長卵形或橢圓形，葉緣的粗鋸齒僅有上半部才有，橢圓形堅果下面被著環形的總苞，而與青剛櫟近似的種類爲圓果青剛櫟，兩者之間可透過葉背有無被毛及堅果形狀來進行區別，青剛櫟葉背有灰白色的短毛疏生，堅果橢圓形；圓果青剛櫟則葉背光滑，堅果爲圓形。

除了在堅果頂端插上牙籤成爲自製的陀螺外，台灣全島常見的青剛櫟，在太空包尚未引進前，常被用來作爲培養香菇的椴木；布農族人則利用其木材作爲獵具的槍托。此外，台灣原產的松露也與青剛櫟

花期 1 2 3 4 5 6 7 8 9 10 11 12

↑青剛櫟為台灣本島中、低海拔可見的喬木。

有關。台灣塊菌（*Tuber formosanum*）與屑塊菌（*T. furfuraceum*）這兩種台灣原生的松露菌爲國立台灣大學森林系 胡弘道教授所命名的蕈類，由於松露菌無法獨立於自然界中生存，必須和共生樹木生長在一起，由樹木提供蕈類生長的養分，松露菌協助宿主的根部吸收水分與礦物鹽，因此這兩種松露菌最早是在青剛櫟樹下的土壤中發現，雖然台灣也有松露菌，但因爲香氣並不濃郁，所以經濟價值不高。

↑春季可見青剛櫟懸垂的葇荑花序。

青剛櫟也是台灣特有哺乳動物台灣黑熊喜愛的食物之一，目前觀察到結果豐歉週期影響著台灣黑熊的出沒頻度。

狹葉櫟

Quercus stenophylloides Hayata

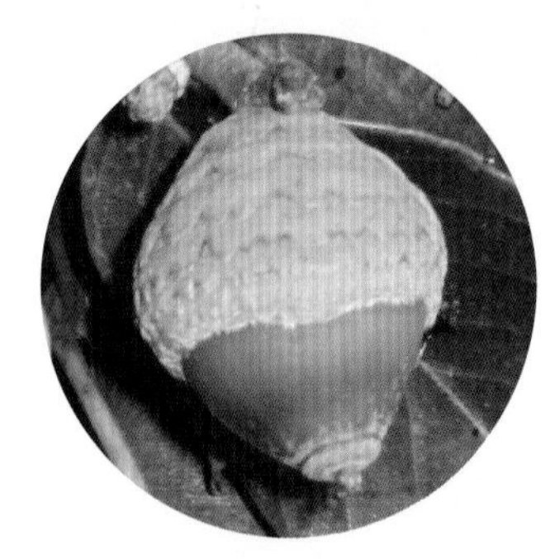

科　　名	殼斗科Fagaceae
屬　　名	櫟屬
英 文 名	Arishan oak
別　　名	狹葉高山櫟、台灣窄葉青岡

常綠喬木，小分支灰色，表面具皮孔。葉披針形至卵狀長橢圓形，先端漸尖，葉基銳尖至鈍，葉背灰白色、藍綠色或綠色，被毛，革質，邊緣棘齒緣。雄性葇荑花序；雌花花被片表面被毛。殼斗鱗片排列成8～9列同心圓，表面被絨毛，邊緣齒緣。堅果橢圓體。

↑狹葉櫟為中海拔山區常見的殼斗科樹種之一。

全島海拔900～2,600m山區可見。殼斗科同一屬的果實都很相似，而且變異不大，因此看到落果還必須要找落葉來觀察，才能認出它的身分，當然最好的方式是找出植物體，看看樹上的葉子。狹葉櫟特殊的地方在於葉鋸齒緣爲芒尖，葉背爲粉白色，葉背的側脈隆起，摸起來有如魚骨頭；此外，第一側脈皆直達葉緣也是它的鑑別特徵。

殼斗科植物的木材大多可作爲培養香菇的椴木用材，約莫50年前，野生菇及香菇是原住民部落對外換取金錢的經濟來源之一，1970年以前主要以採摘野生菇直接販售，隨後利用伐取椴木、穴植接種菌絲的方式培育香菇。狹葉櫟的樹幹便是早期採取野生菇的植物之一。

用　建

花期 1 2 3 4 5 6 7 8 9 10 11 12

↑雌花無柄，聚生於木質化的穗狀花序軸上。

↑葉片橢圓形，邊緣疏具芒齒緣。

↑堅果橢圓形，殼斗表面具多數同心圓紋，包被近一半的堅果基部。

栓皮櫟

Quercus variabilis Bl.

科　名	殼斗科Fagaceae
屬　名	櫟屬
英文名	Chinese cork oak
別　名	校力

落葉喬木，樹皮軟木質，幼枝近光滑。葉互生，長橢圓形至廣披針形，先端漸尖，葉基鈍至圓，具棘齒，葉背灰白色被有絨毛。雄性葇荑花序下垂，雌花單生或數朵簇生。殼斗杯狀，鱗片針狀，離生，展開，多少反捲。堅果橢圓形或偶球形，約1／2被殼斗包圍，表面光滑。

↑葉背粉白，葉緣具芒齒緣。

分布於中國大陸、韓國與日本南部，台灣全島海拔600～1800m闊葉林內混生或形成純林。栓皮櫟的樹皮具有厚而發達的木栓層，因而得名。其實栓皮櫟的葉片極爲特殊，在邊緣具有明顯的棘齒緣，葉背明顯灰白色，結果時殼斗表面的鱗片明顯反捲，即使堅果掉落地面時早已與殼斗分離，仍吸引許多遊客前來撿拾收藏。

殼斗科植物的堅果不僅可以食用，其木材容易取得，質地適合生長的特性，使得像栓皮櫟這樣常見的樹種，容易成爲各民族日常取用的木材來源之一。

←堅果近照。

花期 1 2 3 4 5 6 7 8 9 10 11 12

↑栓皮櫟的黃葉充滿深秋時節的氣息。

↑雌花外的鱗片革質且反捲。

↑栓皮櫟的樹皮具細縱向深皮孔，樹皮表面具多數皺紋。

楓香

Liquidambar formosana Hance

科　　名	金縷梅科Hamamelidaceae
屬　　名	楓香屬
英 文 名	Formosan sweet gum, Fragrant maple
別　　名	香楓、楓仔樹、楓樹

↑夏天翠綠的葉片下，躲著多朵雌花合生而成的球狀果穗。

大型喬木，樹皮皮孔網格狀。三出裂葉單生，互生，葉基心形至截形，裂片廣卵形，先端漸尖或窄漸尖，鋸齒緣，全株光滑或幼株被毛。花單性，雄花聚生成總狀花序，雌花聚生成單一球狀花序。果由蒴果、楔形鱗片與纖細而宿存的花柱聚合成一具棘刺球形。

分布於中國南部，台灣全島次生林或溪畔可見，尤以中部海拔900～2000m者爲最。深秋來到台灣中部的奧萬大「賞楓」是許多人的共同回憶，只是在奧萬大賞的可不是槭樹科（Aceraceae）的紅色楓葉，而是金縷梅科的楓香黃葉。楓香廣布於台灣全島，只要冬天一來，即使是南台灣的個體葉片都會轉黃。楓香的果實是由許多蒴果組合而成的聚合果，成熟後會連同總梗一起掉落地面，躲藏在深厚的黃葉堆中，靜靜地化作幼苗成長的養分。楓香屬植物的樹汁豐富，只要樹皮受傷後，便會流出一股透黃的樹汁，就像液態的琥珀般，因此本屬的學名便是由液體（liquid）及琥珀（ambar）組成。

↑雄花序位於枝條先端，雌花序則腋生於近基部。

楓香除了是許多民族的歲時植物外，它的莖幹也頗具用途。雖然質地較軟，楓香的樹幹卻是栽培香菇、木耳時所需的椴木極佳用材，在太空包

用　樂

花期 1 2 3 4 5 6 7 8 9 10 11 12

↑楓香的葉片會在深秋時節由綠轉黃。

還沒盛行的年代，楓香是養菇業者所需椴木的主要來源。台灣的香菇栽培產業曾於台中霧峰一帶風行，隨著人力成本提升、產業外移，今日僅存零星的栽培戶進行栽培。

↑樹皮具短而頗深的縱向皮孔。

相似種比較

↑春季的青楓抽出近繖形的花序。

↑青楓的翅果具兩片薄翼，正準備乘風翱翔。

樟樹

Cinnamomum camphora (L.) Presl

科　　名	樟科Lauraceae
屬　　名	樟屬
英 文 名	Camphor tree, Camphor wood
別　　名	本樟、油樟、芳樟、栳樟、烏樟、樟

↑成熟後果實轉為黑色，表面具光澤。

常綠喬木，具樟腦香，樹皮具深溝；葉芽卵形，被毛。葉互生，紙質，廣卵形至橢圓形，先端銳尖至漸尖，葉基鈍，全緣至波狀緣，深綠色，葉表面光滑具光澤，下表面灰白色，具3主脈，小脈網狀，於兩面不明顯。圓錐花序腋生，花瓣6，黃綠色。漿果扁球形。

↑春季是樟樹抽出聚繖花序的季節。

廣泛分布於中國、日本、琉球與越南，以往大量生長於台灣北部低地至海拔1200m，或南部低地至海拔1800m山區，近年來廣泛栽培於平野。樟樹是華人常用的樹種，以往認爲其木理多紋章，所以爲「樟」木，但是現今的考究則認爲樟木具有濃厚的氣味，因此「樟」字應通「獐、麞」，取其有香氣之意。樟樹的葉片搓揉後，會散發出刺鼻的樟腦味，加上油亮的葉表與稀疏的三出脈，極爲容易辨識。然而許多栽種的樟樹都已是高大的行道樹，無法摘到高掛樹梢的枝葉，這時樹皮「明顯的縱紋，且縱紋間具有橫隔紋」就成了樟樹的辨識重點。

花期 1 2 3 4 5 6 7 8 9 10 11 12

↑樟樹微小的白花中兼具花絲較長的可稔雄蕊，與花絲較短的不稔雄蕊。

↑樟樹的葉片橢圓形，邊緣波狀緣，具有明顯的離基三出脈。

↑樟樹的果實長在略為膨大的果托上。

以往台灣平野及淺山區生長大量的樟樹，其木材細緻且富含精油，不易被蟲蛀食，因此台灣本島各民族皆取用作爲建材、家具、日常用品及飾品雕刻用材，樟木更能經過蒸煮、冷卻後提煉樟腦油，以往北部許多漢人聚落、河港皆有買賣樟腦，至清末時台灣北部的茶業與樟腦收益已超越南部的糖業，導致經濟重心北移、台北設府。日治時期樟腦事業納入專賣，至太平洋戰爭爆發爲止，每年產銷達500萬公斤，台灣因此成爲當時世界樟腦的最大產地。然而，清代以來平野的樟樹逐漸採伐，漢人領域內的樟木數量減少，因此便轉往臨近山區，也就是原住民的活動範圍開發，導致原漢衝突，現今許多郊山可見的「隘勇線」，即爲當時的時代產物；日治時期更有爲了爭奪樟腦利益，導致原住民集體遷村的紀錄。

↑樟樹樹皮的皮孔發達。

土肉桂

Cinnamomum osmophloeum Kanehira

科　　名	樟科Lauraceae
屬　　名	樟屬
英 文 名	Odour-bark cinnamon, Indigenous cinnamon tree
別　　名	台灣土玉桂、假肉桂

中型常綠喬木，樹皮與葉具樟腦味，小分支光滑。葉對生或互生，卵形至卵狀橢圓形，先端銳尖至漸尖，基部鈍形至圓形，表面光滑，葉背灰白，具三出脈。聚繖花序，頂生或腋生，花少數，長橢圓形花被6枚，先端鈍形，被面被氈毛。核果橢圓形。

泛分布於全島中北部中、低海拔闊葉林。土肉桂的外觀與台灣早期引進，現已廣泛種植並逸出的同屬植物陰香（*C. burmannii*）相近，然而，土肉桂的葉背灰白色，小枝常綠色，且宿存花被片先端鈍形，而陰香的葉背綠色，小枝紅色，宿存花被片先端截形，可供區隔。

著名的香料「肉桂」，即是採用樟屬植物的樹皮烘製、研磨而成；土肉桂也是如此，經過研磨後，土肉桂的樹皮、葉片與樹根都能作爲香料使用，經由農會的輔導，目前已轉型爲特色商品加以販售。此外，以往賽夏族人將土肉桂的根部熬煮後，用來治療內傷；唯孕婦不能食用，以免造成流產的悲劇發生。

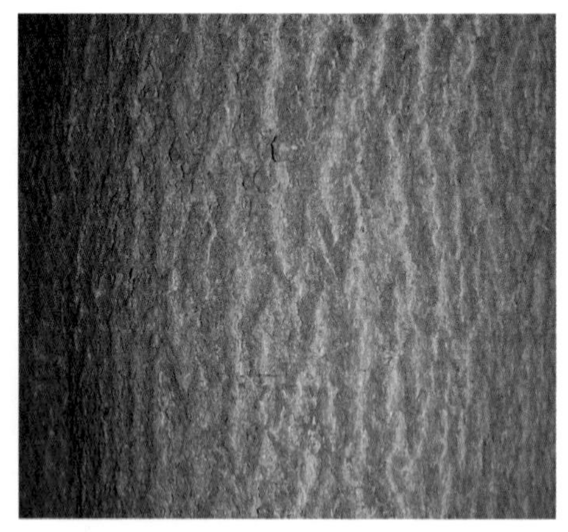

↑樹皮具多數短而交錯的縱向細淺皮孔。

←土肉桂的精油具香氣。

食  藥 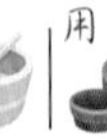 用 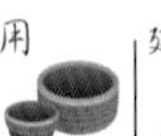 建 

花期 1 2 **3** **4** **5** **6** 7 8 9 10 11 12

↑花朵具4輪雄蕊，其中2輪可稔，能散出可萌發的花粉。

↑葉片革質，具明顯的離基三出脈。

相似種比較

↑陰香是偶見的栽培樹種，新生枝條略帶紅褐色。

↑陰香聚繖花序的花朵同樣具有兩輪可稔雄蕊。

山胡椒

Litsea cubeba (Lour.) Persoon

科　　名	樟科Lauraceae
屬　　名	木薑子屬
英 文 名	Aromatic litsea
別　　名	山蒼樹、山雞椒、畢澄茄

落葉小灌木或喬木具香味，小分支光滑。葉紙質，披針形，新鮮時綠色，表面光滑，先端漸尖，葉基銳尖至鈍；葉柄表面光滑。繖形花序具4～5朵花，花腋生。總苞苞片4，凹陷，先端圓，表面光滑；花單性，雄花花瓣6，具退化子房。果球形，具薑香味，黑色。

↑春天山野裡的山胡椒，可不比其他觀花樹種遜色。

分布於中國中南部、馬來西亞、印度與爪哇，台灣中至高海拔闊葉林內可見，零星分布於田野及林地間。山胡椒爲落葉性的小型灌木，葉片披針形，互生於枝條上；冬末春初開花時，由於老葉已隨著寒冬凋落，新葉正吐出綠芽，因此樹梢只見一粒粒總苞苞片所包成的圓球，裡頭藏著4～5朵白色小花。

山胡椒的泰雅族語爲「馬告」，與土肉桂是當紅的原住民香料，作法是將山胡椒的果實直接加入食物中增添風味，受到許多中北部原住民族的採用。

花期 1 2 3 4 5 6 7 8 9 10 11 12

↑搶著綻放的白色花朵，比枝梢嫩葉提早迎接春天。

↑乾燥後的果實可充當調味料，也就是泰雅族人口中的「馬告」。

↑樹皮具有細緻的點紋。

大葉楠

Machilus japonica Sieb. & Zucc. var. *kusanoi* (Hayata) C. J. Liao

科　名	樟科Lauraceae
屬　名	楨楠屬

大型常綠喬木，樹皮灰色，小分支粗壯；鱗芽反捲。葉廣卵狀倒披針形，革質，先端銳尖至短尾尖，小尖頭鈍，葉基楔形，全緣且微反捲，上表面光滑具光澤；葉柄粗壯；幼葉與苞片紅色。聚繖狀圓錐花序頂生或近頂生，表面光滑。果扁球形，具宿存而反捲的膨大花被。

分布於台灣全島低地至海拔1400m闊葉林中，果實於8～9月間成熟。顧名思義，可知大葉楠的葉片在台灣產本屬植物中較爲大型。一般楨楠屬植物開花後，開花枝的葉片便不再增長，但是大葉楠的葉片還會繼續長大2～3倍，長可達26cm，寬可達8.4cm，因此大葉楠與其他台灣產楨楠屬植物相比，葉片格外巨大。大葉楠、紅楠、香楠和假長葉楠通皆稱爲楠木，「楠」是生長在廣西、廣東、貴州、雲南等地的樟科樹種，相對於「中原」而言，楠木爲「南方之木」，因此該名稱從南。以中原人士來說，對於楠木的利用較晚，直到中原人向南方遷移才發現此類樹種。台灣分布有多種原生的樟科楨楠屬植物，這些種類的

↑葉片倒披針形至長橢圓形，簇生於枝條先端。

花期 1 2 3 4 5 6 7 8 9 10 11 12

↑大葉楠是台灣全島低海拔山區常見的闊葉樹種。

成熟果實下方沒有膨大的果托，卻留有6片宿存的反捲花被片；楨楠屬植物的葉芽十分明顯，芽外具有許多葉狀苞片保護著幼嫩的稚芽，稱爲「芽苞」；雖然楨楠屬成員的外形變化多端，但是憑藉芽苞與果實的特徵，一眼就能分辨出本屬成員。

楠木的樹皮皆含有大量的黏液質，其成分包括多種醣類與葡萄醛酸，在魯凱族有天然味精的稱號，是煮菜煲湯的最佳佐料，用來烤肉則別有一番滋味。賽德克族則將其嫩葉作爲調味料或動物飼料，樹幹則是良好的建材。

↑開花時可見壯觀的黃色花海。

豬腳楠

Machilus thunbergii Sieb. & Zucc.

科　　名	樟科Lauraceae
屬　　名	楨楠屬
別　　名	紅楠、鼻涕楠

大型常綠喬木，小分支圓柱狀，乾燥後紅褐色；鱗芽鱗片覆瓦狀，外表被金褐色毛，幼葉紅色。葉長倒卵形、廣橢圓形、長橢圓形、倒卵狀披針形至倒披針形，厚革質，先端鈍或具驟尖突，葉基楔形、銳尖或鈍。聚繖狀圓錐花序頂生或近頂生。果扁球形，表面光滑，基部具宿存反捲並膨大花被。

分布於中國、日本、琉球與韓國南部，台灣全島開闊低地至海拔2100m山區可見。豬腳楠的新芽外圍有著淡粉紅色的葉狀苞片保護，當新葉長出來時，淡粉紅色的苞片就會掉落，此時是豬腳楠最美的時刻。可是豬腳楠的葉片形態多變，總有許多姿態讓人錯亂，一旦苞片落盡，要認識它就不是一件容易的事情，好在豬腳楠的花序及花被光滑或近光滑，結果時果枝帶有紅色，可與其他台灣產楨楠屬成員相區別。

楠木的樹皮含有大量的黏液質，其成分包括多種醣類與葡萄醛酸，若是將豬腳楠的嫩枝折斷，濃稠而富黏性的樹汁立刻湧出，不只像是豬腳內豐富的膠質，也有人戲稱像是吵著吃豬腳的小孩嘴裡留出來的口水、鼻涕。若是將豬腳楠的樹皮磨成粉，也能作爲「楠仔粉」，成爲製作傳統線香或蚊香時的黏著劑。

↑葉片橢圓形，葉基下延至葉柄。

花期 1 2 3 4 5 6 7 8 9 10 11 12

↑豬腳楠鮮豔的果梗，似乎比翠綠的葉片搶眼。

↑花序由紅嫩的苞片與老葉中抽出，由許多青綠的花朵組成。

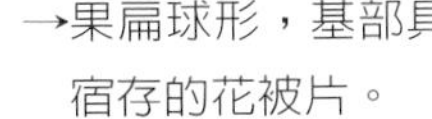

→果扁球形，基部具宿存的花被片。

香楠

Machilus zuihoensis Hayata

科　名	樟科Lauraceae
屬　名	楨楠屬
別　名	瑞芳楠

中型常綠喬木，小分支具皮孔，被毛；鱗芽鱗片呈覆瓦狀排列，光滑或被黃褐色柔毛。葉互生，長橢圓狀倒披針形、長橢圓形至倒披針形，先端銳尖至漸尖後鈍頭，基部銳尖至鈍形，下表面灰綠色，略被毛。聚繖狀圓錐花序，花序被毛。漿果扁球形，黑色，為宿存的6枚反捲花瓣包圍，果梗淺紅色。

分布於台灣北部低海拔及中南部中海拔一帶，它的種小名「*zuihoensis*」爲台北瑞芳所產的意思，故又稱「瑞芳楠」，乃是因模式標本採自於瑞芳地區之故。

本種木材細緻，樹皮具黏性爲製作線香的材料，故稱爲「香楠」，若將樹皮磨成粉就是著名的線香黏料「楠仔粉」，而將其幼枝和嫩葉浸水後產生的黏質則是造紙的黏料。

↑圓錐狀聚繖花序腋生於葉間，開出青白色的花朵。

←香楠的葉片倒卵形，葉背略為蒼白。

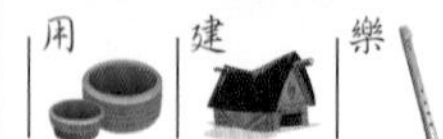

花期 1 2 3 4 5 6 7 8 9 10 11 12

樟科

九芎

Lagerstroemia subcostata Koehne

科　　名	千屈菜科Lythraceae
屬　　名	紫薇屬
英 文 名	Subcostate crape myrtle
別　　名	小果紫薇、拘那花

大型落葉喬木，樹皮光滑且斑狀剝落。葉近無柄或具極短柄，膜質，長橢圓形至卵形，先端漸尖，葉光滑或葉背微被毛。花紫色或白色，集生成頂生圓錐花序，花序軸被毛；花萼5裂；花瓣6，爪狀，邊緣波狀，花瓣梗與裂片等長或稍長；雄蕊多數。蒴果橢圓形，縱裂成3～6瓣；種子具翼。

分布於中國中部與琉球，台灣全島中、低海拔森林常見。九芎是台灣平野極爲常見的樹種，樹皮光滑且易剝落，使得新舊樹皮並陳，樹幹表面具有淺黃色至褐色的斑紋，極易自樹叢中發現，而光滑的樹皮也讓它有「猴不爬」的稱號。九芎的花瓣圓形，基部由纖細的柄連接於花梗先端；雄蕊具有長短兩型，中央12～14枚較短，外圍者5～6枚較長，花絲纖細且彎曲，並與雌蕊位置相近。結果時橢圓形的蒴果密生於果序上，開裂後散出一端具薄翼的種子，隨風飄落。

九芎的樹幹質硬，然而主幹容易彎曲，不適合作爲建築之用，卻極爲適用於用具的雕刻，加上木材採伐後水分較少，較其他種類爲乾，因此成爲台灣各民族廣泛利用的薪柴來源。九芎的葉片能在布料上染出黃褐色，成爲許多近山居民的染料之一。隆冬時節，九芎樹上的葉片掉落，徒留稀疏的枯枝，但只要春天一到，葉片即抽出新芽，如此明顯的物候特徵，使它也成爲排灣族、賽夏族及卑南族的歲時植物。

↑九芎是台灣常見的樹種，會隨著季節更迭而落葉。

↑花朵具有圓形具波狀緣的花瓣。

↑橢圓形的葉片成對或互生於小枝上。

↑蒴果瓣裂，隨風四散具翅的種子。

↑圓錐花序於盛夏時節與大家見面。

↑時常脫落的樹皮讓樹幹常保光滑。

棋盤腳樹

Barringtonia asiatica (L.) Kurz.

科　　名	玉蕊科Lecythidaceae
屬　　名	棋盤腳樹屬
英 文 名	Indian barringtonia
別　　名	濱玉蕊

中型喬木，分支粗壯。葉無柄，倒卵形、長橢圓形或披針形，葉基常圓截形，先端鈍、寬圓形、微具缺刻或多少漸尖，全緣，革質，光滑具光澤；較大葉片長互生於較小者。總狀花序2～3列，花瓣廣卵形，白色，花絲及花柱白色，先端帶紅色。果廣錐形，先端鈍，具4稜，具厚果皮，褐色。

廣布於舊世界熱帶地區，台灣南部及蘭嶼海濱具大型成株。棋盤腳樹的果實碩大，外表具明顯4稜，懸掛於樹梢時呈倒錐狀，有如傳統「西洋棋」桌腳，因此得到棋盤腳樹的名稱。生長在海濱的它，果實表面富含蠟質，裡面的果肉膨鬆且富含纖維，有如氣墊般包圍著中央的果核與種子，使得果實能順著海流飄到遙遠的國度落腳生根；沖上岸的果實其表面蠟質早已功成身退，因而讓裡頭的種子得以萌發。雖然台灣北部與西部沙灘偶爾也能撿到這樣的碩大果實，但這些種子卻無法順利成長，只能在台灣南端的恆春半島與蘭嶼看到它壯碩的成株。或許是棋盤腳樹模樣過於可愛，許多造訪墾丁的遊客都會撿拾果實或種子栽種在自家庭院中，使得恆春半島的海岸林內缺乏幼苗，面臨更新不良的問題。

↑棋盤腳樹的果實有如西洋棋桌的桌腳，因而得名。

同樣的問題在蘭嶼卻未發生，由於傳統達悟族人嚴禁遊客攜帶棋盤腳

樂

花期 1 2 3 4 **5 6 7 8 9 10** 11 12

↑棋盤腳樹的倒卵形葉片簇生於枝條先端。

樹果實與枝葉回村落及住家四周，在前往蘭嶼的學者和遊客口耳相傳下早已成為現今訪客心中的共識與默契，因此蘭嶼海濱仍有自然更新的幼株。

↑外表被有防水的蠟質以及海綿質的果皮，才能讓中央的種子順著海流搶灘成功。

↑搶灘成功的小苗冒出稚嫩的新葉。

水茄苳

Barringtonia racemosa (L.) Blume ex DC.

科　　名	玉蕊科Lecythidaceae
屬　　名	棋盤腳樹屬
英 文 名	Small-leafed barringtonia
別　　名	玉蕊、細葉棋盤腳樹、穗花棋盤腳

↑果實具4稜。

小型喬木。分支粗壯，灰褐色。葉長橢圓形至倒卵形，葉基鈍至圓，先端短漸尖。總狀或穗狀花序，頂生或腋生於葉片早落的葉腋。花瓣長橢圓形，先端鈍，綠色或淺玫瑰色，邊緣反捲且呈淺粉紅色，花絲紅色，先端白色。果卵形至長橢圓形，窄於長的一半，具4鈍稜。

↑水茄苳又名「穗花棋盤腳」，具有長而懸垂的花序軸。

舊世界熱帶地區，台灣少量生長於北部及南部海濱。水茄苳與大型熱帶海漂植物——棋盤腳樹同樣具有膨大且耐水浸泡的果實。不過，水茄苳的果實比雞蛋還小，因而比不上碩大的棋盤腳果。水茄苳與棋盤腳樹的花形類似，也都在黃昏時展開，於晴朗的夜間綻放，直到次日清晨凋謝，因此白天在樹下只能看到花瓣連同長如細絲的雄蕊，靜靜地躺在地表，遙對樹上的花苞。

水茄苳的花序懸垂，花朵成串地開在花序軸上，與棋盤腳樹往上展開的短總狀花序不同。此外，兩者的生育環境也有差異，棋盤腳樹生長在溫暖

花期 1 2 3 4 5 6 7 8 9 10 11 12

↑水茄苳是北部與東北部平原或沼澤地原生的矮小喬木。

的南部及綠島、蘭嶼等地，生育地是較爲乾燥的礁岩灘地、沙灘地或海岸林內；水茄苳以往雖然也紀錄於台灣南部，現僅分布於台北盆地與北海岸、東北角的河口泥灘地或近海河岸，生育地較爲潮溼。

現今宜蘭平原內並未尋獲水茄苳的野生族群，然而從出土的噶瑪蘭人遺址中得知，水茄苳的主幹曾作爲當地聚落家屋的支柱，也曾作爲門板雕刻的材料，間接證實水茄苳曾經生長在宜蘭平原。

→水茄苳具有狹長的倒卵形至倒披針形葉片，是台灣北部海濱淡水溼地可見的小喬木。

相思樹

Acacia confusa Merr.

科　　名	豆科Leguminosae
屬　　名	相思樹屬
英文名	Taiwan acacia
別　　名	相思仔、洋桂花

常綠喬木。真葉於發芽或枝條折斷時新生枝條出現，後旋枯萎。假葉無柄，互生，革質，扁平，披針狀鐮形，兩端漸狹，具3～5平行脈。花聚生成單一頂生金黃色頭花。莢果彎曲，具隔，先端銳尖，內含7～8枚黑色種子。

分布於菲律賓北部，台灣全島廣布，常見於次生林與荒地中。相思樹是台灣極為常見的低海拔樹種，長著與一般豆科植物不同的「葉片」，其實那線狀鐮形的綠色葉片是「葉柄」特化而來，代替眞正的葉片行光合作用；這樣的特性也能在桃金孃科的外來景觀樹種「白千層（*Melaleuca leucadendra*）」發現，這功能上取代葉片的構造稱為「假葉（phyllodia）」。那麼相思樹「眞正」的葉片呢？它眞正的葉片為一回羽狀複葉，由長橢圓形的小葉組成，可惜相思樹眞正的葉片只在種子發芽時，或是樹幹折斷後萌蘖生長時才會現身。相思樹屬於豆科的含羞草亞科，花朵簇生成迷你的球狀，雖然全年可見，但各地族群開花的時間有所不同。

雖說是「假葉」，但它可是有獨特的功能喔！南部農家缺少堆肥時，會到相思樹林下收集大量假葉以供製作落葉堆肥，甚至貼補家用。由於相思樹木材質地堅硬，加上適應力強、生長快速，因此極為適合燒製成木炭，過去各民族皆有採伐相思樹為薪柴、燒製木炭的傳統，並可製成後交易買賣。由於相思樹極易栽種、生長，因此以往大量自恆春半島移植幼苗，於台灣各地低海拔林木伐跡地、林班地或山坡地廣泛造林；日籍學者鹿野忠雄甚至認為相思樹可能是排灣族遷入台灣時攜入後種植。這樣的說法似乎極有可能，因為以往排灣族人

食　用　建　樂

花期 1 2 3 4 5 6 7 8 9 10 11 12

↑黃色的簇生花序是由許多微小的花朵組成。

的確有圈地進行林木管理、定期輪伐的概念，因此極有可能攜帶適當樹種遷移。除此之外，相思樹的樹皮極易剝下，曾被恆春地區的排灣族人製成樹皮衣。相思樹具有許多豆科植物都有的祕密武器「根瘤」，根瘤裡面的根瘤菌能固定大氣中的「氮」元素，讓相思樹合成生長所需的胺基酸、蛋白質，就向自己設置了肥料工廠一般，因此有足夠營養適應不同的土壤環境。看準這一點，以往排灣族人會在耕種後的旱田栽種相思樹，不僅未來有薪材能採收，採收後還能獲得一畝良田，繼續耕種。

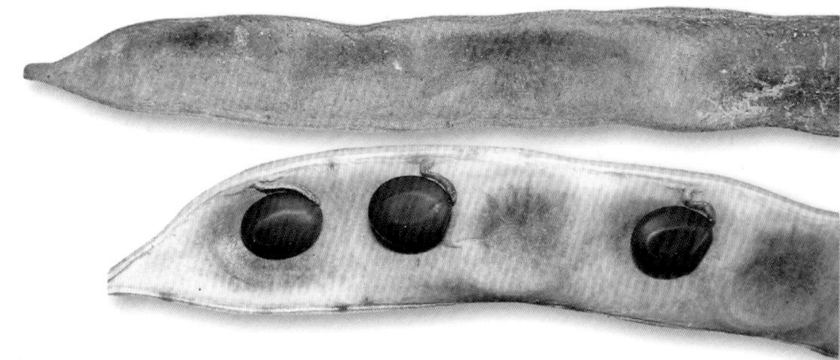

↑莢果內具多枚深褐色種子。

↑莢果節間明顯膨大，表面光滑。

↑老樹的樹皮斑駁，具不規則皮孔。

↑相思樹能耐強風，因此常作為風衝林地的主要樹種。

刺桐

Erythrina variegata L.

科　名	豆科Leguminosae
屬　名	刺桐屬
英文名	Indian coral tree, Tiger' s claw
別　名	梯枯、雞公樹

↑雄蕊的基部合生，環繞中央的雌蕊；雄蕊外的龍骨瓣與翼瓣短小。

大型落葉喬木，主幹樹皮光滑，表面具縱向紋路，分支常具棘刺。三出複葉；小葉膜質，頂生小葉圓菱形，先端具小尖頭，葉基圓或截形；葉柄偶具棘刺。假總狀花序頂生於側枝先端，花萼鐘狀，蝶形花冠狹長，紅色。

熱帶亞洲至玻里尼西亞廣布，台灣南部及蘭嶼、小琉球海拔50m以下地區可見。刺桐的樹形圓，主幹挺拔而光滑，深綠的葉叢中會抽出鮮紅色，有如雞冠般的蝶形花叢，因此成為不少公園綠地內大量栽培的景觀樹種，也是許多地區的「老樹」樹種。除了賞花外，尚有葉脈四周具黃斑

↑刺桐的小枝表面被刺，故名「刺桐」。

↑刺桐的主幹常被東台灣的原住民族製成蒸籠。

花期 1 2 3 4 5 6 7 8 9 10 11 12

豆科

↑總狀花序頂生於側枝先端，花朵聚生成圓錐狀。

的變種「黃脈刺桐（*E. variegata* var. *orientalis*）」可供觀葉用。然而，大量且密集栽培的結果引發了嚴重蟲害。2005年，台灣南部遭受刺桐釉小蜂（*Quadrastichus erythrinae*）的入侵危害，造成新生的嫩幼組織染病生成蟲癭，新生的花葉無法生成，嚴重者甚至導致植株死亡。

由於扦插容易，刺桐也被栽種為達悟族、排灣族田邊的綠籬。刺桐開

↑以往刺桐的木材可製成盾，以供防禦之用。

相似種比較

↑珊瑚刺桐的花期長，開花性佳，極早便引進供景觀用。

↑近年來受到刺桐釉小蜂的寄生，刺桐無法順利開花。

花是許多民族歲時記事的季節指標之一，也是一年開始的象徵，特別是對生活在南部的各民族；花開的春季，是西拉雅族男女共同出遊的時節，是達悟族與噶瑪蘭族飛魚季開始的指標，是卑南族人種地瓜的時機。這項利用生物性指標反應整體環境變化，藉由生物自然現象判斷季節及耕種時機的方式，充分展現前人的生活體驗和與大自然共存共榮的哲學。

↑雞冠刺桐開花時旗瓣朝下，與其他同屬樹種不同。

↑火炬刺桐的花序軸直立，於初春時亮相。

台灣烏心石

台灣特有種

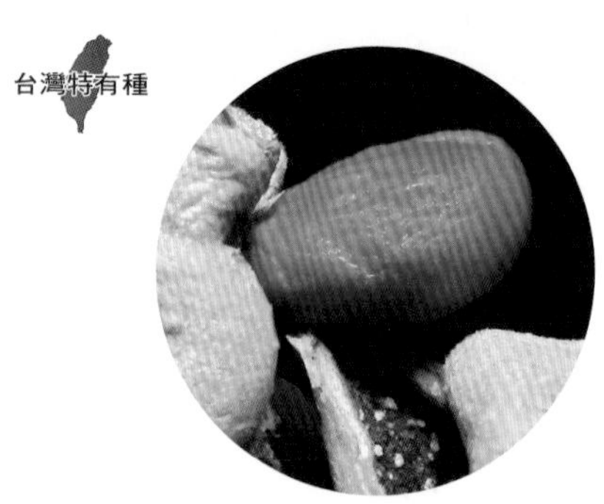

Michelia compressa (Maxim.) Sargent var. *formosana* Kaneh.

科　　名	木蘭科Magnoliaceae
屬　　名	烏心石屬
英 文 名	Formosan michelia
別　　名	台灣含笑、扁玉蘭、烏心石

常綠喬木，樹皮光滑，灰褐色。葉薄革質，長橢圓形至倒披針形，先端銳尖至鈍，葉基漸狹或楔形，邊緣全緣；葉柄被毛。花腋生，花被裂片淺黃色，倒披針形，雄蕊線形，雌蕊心皮離生。結果時心皮間有空隙或偶扭曲。每一蓇葖果卵形至近球形，表面具細點紋；種子近圓形或不規則形。

分布於全島低至中海拔（200～1800m）闊葉林中。在台灣伐木時期，伐木現場的工作人員常稱台灣烏心石為「鱸鰻」，因為它樹皮的斑紋很像鱸鰻的皮紋。台灣烏心石的頂芽被覆著赤褐色絨毛，葉為狹長橢圓形，質地為薄革質，純白的花朵乍看之下有點類似含笑花，因此也有「台灣含笑」的別稱，優雅清淡的香味清香而不濃郁，因此香氣不亞於含笑。

台灣烏心石在各地和各民族心目中，都是用途極廣、品質極佳的林木，其木材不僅可用於建築、家具，也能製成刀柄、刀鞘、餐具、砧板或其他用途。

↑白色的花被片多枚，先端膨大呈匙狀。

↑白色的花瓣內具有多數雄蕊與離生心皮的雌蕊。

用　建

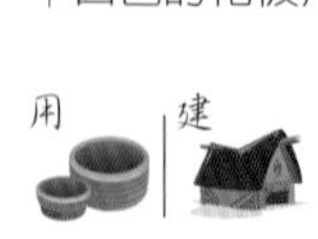

花期 1 2 3 4 5 6 7 8 9 10 11 12

↑台灣烏心石是台灣中、低海拔極佳的木材來源，葉片長橢圓形且先端漸尖。

↑蓇突果內具有鮮紅的種子。

↑魯凱族人利用台灣烏心石的木材製成門楣。

↑橫向側枝枯死脫落後，於主幹上留下眼睛般的痕紋。

相似種比較

←蘭嶼烏心石的花瓣純白色，葉片倒卵形，先端圓鈍。

黃槿

Hibiscus tiliaceus L.

科　　名	錦葵科Malvaceae
屬　　名	木槿屬
英 文 名	Linden hibiscus, Mahoe
別　　名	粿葉樹、鹽水面頭果

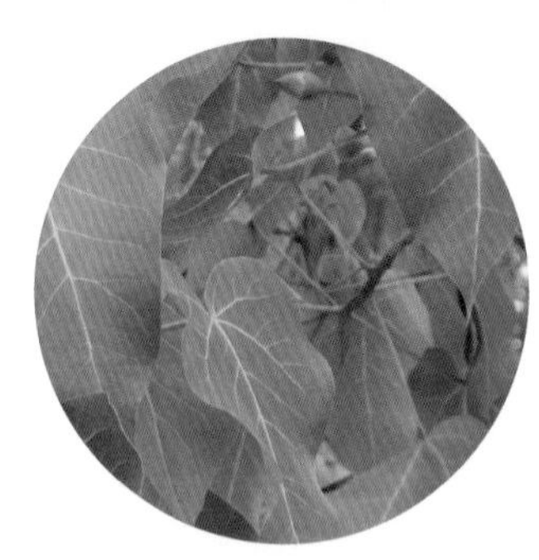

喬木，分支近光滑。葉圓形，先端銳尖，葉基心形，邊緣全緣或不明顯鋸齒緣，葉柄表面被絨毛。花漏斗狀，單生，腋生，花梗表面密被微毛；上萼片裂片三角形；花萼鐘狀，5裂，密被細毛；花冠黃色中央帶深紫色；雄蕊筒短於花冠。蒴果球形，先端具短喙，表面被絹毛。

泛熱帶分布。台灣常見於海濱，由於耐風及耐日照，常作為海濱地區原生樹種造林及行道樹之用。許多錦葵科的喬木與灌木廣泛應用於園藝造景，像是朱槿、裂瓣朱槿、南美朱槿、木槿等，都是各地極為常見的觀賞花木，大而豔麗的花瓣中央具有許多雄蕊合生的雄蕊筒，團簇著中央的雌蕊。黃槿也不例外，5枚鮮黃色的花瓣中央具有深紅色的斑點，環繞著中心的雄蕊筒與雌蕊；加上圓心形的光亮葉片，在豔陽照耀下更為耀眼，成為海邊頗具代表的夏日風情。

↑鮮黃的花瓣下，有窄卵形的花萼裂片隨侍。

↑蒴果開裂後分成5瓣，露出裡頭褐色的光滑種子。

花期 1 2 3 4 5 6 7 8 9 10 11 12

↑黃槿是台灣海濱常見的喬木，可充當防風林與耐鹽植栽種植。

黃槿又名「粿葉樹」，其寬大而圓形的葉片常爲各民族製作各式米製品「粿」或是其他食材的墊料，因而得名。部分排灣族部落及達悟族人採用黃槿的葉片作爲祭品。此外，黃槿堅韌的樹皮也能製成繩索，甚至編織成噶瑪蘭人手中的網袋或魚網，可惜在普遍使用塑膠的現代，這項傳統早已不復存在，只有採用黃槿木材製成的浮鏢，仍然存在少數人日常生活中。

相似種比較

↑繖楊的葉片窄卵形，與黃槿相比較為狹長。

↑繖楊綠色的花萼先端平截，故又稱為「截萼黃槿」。

楝

Melia azedarach Linn.

科　　名	楝科Meliaceae
屬　　名	楝屬
英 文 名	Bead tree, China berry, Persian lilac
別　　名	苦苓、苦楝、森樹

中型喬木，芽與嫩莖被褐色或白色樹皮。葉二回羽狀複葉，偶為三回羽狀複葉，羽片3～4對；小葉對生或近對生，卵狀長橢圓形，先端漸尖、銳尖至圓，葉基偶歪斜，齒緣或具裂片。圓錐花序腋生；花展開，紫色；花萼裂片及花瓣表面密被纖毛；雄蕊筒深紫色，先端具齒。核果卵形，肉質，成熟時轉為黃色。

分布於中國中部、韓國、日本與琉球。「楝」由於木材具苦味，因此又名「苦楝」、「苦苓」；樹冠渾圓而枝葉茂密，開花時一朵朵紫色的楝花不只賞心悅目，更飄散陣陣濃郁的花香味。由於具有二至三回羽狀複葉，加上樹形相似，因此有人把同爲景觀樹種的「台灣欒樹」稱爲「苦苓舅」；不過台灣欒樹的樹皮呈片狀剝落，成葉爲偶數羽狀複葉，加上開花時爲黃花，果實爲開裂的蒴果，應可與樹皮爲長條狀剝落，成葉奇數羽狀複葉，花爲紫色，結實時爲黃色核果的楝樹相區隔。

楝樹分布廣泛，木材質輕且紋路細緻，使它成爲許多民族的房屋屋頂、天花板用建材、柱材或是船槳；加上植株內含苦楝素，除了木材不易被蟲蛀食、腐壞外，其莖葉也被卑南族人用來驅蟲防蛀。它的葉片以往被客家與泰雅族人熬煮，或是搗碎後外敷於傷患處，藉以緩解症狀。不過最特別的，應該是它的葉片具有催熟香蕉的功能了！乙烯（ethylene）爲一種氣態的植物激素，當植物果實發育完成後，植物體便會分泌乙烯，使得果實由綠轉紅；香蕉成熟後容易撞傷，不易搬運且影響賣相，因此多於青澀時採收，再於運送過程中經由乙烯催熟；傳統閩南或客家族群會利用線香燃燒後釋出的微量乙烯來催熟，生活在山林中的原住民族則發現「楝」的葉片也具有相同效果。此外，每年楝樹吐露新芽、開花之際，也宣告著春天來臨，萬物復甦，成爲排灣族人的歲時植物之一。

花期 1 2 3 4 5 6 7 8 9 10 11 12

↑花瓣內側具有紫色的副花冠環繞中央的雌雄蕊。

→有時羽狀複葉的小葉片提早凋零，留下成串的果實。

↑楝是台灣平野極為常見的喬木。

↑較為成熟的個體樹皮全由縱向交錯的皮孔所布滿。

麵包樹

Artocarpus incisus (Thunb.) L. f.

科　　名	桑科Moraceae
屬　　名	麵包樹屬
英 文 名	Bread-fruit tree

常綠喬木，樹皮灰褐色，分支粗壯。葉互生，厚紙質，卵狀長橢圓形至廣卵形，先端短銳尖，葉基圓至鈍，上表面綠色，脈上疏被白毛，全緣至羽裂，裂片先端銳尖；托葉苞片狀，卵形。花序腋生，單性。聚合果由許多瘦果組成，球形至橢圓形，黃綠色至深黃色；種子被肉質假種皮包被，扁橢圓形至卵形。

廣泛被南島民族栽培於東亞、南亞熱帶與亞熱帶地區。台灣原生於蘭嶼，並於各地廣泛栽培。麵包樹爲原產熱帶的高大喬木，具有明顯的板根與巨大的葉片，極具熱帶風情。麵包樹的聚合果是由密生的許多小花授粉後發育成的瘦果聚合而成，內含許多白色的種子，外被橘色的假種皮。

由於麵包樹的木材質輕，能減少製成品的重量，因此被達悟族人採用爲拼板舟的船弦用材，或是其他用具、餐具如臼或木盤等。雖然達悟族人偶爾食用麵包樹的聚合果肉及種子，但食用情形不及阿美族與太魯閣族人普遍，居住在花東一帶的兩族人會將成熟的麵包果切片煮湯食用。另外，以往阿美族人認爲麵包樹是有田有家的人必須種植的樹種，象徵意義濃厚。

↑有時葉片中裂，裂片橢圓形。

↑剝開成熟的聚花果，其白色種子間具有肉質的花被片。

花期 1 2 **3 4 5 6 7 8 9** 10 11 12

↑葉片寬大，叢生於枝條先端。

↑聚花果腋生於葉叢間，表面可見多邊形的縫隙。

相似種比較

↑波羅蜜為東南亞一帶的常見果樹，台灣南部地區廣泛引進栽培，橢圓形至倒卵形的葉片先端圓，邊緣不裂。

澀葉榕

Ficus irisana Elm.

科　　名	桑科Moraceae
屬　　名	榕屬
英 文 名	Hayata fig
別　　名	早田氏榕、九重吹、糙葉榕

↑隱頭花序單生於葉腋處。

中型常綠喬木，具展開而下垂的分支，分支具淺褐色或紅褐色剛毛。葉革質，極為粗糙，橢圓形至長卵形，先端具小尖頭，葉基歪斜，近全緣，具3主脈，側脈5～6對，葉兩面極為粗糙，葉柄被剛毛。隱頭花序總花托黃紅色或紅色具黃點，單生或成對，腋生，球形；梗纖細。

↑澀葉榕的幼葉多呈中裂狀，裂片邊緣具大型鋸齒。

分布於琉球、菲律賓及蘇拉維西，台灣全島及蘭嶼低海拔闊葉林內常見。榕屬植物的枝條具有明顯的托葉痕，植物體具白色乳汁，加上滿樹的隱頭花序，是野外辨識度極高的類群。澀葉榕歪斜而先端具尖頭的葉片，表面明顯具3條主脈，因此可從葉表面具粗糙感的榕屬植物中區分。

澀葉榕樹幹較細而鬆，除了被各民族當成薪柴或火種外，還能刻成各式用具或食物器皿。許多木製品雕刻完成後，仍有不平整的木屑或粗糙感，這時澀葉榕粗糙的葉片就像是渾然天成的砂紙，可用來磨平木製器具粗獷的表面，增

花期 1 2 3 4 5 6 7 8 9 10 11 12

↑ 澀葉榕的葉片歪基，葉片明顯具三出脈。

加使用的舒適及安全性。不過利用時也有需要留意的地方，除了澀葉榕的汁液流到體表可能引發皮膚過敏外，澀葉榕的葉片容易造成羊隻腹瀉，因此不宜用來飼養羊隻。

↑ 隱頭花序圓球形。

↑ 澀葉榕的葉片歪基，葉片明顯具三出脈。

榕樹

Ficus microcarpa L. f.

科　　名	桑科Moraceae
屬　　名	榕屬
英 文 名	Chinese banyan, India laurel fig, Malay banyan
別　　名	正榕、鳥榕

大型常綠喬木，樹皮灰白色，表面光滑；不定根多數且粗壯。葉革質，表面光滑，長倒卵形至橢圓形，全緣，先端短漸尖或偶微具缺刻，葉基楔形，葉基具3基生小脈，中肋於葉背明顯；托葉線狀披針形，膜質。總花托紫色、紅褐色或黃色具白斑，單生或成對腋生，倒卵形。雄花，蟲癭花與雌花混生。

榕樹是許多人最爲熟悉的樹種之一，在台灣全島及蘭嶼低海拔一帶爲常見樹種，它盤根錯節的根系及枝條上懸垂而下的不定根，是許多平地人對它的印象。由於榕樹及其他生命力較爲旺盛的榕屬植物，其根系間接觸後能彼此癒合，因此不僅榕樹下的根系能交織成一片錯綜的網絡，不定根也能彼此癒合、延長，甚至長到地面後加粗，成爲展開樹冠的支持根。

榕樹的葉形多變，葉腋間藏著的紅色隱頭花序（榕果）內含雌花、蟲癭花與雄花；一旦果實成熟後，總是吸引許多鳥兒前來覓食。榕果被前來覓食的鳥兒吃下肚後，種子便會隨著鳥的排泄物四處傳播；加上榕樹旺盛的生命力，就在許多奇特的地方如牆縫、露台，甚至其他樹種的樹梢發芽生根。不過，生長在其他樹上的榕樹可不是一位好房客，熱帶廣布的榕樹可會應用熱帶叢林內的生存絕技，將根系抓牢房東的樹幹一路往下延展至地面，然後把房東緊緊勒住，並往上努力抽芽長葉，直到房東禁不起房客的環抱，就這麼走向死亡，取而代之的就是一棵從天而降的榕樹。這極爲殘酷的生存方式就是熱帶樹種常見的「絞殺現象」。

以往排灣族的頭目家前總會種上一株榕樹，以便聚會討論事情。雖然榕樹生長快速、木材疏鬆，但老株粗而直的支持根仍能作爲船槳或臨時性支柱。台灣的閩南族群在端午節時，會在門口插上蘄艾、唐菖蒲和榕樹枝條紮成的花束；參加喪禮時，也會在途中摘片榕樹的葉子，並於離開會場後丟棄，以去除穢氣。榕樹隨手可得的榕果，也成爲以往孩童的零嘴，不

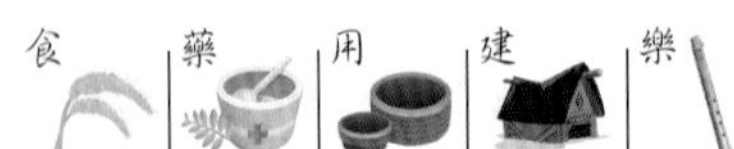

花期 1 2 3 4 5 6 7 8 9 10 11 12

↑在開闊的環境，榕樹能長成開展且遮蔭性佳的大樹。

過，榕樹也會帶給人們或特定族群困擾，例如若是將汽車在一株結實纍纍的榕樹下暫停一會兒再回來，可能車窗上就遍布許多從天而降的榕樹瘦果或榕果了。漢人認為榕樹的樹下陰暗而鬱閉，容易招來鬼魂，因此多不願在自家庭院種植榕樹。

↑發達的氣生根，能夠逐漸加粗成支持根。

相似種比較

↑厚葉榕的葉片質地較厚，葉片較為渾圓。

雀榕

Ficus superba (Miq.) Miq. var. *japonica* Miq.

科　　名	桑科Moraceae
屬　　名	榕屬
英 文 名	Red fruit fig-tree
別　　名	山榕、赤榕、鳥榕、鳥屎榕

↑隱頭花序扁球形至球形。

大型落葉喬木，具氣生根，每年2～4次落葉；樹皮深褐色；葉表面光滑，橢圓形或長橢圓形，先端短漸尖，葉基圓，邊緣全緣或淺波狀緣；托葉膜質，白色，披針形。總花托紅色，外表具多數白色點紋，球形至扁球形。

分布於日本、琉球、中國南部、海南、香港、中南半島、泰國、馬來西亞，台灣全島低海拔常見。雀榕的生命力極強，不僅種子能從土壤萌發成獨立的大樹，落在牆角或其他樹枒上的種子也能發芽，憑藉著發達的氣生根與纏勒性的根系立足，甚至將借宿的樹木絞殺，藉以爭奪生存空間。茁壯的雀榕枝葉茂密，樹枝上總是結著綠或紅色的隱頭花序（榕果），每當隱頭花序裡的果實成熟，就會吸引許多鳥類前來覓食，隱頭花序內無法消化的種子就隨著鳥糞落地生根。

↑幼葉展開後初為紅色，後逐漸轉為綠色。

雀榕的樹皮富含纖維，以往也被北鄒族與阿美族取下後搥打成片，以縫合製成「樹皮衣」，然而雀榕的樹皮爲暗紅色，製成的樹皮較厚且粗糙，不若構樹具有斑紋且較薄。除此之外，雀榕在鄒族人的信仰中極爲重要，爲每年瑪雅斯比團結祭時戰神降臨的途徑，因此在「庫巴」旁一定會種植一棵雀榕；團結祭典中，族人會以獵刀修剪雀榕的枝葉，並在樹幹上插上豬肉，藉以獻神；原先茂密的雀

花期 1 2 3 4 5 6 7 8 9 10 11 12

↑雀榕是鄒族舉行祭典時的重要象徵之一（攝自嘉義特富野）。

榕在祭祀後雖顯得突兀，但很快就會抽芽，不久又回復綠意盎然的模樣。雀榕的葉芽被許多線狀長橢圓形的紅色苞片所包圍，這嬌嫩的新芽不僅可供食用，還有解酒與止瀉的神奇妙用。

相似種比較

↑大葉雀榕的葉柄較長。

↑嫩芽外具有淺紅色的苞葉，於枝葉展開後脫落。

構樹

Broussonetia papyrifera (L.) L' Herit. Ex Vent.

科　　名	桑科Moraceae
屬　　名	構樹屬
英 文 名	Koushui, Paper mulberry
別　　名	鹿仔樹、桑穀、楮樹、穀

↑瘦果成熟後包被於橘紅色的肉質花被片中。

落葉中型喬木，小分支被短毛。葉心卵形，先端銳尖，葉基鈍、圓或心形，圓齒緣，常深3～5裂，葉兩面被毛。雄性葇荑花序圓柱狀，花梗下垂，表面被毛。雌花聚生成圓球狀，表面被毛；子房具肉質花梗。聚合果球形，花被片與苞片宿存，密集聚生。漿果成熟時紅色。

分布於日本、中國南部、中南半島、泰國、緬甸、馬來西亞、印度與太平洋諸島，在台灣廣布於海濱至中海拔森林內。構樹是陽性樹種，當森林出現空隙，或是受到天然、人爲干擾後，構樹這類陽性植物會首批進駐裸露地，等到成林、出現遮蔭後，才有其他耐蔭樹種萌芽。同樣是構樹，開花時節卻有兩種不同風貌，這是因爲構樹有分雌雄。構樹的雄株花序爲長橢圓形，懸垂於葉腋處；雌株花序具有球形的總花托，果熟後果托表面結滿橘紅的瘦果，引人注目。

構樹的樹皮富含纖維，是造紙或纖維的材料，除了書法用的宣紙外，甚至曾爲新台幣用紙的原料之一。利用構樹皮手抄製成的紙張雖然強韌，卻易生樹脂斑點，造成吸墨不易。原住民對構樹皮的用途不只如此，經過浸潤與敲打、攤平後，堅韌的構樹皮能成爲許多民族的「樹皮衣」，不僅大片的樹皮能製成上衣、前擋褲，還能搓製成繩索加以綑綁在腳踝與膝蓋，或是編成魚網。

構樹的葉片是豬隻與梅花鹿喜愛的食物之一，所以又名「鹿仔樹」。

構樹橘紅的果實小巧，聚生於球形的總托表面，往日各民族也會摘採食用，只是吃起來除了豐沛的汁液外，似乎有點平淡無味，因此還是把這大自然的食物給鳥獸們享用吧！

↑應用堅韌的構樹皮可製成許多現代化的飾品。

食　藥　織　用　建　樂

花期 1 2 3 4 5 6 7 8 9 10 11 12

桑科

↑雌花聚生成圓球形的穗狀花序。

↑構樹的雄花序懸垂，腋生於枝條先端。

↑細枝的樹皮經過剝製、搥打後能成為薄而堅韌的樹皮布。

↑老樹的樹皮表面具有寬而淺的皮孔。

楊梅

Myrica rubra (Lour.) Sieb. & Zucc.

科　名	楊梅科Myricaceae
屬　名	楊梅屬
英文名	Chinese bayberry, Chinese wax myrtle, Strawberry tree
別　名	椵梅、樹梅

常綠喬木，樹皮灰色，淺縱裂；小分支表面光滑。葉倒卵狀橢圓形或倒披針形，先端鈍或圓，葉基窄楔形，葉兩面光滑，上半緣全緣或鋸齒緣。雄花序單生或數枚簇生於葉腋，雌花序單生，腋生。核果紅色，肉質，球形。

↑楊梅是台灣中、低海拔常見的中型喬木。

分布於中國南部、日本、韓國與菲律賓，台灣全島低海拔（300～1500m）灌叢與森林可見。楊梅為雌雄異株的常綠喬木，花朵不具鮮豔而明顯的花被片，因此無法吸引昆蟲或鳥類前來訪花，傳播方式為藉由風力協助傳粉的種類。在日本會將楊梅栽培為景觀樹種，由於楊梅花粉量大，因此每到春天，就會有行人為了這四散的花粉而引發過敏，使得各地多挑選雌株來作為栽培。

楊梅的果實為核果，外圍有肉質的紅色果肉，能吸引動物前來取食，當然也成為以往摘採的水果與零食。布農族人會將楊梅的木材雕刻為飯匙、食物器皿，或是作為建材及戶外圍籬之用。

←楊梅為風媒花，雄花序沒有發達的花被片。

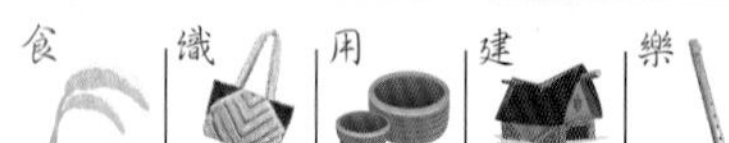

花期 1 2 3 4 5 6 7 8 9 10 11 12

白雞油

Fraxinus griffithii C. B. Clarke

科　　名	木犀科Oleaceae
屬　　名	梣屬
英 文 名	Formosan ash
別　　名	白臘樹、光臘樹、台灣光臘樹

↑樹皮斑駁且時常小片剝落。

大型半落葉性喬木，樹皮斑駁狀；小分支圓柱狀，微被毛。葉柄表面光滑，葉裂片近革質，橢圓形、歪基卵形或披針形，全緣，先端銳尖至漸尖且具小尖突，葉基楔形或銳尖。花序與葉片等長或長於葉片，花密生，白色，花萼合生成杯狀，花冠筒4裂。翅果倒卵狀長橢圓形，先端鈍或微凹。

↑葉片的葉柄具脊稜，小葉卵形。

分布於印度、爪哇、中南半島、菲律賓、中國、琉球，台灣全島低至中海拔山區廣布。白雞油是南部常見的原生或造林樹種，生長於較為乾燥的向陽森林中。白雞油的樹皮時常小規模脫落，新舊樹皮同時呈現於樹幹表面，有如斑駁的古城牆。其葉片全裂，除了裂片常可見到橢圓形的葉肉外，主脈兩側尚可見窄窄的葉肉，不知情的人們遠看，還以為它是一回羽狀複葉。

白雞油的白花迷你而不明顯，反倒是造型獨特的翅果格外引人注目。提起翅果，大家可能會聯想到青楓如鳥翼般成對生長的果實，不過白雞油的翅果單生，成熟時懸垂於果序先端，長橢圓形的果翼往下，表面帶著一點細緻的紋路。當風兒吹拂過果序末梢，這隨風飛揚的翅果可能輕輕地

花期 1 2 3 4 5 6 7 8 9 10 11 12

↑白雞油是台灣南部低海拔森林的原生樹種，常被用來大面積造林。

↑微小的白花具有4枚花瓣與2枚外露的雄蕊。

飄落在與母樹稍遠的地表，期待長成另一株孕育果實的大樹，也有可能隨著颶風，飄流到遙遠的異鄉，開闊另一片新天地。

一般在野外看到的白雞油不一定是野生個體。由於白雞油的木材具有利用價值，因此在開發過的伐跡地，或是都會裡的公園綠地都能見到它的身影。此外，近年來生態旅遊盛行，白雞油斑駁的樹皮常滲出甜美的樹汁，正好吸引了小朋友喜愛的甲蟲「獨角仙」前來覓食，因此許多「生態農場」、「觀光園區」也會栽植，作為夜間觀察的活教材。白雞油的木材色淺而具光澤，就像打了蠟或是刷上雞油般亮眼，因此有「白雞油、白

↑翅果具有倒披針形的翼。

臘樹、光臘樹」這些中文名稱，也使得它成為各民族廣泛採用的建材、雕刻或日常用品用材，甚至伐採而交易買賣。

↑利用白雞油翅果黏製而成的蜻蜓（攝自屏東滿洲響林）。

相似種比較

↑台灣梣的小葉卵形，先端漸尖。

樹杞

Ardisia sieboldii Miq.

科　　名	紫金牛科Myrsinaceae
屬　　名	紫金牛屬
英 文 名	Siebold ardisia
別　　名	多枝紫金牛、東南紫金牛

灌木或喬木，分支幼時被鱗片。葉革質，常為倒卵形，偶為橢圓狀倒卵形或倒披針形，先端圓、鈍或銳尖具鈍或圓頭，葉基漸尖至楔形，葉面光滑，葉背淺綠色且微被鱗片，側脈不明顯。複合花序近繖形或聚繖花序；花萼裂片三角形，全緣或微被纖毛；花冠裂片廣卵形。果球形，黑色。

分布於中國、琉球、日本，台灣低海拔森林可見。樹杞具有多分枝的特性，因此稱爲「多枝紫金牛」，樹幹枝條處均勻膨大，而側枝與主幹交接處有下延突出成拳腫狀，這特徵在紫金牛科的許多種類中皆可見到。

很多地名會以「樹杞」爲名，像是竹東的舊名爲「樹杞林」，即以往鄰近淺山的當地「樹杞成林」；或許您還曾聽過「橡棋林」這地名，其實這就是樹杞的閩南語發音直譯而來。早年流傳的歌謠中「新埔出阿旦，竹

↑花序腋生於倒卵形而先端圓鈍的葉片間。

↑漿果圓球形，排列於聚繖狀的果序上。

花期 1 2 3 4 5 6 7 8 9 10 11 12

紫金牛科

↑樹杞常見於台灣低海拔平野與山區，開花的盛況讓它成為原生景觀樹種之一。

東燒火炭」，清楚描述竹東以樹杞燒製木炭的經濟活動。另外，有句俗諺「江某柴，樹杞筍，火剛點，水就滾」，即是描述若將樹杞燒製成薪炭材燃燒，木材易燃且火力旺盛。除了當成薪炭柴，或是將木材製成火柴桿、造紙之用外，因爲樹杞的木材材質密度高，還可作爲廚房中的砧板。由於早期樹杞常被盜伐，因此曾經在平野消失，近年來則因生長快速且容易栽植，成簇生長的粉紅色花朵被運用於綠化景觀及庭園美化，加上果實可提供野生動物爲食，而成爲公園綠地內常見的植栽之一。

相似種比較

↑小葉樹杞的葉片狹長，樹形也較為單薄而瘦弱。

山櫻花

Prunus campanulata Maxim.

科　名	薔薇科Rosaceae
屬　名	梅屬
英文名	Taiwan cherry
別　名	山櫻桃、緋寒櫻、寒緋櫻

落葉小喬木，樹皮表面具光澤與橫向皮孔，片狀剝落。葉卵形至倒卵狀橢圓形，先端漸尖，葉基圓，密重鋸齒緣，表面光滑。花深玫瑰色或紅色，鐘狀，單生或數朵短聚繖狀簇生，花梗纖細，表面被腺點；花萼筒裂片三角狀卵形，先端鈍或圓；花瓣卵形，先端具缺刻。核果卵形，紅色。

分布於中國南部、琉球與日本，台灣全島海拔500～2000m闊葉林內可見，並廣泛栽培為景觀植物。每年山櫻花褪下它全身的綠葉，以光禿的枝條與冬芽度過寒冬；初春回暖時與人們見面的，不是嫩綠的新葉，而是一朵朵簇生的粉紫色花朵；鐘狀的花朵不抬起頭迎向暖陽，反而懸垂在纖細的花梗先端，讓前來吸蜜的綠繡眼使出倒掛金鉤，才能取食這春天裡的甜蜜滋味。

櫻花是日本的國花，每年春季在日本各地遍植的櫻花開放時，總吸引大批民眾前往櫻花樹下賞花、野餐；櫻花成片開放時的瞬息萬變，不僅營造了眼底的美景，也投射了日本的民族性與價值觀。台灣曾受日本政權統治，除了引進各種制度企圖將台灣土地上的各族群「皇民化」外，長時間的統治使得台灣若干風俗融入了日本元素，例如木屐、和服、和室與日式建築外，阿美族原本就有的摔角競技也受日本人指導，帶有幾分相撲的氛圍。台灣北部平地民居與中南部山區駐在所、古道旁的櫻花樹，也稱得上是帶有濃厚日本風情的景觀樹種之一。除了日人引進，栽培於阿里山區的吉野櫻（*Prunus* x *yedonensis*）外，台灣原產的山櫻花也是至今廣泛採用的景觀樹種；每年初春吸引大批遊客前往的「陽明山花季」，便包含初春開放的山櫻花。除此之外，屬於薔薇科的山櫻花會結出一顆顆懸垂的核果，在以往這可是各民族爭相採食的野果或零嘴，而掉落的粉紫色花朵也能拿來釀酒或做成花釀。當然，山櫻花的木材也能用來作為建材或是食器之用。

花期 1 2 3 4 5 6 7 8 9 10 11 12

薔薇科

↑初春的山櫻花是全台各地都能見到的美景。

↑春末的山櫻花不僅長出葉片，鮮豔欲滴的果實也即將成熟。

↑樹皮表面光滑具光澤，且具多數短橫向皮孔。

欖仁舅

Neonauclea reticulata (Havil.) Merr.

科　名	茜草科Rubiaceae
屬　名	欖仁舅屬
英文名	False indian almond
別　名	海木沓

↑對生的葉片間有寬大而明顯的卵形托葉，兩者排列成十字形。

常綠大型喬木，分支光滑。葉倒卵形、廣倒卵形或廣橢圓形，先端銳尖至鈍，葉基楔形、鈍或心形，表面光滑。花聚生成圓球頭狀，單生或2～5枚簇生；花冠白色，漏斗狀。蒴果縱裂，聚生成球形頭狀。種子多數，扁平具翼。

分布於菲律賓與台灣，台灣南部及蘭嶼海岸林及森林內可見。欖仁舅的葉片寬大而圓，樹形及樹皮都和全台廣泛栽培的「欖仁」相似，因此取名欖仁舅。然而欖仁舅的葉片對生，並與橢圓形的托葉呈十字對生，與葉簇生於側枝先端的欖仁不同。其次，欖仁舅的白色花朵集生呈球形，欖仁的白花則散生於總狀花序上；只要看到這些特徵，就不難分辨這兩種台灣南部常見的喬木了。

欖仁舅的樹幹挺直，木材堅硬，被生活在熱帶島嶼的達悟族人雕刻製成拼板舟的許多部位，特別是船底、船首及船尾等容易碰撞、摩擦的部位；生活於熱帶的排灣族人則將其主幹作為家屋的主柱。

↑蘭嶼拼板舟的船首與船底需由堅硬的木材打造（攝自東清）。

用　建

↑欖仁舅是台灣東部與南部海濱可見的高大喬木。

↑開花時，聚生成球形的花序開滿白色花朵。

↑授粉成功後，每朵花的子房開始膨大，組成扎實的果序。

台灣二葉松

Pinus taiwanensis Hayata

科　名	松科 Pinaceae
屬　名	松屬
英文名	Taiwan Red Pine
別　名	松柏、黃山松

大型喬木，樹幹直，分支水平，樹皮縱裂成小鱗片。葉2針一束，橫切面半圓形，多少具稜，邊緣鋸齒緣，常具4條樹脂道。成熟毬果長橢圓形至卵形。種子具翼。

分布於中國，台灣中央山區750～3000m可見，常成純林。以往台灣二葉松被記載爲台灣特有種，隨著近年來分類與演化學者的研究成果顯示，台灣二葉松與以往所稱的黃山松（*Pinus hwangshanensis*）應爲同一種；由於*Pinus taiwanensis*此一學名較*P. hwangshanensis*爲早發表，因此廣布於中國中部或東部，生長在懸崖峭壁上的「黃山松」，現在都得改名爲台灣二葉松。台灣二葉松爲森林演替的先驅物種，這群會率先出現在裸露崩塌地或荒地上的植物種類對陽光需求性強，生長快速，而且相當耐旱，因此能搶先一步進入這些「不毛之地」；有些種類的根部與固氮菌共生，能生長於貧瘠之地，所以一旦有開闊地出現，這群植物就能在其他植物尚無法生根的土地上迅速成長。

在野外，偶爾能看到台灣二葉松的樹幹上有一道道的「刀疤」，這些斜刮紋主要是萃取松樹油的痕跡。過去人們爲了生火，會在台灣二葉松樹幹上砍幾刀，待一段時間後松樹油流出，只要將其連同樹皮取下就可輕易燃燒，爲非常好用的原始火種。對於世居台灣中、高海拔山區的布農族人而言，台灣二葉松是常用的引火材；過去曾有個傳說，有位婦人對台灣二葉松講了不敬的話，因此台灣二葉松就跑到峭壁上，讓族人想要取得柴火變得困難重重。台灣的太魯閣族、排灣族、泰雅族、賽德克族與賽夏族具有紋面或紋身的「毀飾」傳統，這類傳統通常爲男性立下戰功、獵功，女性擅長編織等傳統社會中重要的技藝後，所進行的一項儀式。泰雅族人的紋面塗料就是利用台灣二葉松木材燒製而成的煙灰，經由敲打混合成黏稠狀後製成。

花期 1 2 3 4 5 6 7 8 9 10 11 12

↑成熟後毬果轉為褐色，能多年宿存枝條上。

↑除了頂端新生的嫩芽外，淡黃褐色的雄花序也簇生於葉叢間。

↑毬果卵圓形，近無梗。

台灣五葉松

Pinus morrisonicola Hayata

科　　名	松科Pinaceae
屬　　名	松屬
英文名	Taiwan White Pine

台灣特有種

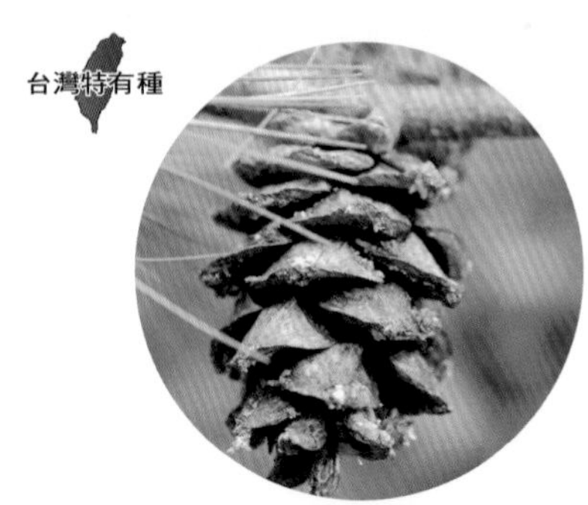

大型喬木，樹幹常彎曲，幼株樹皮光滑，成株樹皮具裂隙。葉5針成束，橫切面三角形，具2條樹脂道。成熟毬果卵形至長橢圓狀卵形，果鱗長橢圓形至卵形，先端圓。種子具翼。

全島海拔300～2300m可見，零星分布或與闊葉樹混生，現多零星分布於低海拔與中海拔未干擾地。台灣原生的4種松屬植物中，由5枚針葉簇生的種類有2種，分別是華山松及台灣五葉松；台灣五葉松的一年生幼枝有淡黃色毛，種子有翅；華山松的一年生幼枝光滑無毛，針葉較台灣五葉松者為長，加上種子無翅，可用來分辨出這兩種植物。

台灣五葉松為台灣中、高海拔常見的陽性樹種，以往世居於中央山脈的布農族人取它的木材作為地板、牆壁、柱、樑、屋頂材料、板材、床鋪、籬笆、遮蔭等建材，也會將它加工為刀柄、刀鞘、鍋蓋、餐具、家具及木屐用具；由於富含油脂，也能削製成木屑後作為火種之用。最近許多人會將台灣高山上的松葉摘取後打成松葉汁，或是在登山烤肉時加入松針一併烹煮，讓食物多了一股松針的清香；另外曾仔菁（2004）針對台灣五葉松松針萃取物抗人類肝癌細胞株HepG2及Hep3B活性之評估研究中，發現台灣五葉松的松針萃取物可讓人類肝癌細胞凋亡，這可說是對於人類的另外一個貢獻。

↑雄花序腋生，花黃色至橘紅色。

花期 1 2 3 4 5 6 7 8 9 10 11 12

松科

台灣欒樹

台灣特有種

Koelreuteria henryi Dummer

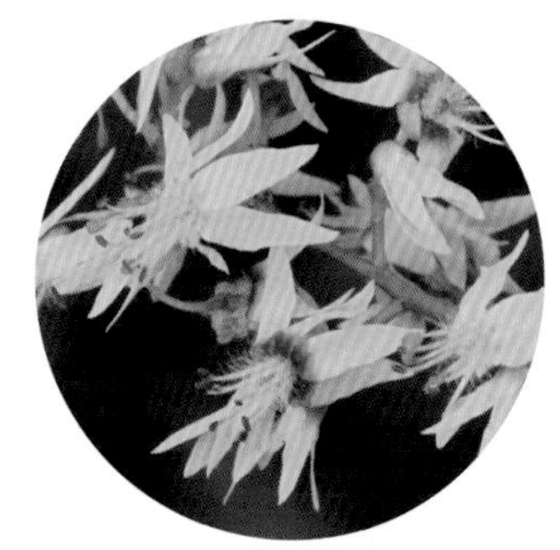

科　　名	無患子科Sapindaceae
屬　　名	欒樹屬
英 文 名	Flamegold, Golden rain tree
別　　名	苦苓江、苦苓舅、拔子雞油

高大落葉喬木，樹皮片狀剝落。奇數或偶數羽狀複葉；小葉長橢圓狀卵形，葉形與大小多變，先端漸尖，葉基歪斜，鋸齒狀，兩面光滑。頂生圓錐花序；花兩性或雜性，黃色；花萼5枚，花瓣5枚，倒披針形或長橢圓形。蒴果玫瑰色，囊狀，扁平，縱向3瓣裂。種子球形，黑色。

↑紅熟的蒴果3瓣裂。

全島低海拔闊葉林常見，並廣泛栽培爲行道樹及景觀用樹。台灣欒樹爲台灣特有的落葉喬木，樹形圓而開展，春夏之際翠綠的枝葉茂密，長出先端具對生小葉的二回羽狀複葉；夏末秋初，枝條先端抽出大型的圓錐花序，開滿黃色花朵；深秋時節，授粉的花朵結出圓而具3稜的果實，起初如花苞般帶著淡綠的青澀，隨後轉爲玫瑰色，此刻果實有如充了氣的皮球般，直到黑色的種子成熟，乾癟的果瓣轉爲深褐色，果實一分爲三，一瓣瓣從樹梢剝落，帶著成熟的種子墜落地面，迎接新生命的萌芽；同時往日翠綠的新葉，歷經一

用　樂

花期 1 2 3 4 5 6 7 **8** **9** **10** 11 12

↑由於樹形優美、枝葉茂密、花色鮮麗，為台灣平地常見的原生景觀樹種。

↑樹皮經常呈小片剝落。

個寒暑的洗禮，也從翠綠轉爲泛黃，隨著無情的寒風吹落地面，徒留兀立的樹幹與嚴冬相伴，等待明年吐露新芽。

大株的台灣欒樹具有長達30cm的偶數二回羽狀複葉，也就是葉片先端由2片對生的羽片組成，每片羽片再由許多卵形的小羽片拼湊而成，可是小時候的葉片卻是奇數二回羽狀複葉，長於10cm的複葉基部由許多小羽片組成對生的羽片，先端長出單一羽片，和成熟的葉片不同。

台灣欒樹可說是絢爛的色彩魔術師，其在不同時節，分別呈現綠、黃、淡綠、玫瑰粉色、深褐色等不同景緻，因此不僅廣泛引種栽培，

↑每朵黃色花朵的中央有一點紅色的飾紋。

清末英國領事亨利氏將其攜回英國後，即成爲廣泛應用的園藝植物。由於早期大量推廣於平地、都會公園內栽植，使得都市內的台灣欒樹吸引了大量的紅姬緣椿象（*Leptocoris augur*）聚生，這也反映出大面積、高密度栽培下不可避免的蟲害與生態失衡問題。

台灣欒樹的木材能製成獵槍的槍托，或是其他童玩、木雕。除了園藝景觀上的價值外，台灣欒樹隨著四季的鮮明變化，使它成爲卑南族、排灣族與鄒族眼中歲時記事的指標物種之一，暗示著種植芋頭、地瓜的時節。

↑種子常隨著一片果瓣一同墜落地表。

台東龍眼

Pometia pinnata Forst.

科　名	無患子科Sapindaceae
屬　名	番龍眼屬
英文名	Fiji longan, Langsir
別　名	番仔龍眼、番龍眼

↑花萼與花瓣展開，等待花粉傳遞到雌蕊。

常綠中型喬木，幼枝葉被鏽色絨毛。偶數羽狀複葉，幼枝粉紅色；小葉長橢圓狀披針形，先端漸尖，葉基圓至心形。圓錐花序長且纖細。花簇生且微小，花萼杯狀，長橢圓形，外表被毛；花瓣裂片橢圓形，表面被毛。核果球形，成熟後由綠轉為褐色，具黏液質的假種皮。

廣布於玻里尼西亞、新幾內亞、馬來西亞、菲律賓，在台灣分布於東部、恆春半島與蘭嶼海濱至低海拔山區。台東龍眼廣泛分布於蘭嶼，不論是原始森林或干擾地、農田旁，時常可見聳立的台東龍眼成株，以及發育中的小苗。成株的基部常有熱帶樹木的指標「板根」，不僅有助於穩定樹身，對抗強風、豪雨或地表逕流的侵襲，隆起的樹根也能遠離潮溼不透氣的雨林土壤，有助於根部呼吸。台東龍眼與一般食用的龍眼（*Dimocarpus longan*）、荔枝（*Litchia chinensis*）同屬無患子科，台東龍眼與龍眼的葉片同爲偶數一回羽狀複葉，不過台東龍眼的葉片被毛，葉表面不具光澤、葉緣鋸齒緣，與葉片光滑、葉表具光澤、葉緣全緣的龍眼明顯不同。結實時，台東龍眼成串的果實約乒乓球大小，加上種子外白色的肉質假種皮（也就是我們食用的部分）非常香甜，外形及風味反而與荔枝較爲相似。

台東龍眼雖然分布於台灣本島，但卻不受到本島民族青睞，不過卻廣泛被應用於達悟族人的傳統生活中。它香甜的果實是當地人的鮮美水果，成爲接待客人的食材之一；堅硬而耐用的木材不僅能拿來雕刻、製成裝盛飛魚用的具柄木盤及其他日常用品，也是製作拼板舟船底與船首的用材之一；不僅如此，台東龍眼是當地傳統地下屋中「主柱」與木板的最佳用材。因此，台東龍眼與達悟族人的傳統生活密不可分。

花期 1 2 3 **4** **5** **6** 7 8 9 10 11 12

↑果實比乒乓球還飽滿，是甜度極高的原生水果。

↑主幹基部具板根，有助於穩定樹身與呼吸。

↑圓錐花序大型，頂生於枝條先端。

↑具有板根的樹種，能作為達悟族傳統家屋的主柱與拼板舟的船板（攝自漁人）。

無患子

Sapindus mukorossii Gaertn.

科　　名	無患子科Sapindaceae
屬　　名	無患子屬
英 文 名	Chinese soap berry, Soapberry, Soap-nut tree
別　　名	木患子、油珠子、油患子、皮皀子、肥皀果、鬼見愁、黃目子、浪子、菩提子、假龍根、磨子

↑夏末可見青澀的果實滿布。

落葉喬木；偶數羽狀複葉，多少互生，小葉8～16枚，長橢圓狀披針形，先端漸尖，葉基楔形並歪斜，邊緣全緣，兩面光滑，側脈纖細。圓錐花序頂生或腋生；花微小，兩性、單性或雜性；花瓣5枚，白色，邊緣具纖毛。核果橢圓形，黃褐色；種子單生，外被具膜質或革質假種皮。

分布於印度、中國與日本，在台灣零星分布於海拔1000m以下山區。

無患子爲冬季會黃葉的落葉喬木，地處亞熱帶的台灣冬季時平地較爲溫暖，不易見到溫帶成片落葉林的景緻，無患子雖爲熱帶至溫帶出現的樹種，卻具有如此特別的景觀效果，爲台灣平野增添幾分冬意。看過冬季時無患子的果序，應該會爲它的結實纍纍感到喜悅，所以有人認爲無患子名稱的由來是來自它的高結實率「不怕沒有結子啦！」

其實無患子的名稱由來與它果實的用途有關，以往在印度，無患子的果實常被串成數珠；道家則認爲以本種木材製成棍棒具有驅邪鎭妖的功能，因此「去災無患」，其種實才得到此一稱呼。除此之外，無患子的木材可供作板材用；假種皮內含豐富皀素，是各民族老一輩常用的清潔劑；噶瑪蘭族人甚至將其假種皮混入米糠一併使用。深秋時節，就在無患子結實的同時，也會抽出「蟲癭花」，十分特別。

↑秋天所抽出的花序多為蟲癭花，偶會結實。

食 | 用 | 樂

花期　1 2 3 4 **5** **6** **7** 8 9 10 **11** **12**

↑無患子是原生於熱帶與亞熱帶向陽處的大型喬木，秋天葉片會轉黃，蔚為景觀。

↑羽狀複葉具有多枚橢圓形小葉。

←肉質的假種皮富含皂素，搓洗後能用來清潔油污。

←無患子所串成的原住民風味項鍊。

食茱萸

Zanthoxylum ailanthoides Sieb. & Zucc.

科　　名	芸香科Rutaceae
屬　　名	花椒屬
英文名	Alianthus prickly ash
別　　名	紅刺楤、茱萸、越椒

↑幼年的主幹表面具許多刺突，故又被稱為「刺楤」。

中至大型喬木，主幹具棘刺或具厚角錐狀棘突，棘突直或彎曲。奇數一回羽狀複葉，表面光滑；小葉對生，紙質至近革質，下表面蒼白，橢圓狀披針形至披針形，葉基圓或心形，微歪基，邊緣腺齒緣，先端長漸尖至漸狹。聚繖狀花序頂生或上部葉腋生，花序分支光滑。雌雄異花；雄花白或淺黃色。

分布於中國、韓國、日本、琉球、菲律賓。台灣低海拔山區及離島可見。「刺」是許多植物常見的突起構造，這些突起可能出現在莖幹、葉腋、葉片、花被或是果實表面，除了嚇阻、防止動物的咀嚼或損害外，有時具有協助攀緣藉以爭取生存空間或是種實傳播。這些具有相似外觀與功能，但是由不同部位特化而來的構造，稱爲「同功」構造。芸香科植物的莖上或葉腋常具有刺，其中花椒屬植物的莖稈上常遍布棘刺。食茱萸是台灣產花椒屬植物中較爲常見者，其兀立或少數分支的植株莖稈上遍布棘刺，枝條先端簇生長長的一回羽狀複葉，外觀頗爲特殊。食茱萸的花序基部分支較長，因此讓花序顯得扁而廣。

花椒屬植物的葉片富含油室，具有辛辣味，經過烘炒後更

↑一回羽狀複葉的葉柄有時鮮紅。

花期 1 2 3 4 5 6 **7** **8** 9 10 11 12

是香味四溢，因此鄉下的閩南、客家族群與許多原住民族多會在自家庭園留下一兩棵食茱萸，當嫩葉抽出時拿來炒蛋或當成青菜食用。食茱萸的根部被客家、排灣與布農族人切片服用，藉以疏緩牙痛症狀；噶瑪蘭人也會取用它的根部食用，藉以保護肺部健康。然而它的根與莖則被卑南族人用來泡製藥酒，藉以活絡筋骨。雖然食茱萸的莖表面具刺，它的髓心卻極易挖空，加上木材質輕，常被許多原住民族用來製作刀鞘。另外，達悟族人以古法燒製檳榔佐料一貝灰時，也會採用食茱萸燒製。

↑食茱萸的葉片具許多含精油的亮點，是葉片的油室，也是葉片香氣的來源。

↑花序聚繖狀，排列於側枝末梢。

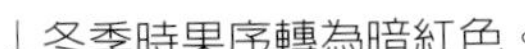

↓冬季時果序轉為暗紅色。

大葉山欖

Palaquium formosanum Hayata

科　　名	山欖科Sapotaceae
屬　　名	膠木屬
英 文 名	Formosan nato tree
別　　名	台灣膠木

↑葉片厚革質。

常綠喬木，小分支具葉痕。葉簇生於分支先端，厚革質，長橢圓形或倒卵形，先端銳尖、圓至具小缺刻，葉基鈍；葉表深綠色，光滑且具光澤，葉背部分被毛且淺色。花簇生於葉腋，花萼2輪，外輪者被褐色毛，裂片鈍；花冠淺黃色，6裂。核果肉質，幼時橄欖色，後於熟時轉為黑色。

大葉山欖在台灣分布於南北兩端及蘭嶼、綠島海岸林中，果實能隨海流飄流。由於海濱植物常具有耐強日照、耐旱的能力，加上樹形合宜，現爲廣泛栽培的行道樹或公園綠化用樹種。每年冬天即可見到枝條上密生的淺黃色花朵，綻放的同時吐露陣陣濃郁膠香。

在噶瑪蘭人的居住地周圍常可見到大葉山欖的樹影，因此成爲現代噶瑪蘭人的精神象徵，以往其樹幹也被噶瑪蘭人取用作爲樑柱，或取樹皮替魚網染色。此外，大葉山欖的果實可食；木材質地輕軟，也可作爲蘭嶼達悟族人拼板舟的船板。

↑葉片厚革質，橢圓形的果實成熟後口感有如金煌芒果般富嚼勁。

食 | 織 | 用

花期 1 2 3 4 5 6 7 8 9 10 11 12

↑ 大葉山欖原生於台灣南部與東部海濱地區，並栽培為造園景觀樹種。

↑ 秋冬開出大型而密集的白色花朵，散發出奇特氣味。

泡桐

Paulownia fortunei Hemsl.

科　名	玄蔘科Scrophulariaceae
屬　名	泡桐屬

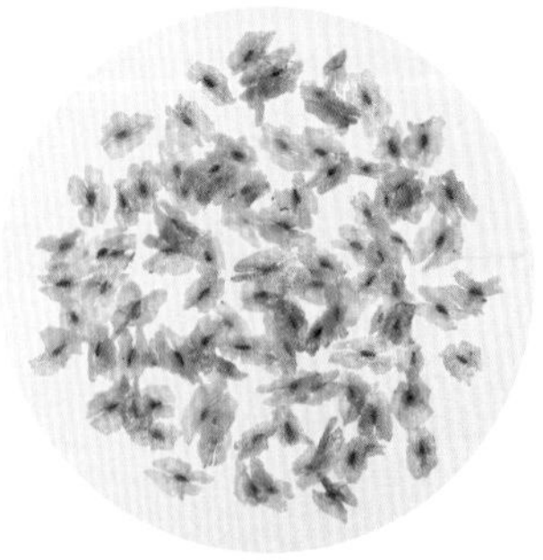

↑種子邊緣具薄膜質的翅。

喬木，分支被絨毛。葉卵形至廣卵形，先端銳尖至漸尖，葉基心形至圓形，邊緣全緣，上表面微被毛，下表面被絨毛。花序圓柱狀，無側枝；側生聚繖花序具3朵花，具總梗。花萼管狀，花冠淺色，花喉具紫色斑點，被毛。蒴果長橢圓狀橢圓形，內含具翅種子多數。

分布於中南半島與中國，台灣中部中海拔闊葉林零星可見，另栽植供造林之用。泡桐爲高大喬木，以往根據花部及果實構造將泡桐屬納入玄參科中，現經由分子生物學及系統學的研究成果，建議將其另立爲泡桐科（Paulowniaceae）。泡桐的花序由許多聚繖狀分支排列成圓錐狀，每一花序主軸不具側枝，頂生於枝條先端，其中白桐與台灣泡桐是相近種類，但白桐爲許多小型的聚繖花序無總梗或爲繖形花序狀；台灣泡桐則是小型聚繖花序且具明顯總梗，長約等於花梗，其圓錐花序長達50cm，花萼裂片長不及萼之1／3，兩者可透過這些特徵進行區別。

↑泡桐的花冠明顯二唇化，內側綴有紫色斑點。

由於樹形挺直而高大，加上生長快速，能藉由萌蘖方式增殖，因此也被推廣爲造林之用。春天時成串的淺紫色花朵開在枝頭上，夏秋季時翠綠的葉片掛在枝頭，極具觀賞價值。泡桐的木材質輕而軟，被許多民族製爲食物器皿、櫥櫃隔板、樂器或是附屬建材之用；以往也被原住民族伐採，與漢民進行交易。

用　建　樂

花期 1 2 **3** **4** 5 6 7 8 9 10 11 12

↑蒴果大型，表面光滑。

相似種比較

↑白桐的花序較為寬而窄，花冠淺紫色而帶有紫斑。

↑台灣泡桐的小型聚繖花序具總梗。

咬人狗

Dendrocnide meyeniana (Walp.) Chew

科　名	蕁麻科Urtricaceae
屬　名	咬人狗屬
英文名	Poisonous woodnettle
別　名	艾麻

喬木，二年生小分支被刺毛。葉卵形、卵狀長橢圓形或倒卵狀長橢圓形，先端銳尖、具小尖頭至漸尖，邊緣全緣、偶齒緣或銳齒緣，葉基鈍、圓、微心形至近盾形；葉枕與葉背基部被刺毛。雄花序團繖狀，雌雄花序分支與花被刺毛。果熟時果序末端膨大成透明質果托。

↑咬人狗是台灣南部與東南部可見的喬木，具有寬大的卵形葉片。

分布於菲律賓。台灣全島、蘭嶼與綠島低海拔小溪谷或次生林內可見。咬人狗植物得到「咬人」稱號主要原因是因為它們的葉表面被有刺毛，這些刺毛是葉片表皮細胞的突起。因此觀察時千萬得小心「狗咬」，以策安全。

咬人狗與蕁麻（咬人貓）同為蕁麻科中著名的「危險植物」，其莖葉常被有刺毛，會將酸性物質注入皮膚中，造成不適，然而咬人狗比咬人貓「溫馴」多了，僅在分支與若干葉背基部被有扎人的刺毛。布農族、東魯凱族與嚴格施行會所制度的卑南族在進行懲戒或青少年晉級時，會採用咬人狗的枝條鞭打青少年的臀部。然而，咬人狗的印象並非全是痛楚，當瘦果成熟時，果序末端膨大成透明狀

花期 1 2 3 4 5 6 7 8 9 10 11 12

↑花序腋生於葉叢基部，開花時可見密集的雌蕊柱頭。

的果托能吸引鳥類前來食用，藉以傳播果實，而這看來晶瑩剔透的果托也能爲人享用。

↑果序軸表面疏被刺毛。

↑果托膨大呈透明質狀。

柚葉藤

Pothos chinensis (Raf.) Merr.

科　　名	天南星科Araceae
屬　　名	柚葉藤屬
英 文 名	Rock vine

↑肉穗花序由少量的兩性花組成，埋於花序軸中。

草質附生藤本，單身複葉，葉柄扁平翼狀、倒卵狀長橢圓或楔形；葉披針狀卵形至披針狀長橢圓形。佛焰花序頂生或腋生，具長梗，佛燄苞卵形，先端漸尖，肉穗花序橢圓體。漿果卵體，成熟時呈紅色。

分布於中國至沖繩群島，台灣全島中、低海拔林緣或林內可見。柚葉藤是台灣極為常見的附生性草質藤本植物，其葉自中段分隔成上下兩截，分為兩側扁平具翼的葉柄，以及先端呈卵形至長橢圓形，外觀就像芸香科（Rutaceae）的柑橘類果樹葉片般，這也成為它中名由來的原因。然而，柚葉藤具有天南星科典型的佛燄花序：即肉穗花序旁具有一枚大型的苞片，橢圓形的肉穗花序擠滿了兩性花，沒有花萼與花瓣，苞片展開時只見滿滿的雌蕊柱頭填滿花序表面，稍後雄蕊的花藥才從間隙探出頭來，模樣十分有趣。

其實柚葉藤的莖條十分堅韌，是暫時性繩索的好材料之一；排灣族人甚至將它編成長期使用的繫環，用來套住毛皮、囊袋袋口等；鄒族人也把它編成背袋之用。

←排灣族與魯凱族會利用柚葉藤編成的草環，作為肩揹網袋束口繩的繫環。

用

↑肉穗花序短而圓，一側具綠色的佛燄苞。

↑生活在南台灣的排灣族和魯凱族人，具有肩揹式的傳統網袋（攝自台東金峰）。

↑柚葉藤為台灣中、低海拔山區常見的附生型藤本植物。

↑果序上結出許多橢圓形的漿果。

黃藤

Calamus quiquesetinervius Burret.

科　名	棕櫚科Arecaceae (Palmae)
屬　名	省藤屬
別　名	藤、紅藤

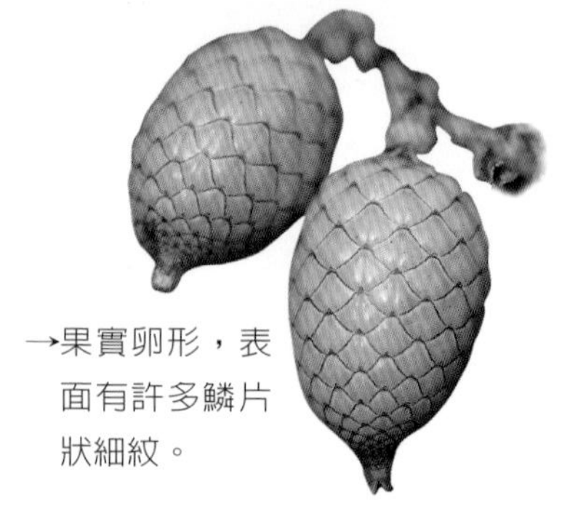

→果實卵形，表面有許多鱗片狀細紋。

大型木質藤本，羽狀複葉，葉鞘表面被棘刺；小葉呈披針形，葉軸末端具捲鬚及輪生倒鉤棘刺。花序圓錐狀，花序軸光滑無刺；雄花黃綠色，雌花花萼3枚；花瓣3枚，披針形。果橢圓形，具多列鱗片，表面具光澤，先端明顯具喙。

遍布於台灣全島中、低海拔森林內，許多登山愛好者行走山林時若是不慎觸碰、踩握到黃藤的植株，想必是鮮血直流，一不小心被它的葉軸捲鬚鉤住，身上的衣物便刮出個大洞。這些長刺與葉軸捲鬚正是黃藤穿梭山林，攀緣大樹而上的祕密武器，然而黃藤可說是「鐵漢柔情」，春末夏初時武裝的葉鞘間會抽出光滑無刺的花序，開出黃綠色花朵，散發濃郁而奇異的氣味。除了黃藤以外，台灣南部還有一種外觀相似的同屬大型攀緣藤本：土藤（*Calamus beccarii*），土藤的花序先端爲許多倒鉤刺所延伸而成的花序鞭鬚，花序分支上密生許多白色花朵，與台灣全島可見的黃藤明顯不同。

黃藤枝條先端濃密的葉鞘間具有香嫩的髓心，是部落裡清香的天然美味；黃藤的果實表面有許多細鱗片，果實幼嫩時剝開後果肉帶有甜味，成熟後轉爲帶有酸味。此外，把枝條外表的葉鞘剝除後，便剩下堅韌的「藤條」，不僅能用來編織成藤籃等各式容器，也能用來栓綁建築物的樑柱末端，延長建築物壽命，廣受各民族所採用。

各民族所編成的藤背籃，除了骨架與籃網能以黃藤製成外，背袋與原住民族慣用的額帶也能以黃藤編成。各地的藤背籃主要以四角者爲主，唯有鄒族的藤背籃底部另以藤條編成圓環狀的底座，背負重物行走於山林時，若是想要休息，只要找到極小的立足點，便能讓背籃放穩在陡峭的山坡上，與碗盤底部的圓環底座有異曲同工之妙。

花期 1 2 3 4 **5** **6** 7 8 9 10 11 12

↑葉柄表面具有大而明顯的棘刺。

↑羽狀複葉幼葉的小葉寬大。

→花朵沒有鮮豔的花被片，密生成短穗狀花序後組成圓錐花序。

←黃藤的莖能製成許多藤製品，包括負載農作物的背籃。

↑鄒族的藤編籃底部加了藤製墊圈，方便於險峻的坡地使用。

相似種比較

↑土藤的花序先端具延長鞭鬚，表面逆生倒刺。

大薯

Dioscorea alata L.

科　　名	薯蕷科Dioscoreaceae
屬　　名	薯蕷屬
英 文 名	Common yam, Greater yam, Water yam, Winged yam, Yam
別　　名	山藥、田薯、柱薯、紫薯、鑵薯、參薯

順時針旋性草質藤本，具塊莖；莖具4波狀翼或4稜，翼膜質，莖基部偶被有棘刺。葉片厚紙質，表面光滑，對生，偶於莖基部互生，三角形、長橢圓狀三角形或長橢圓狀卵形，先端漸尖，葉基心形，邊緣全緣；零餘子腋生。

原產印尼、巴布亞新幾內亞與澳洲北部，現廣泛種植於印度、南亞至太平洋諸島，熱帶美洲與非洲；台灣地區栽培取用地下塊莖。大薯爲纏繞性的草質藤本，表面常具明顯的薄膜質翼，或至少具明顯4稜，加上右旋性的藤蔓，以及厚紙質的長卵形葉片，極易與台灣產其他薯蕷相區分。

薯蕷爲台灣地區林緣或人爲干擾地旁常見的纏繞性藤本植物，由於花期短暫，一般人對它們的印象多爲：纏繞於其他植物上的藤本莖、形態多變的葉片和常具3稜與翼的開裂蒴果。不同薯蕷屬植物的纏繞旋性有所不同，可分爲順時針旋性（clockwise）與逆時針旋性（counter-clockwise）：當藤蔓由下往上纏繞時，順著藤蔓生長的方向往末端觀察，可以發現蔓性的莖順著時針方向，邊纏繞邊往末端延伸（如：薄葉野山藥），即爲順時針旋性者；反之則爲逆時針旋性。這樣的纏繞特性以往曾被描述爲「右旋性」，然而這樣的描述方式容易發生混淆，我們有時能聽到不同人有不同的解讀方式，導致薯蕷屬植物鑑定結果的混亂；加上與外文書籍銜接的便利，因此建議用「順時針／逆時針」旋性描述纏繞藤本的生長方式。先民利用薯蕷科植物塊莖的歷史極早，除了塊莖內豐富的澱粉與營養外，其塊莖在潮溼炎熱的熱帶地區能儲存4～6個月，也可能是它廣獲利用的原因之一。在西方大航海時代開始之前，葡萄牙人尚未將番薯傳入東亞大陸時，中國所稱的「薯」即爲薯蕷。大薯爲栽培歷史最久遠的薯蕷科植物，其發源於南太平洋地區，極有可能是野生薯蕷屬植物：原產於巴布亞新幾內亞、澳洲、南太平洋諸島分布的野生薯蕷雜

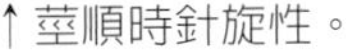

↑莖順時針旋性。

↑大薯是最常大量栽培的薯蕷科作物。

交後培育而出的物種，因此不會開花，藉由塊莖進行營養繁殖。雖然大薯也會結出腋生於葉柄基部的不定塊莖「零餘子」，在台灣卻較為少見，多以採收地下部塊莖以供食用。由於大薯的莖具纏繞性，現今種植大薯的農戶常會搭起拱形的支架供其攀緣，形成獨特的農村景觀。

↑纏繞莖與葉柄明顯具翼，為重要的識別特徵。

家山藥

Dioscorea batatas Decne.

科　　名	薯蕷科Dioscoreaceae
屬　　名	薯蕷屬
英 文 名	Yam
別　　名	田薯、佛掌薯、長芋、長薯、壽豐山藥、懷山藥

↑葉片對生，微凹成馬鞍狀，葉腋間能長出零餘子。

肉質塊莖近圓柱狀，莖順時針旋性，表面光滑，常為紫色。葉對生，偶輪生或互生；葉片長橢圓狀三角形或卵狀三角形，先端漸尖，葉基矢狀心形，偶截形，具7～9脈；零餘子腋生，球狀，倒卵形。穗狀花序，雄花穗腋生，雄花無柄，綠白色，花被片6裂；雌花穗下垂。蒴果倒卵形，具3翼。

分布於中國、日本、琉球。台灣北部零星栽培，偶見逸出於民宅附近或近郊。許多薯蕷科植物的葉片為三角形、卵形或長橢圓形，同一植株內不僅葉形多變，葉片基部的耳突變化頗多，因此常讓人混淆。家山藥的葉形多變，不過葉片總是像馬鞍一樣順著中肋凹陷，加上局限栽培於台灣北部與東北亞一帶，因此較為容易辨識。

東亞人們利用薯蕷科植物的歷史極早，在甘藷尚未經由歐陸水手的航行傳入東亞以前，人們所記載或傳頌的「薯」皆是「山藥」，指的便是薯蕷科植物的地下塊莖；清代台灣原住民也大量種植薯蕷，直到甘薯傳入後才逐漸改植。隨著人們食用風氣改變與養生概念的萌芽，薯蕷又悄悄地回到餐桌上，成為養生食材的寵兒。

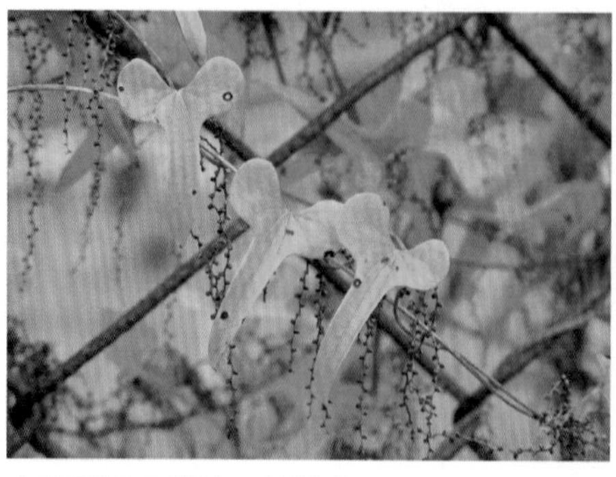

↑葉形偶呈戟狀，總狀花序多數，腋生於葉片間。

↑家山藥的葉片厚革質，為傳統村落偶見的栽培作物。

食

獨黃

Dioscorea bulbifera L.

科　　名	薯蕷科Dioscoreaceae
屬　　名	薯蕷屬
英 文 名	Aerial yam, Bulbil-bearing yam, Yam

↑獨黃的葉腋間會長出圓球狀且表面具點突的零餘子，藉以繁殖。

塊莖扁球形或腎形，表皮紅褐色，具疣；肉淡黃綠色。木質藤本，莖逆時針旋性，綠或暗紫色；零餘子球形或扁球形。葉互生，草質，扁心形或卵狀三角形，先端漸尖或短尾狀，葉柄基部具耳狀抱莖托葉。蒴果橢圓形，果柄向上反折，先端開裂。種子扁平橢圓形，具膜質基生翅。

分布於中國、海南島、日本、韓國、澳洲、非洲及熱帶美洲。台灣中南部低海拔干擾地與林緣可見，亦有栽培供食用。

獨黃是台灣中南部淺山林緣極爲常見的纏繞性藤本植物，除了乾草質的心形葉片，葉脈明顯凹陷於葉面並隆起於葉背外，最引人注目的是它生於葉腋處的零餘子。巧克力色的球形零餘子表面疏被淺色芽點，掉落地面後多能順利生根、萌芽，從芽點處長出根系與莖蔓；這對有意栽培以供食用的農戶可能是件好事，然而一旦蔓延後，四處掉落的零餘子反倒可能成爲難以管理的作物，甚至化做民衆花圃、果園內難以刈除的雜草。

←獨黃的葉片乾草質，少量花序自葉腋伸出，開出白色花朵；花瓣於開花後轉為紅紫色。

食　藥

花期 1 2 3 4 5 6 **7** **8** 9 10 11 12

華南薯蕷

Dioscorea collettii Hook. f.

科　　名	薯蕷科Dioscoreaceae
屬　　名	薯蕷屬
英 文 名	Yam

→雌花開花時子房尚未膨大，呈倒披針形。

纖細纏繞草本；莖逆時針旋性，表面光滑。葉互生，葉片長橢圓狀三角形或披針形，先端漸尖或尾狀，葉基廣耳狀，托葉刺狀。零餘子腋生，圓形。雄花序為腋生單生穗狀花序，偶為圓錐花序；雌花序為單生穗狀花序。蒴果3翼，倒心形；基部鈍。

分布於中國與不丹。台灣低海拔至海拔2000m林緣及蘭嶼可見。華南薯蕷是台灣戶外較爲常見的薯蕷科植物，葉形三角形且先端漸尖，葉基除爲耳狀外，常具有波狀葉緣，加上葉柄基部的托葉呈刺狀，因此極易與其他同科植物區分。華南薯蕷的地下塊莖可食，爲泰雅族人所利用的野菜之一。

↑華南薯蕷為原生的薯蕷科藤本，為以往澱粉來源之一。

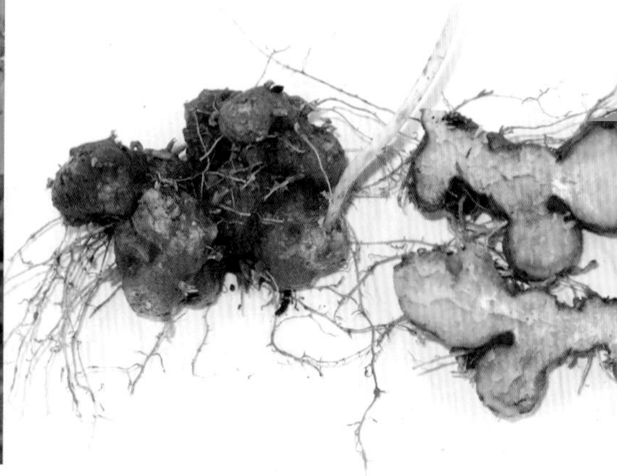

↑華南薯蕷的塊莖內呈黃色。

花期 1 2 3 4 5 6 7 8 9 10 11 12

薯蕷科

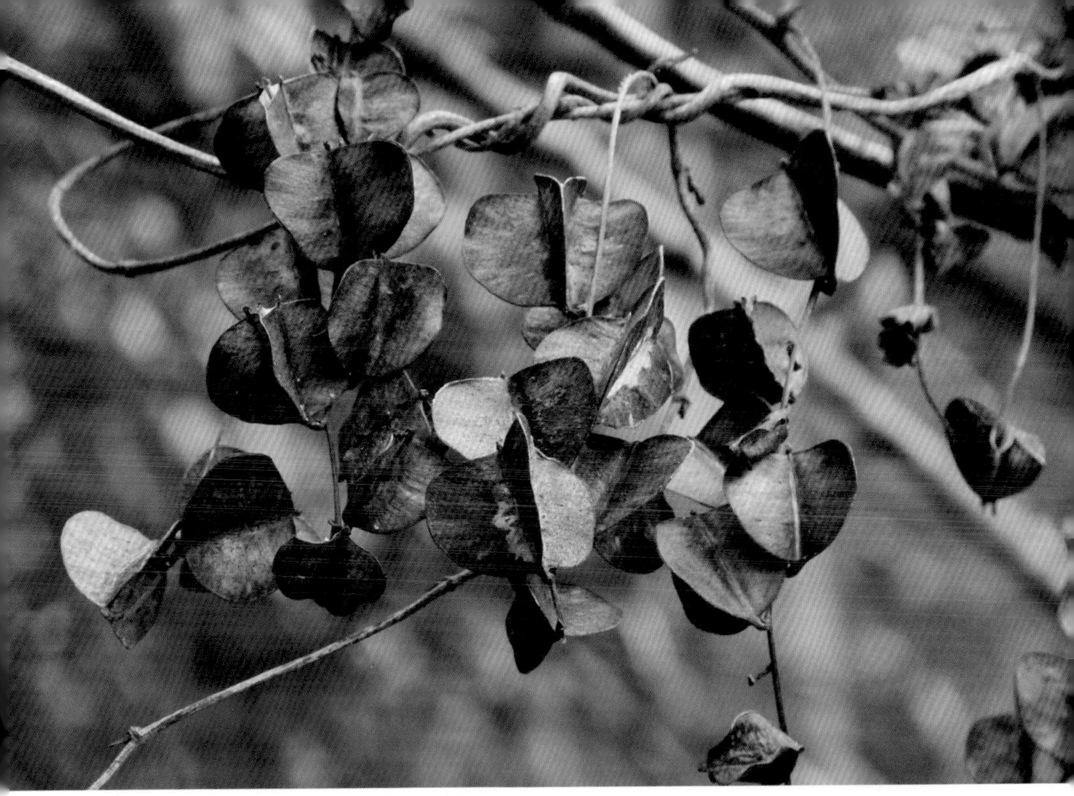

↑蒴果成熟後會開裂成3瓣。

↑華南薯蕷的莖具逆時針旋性。

↑華南薯蕷的葉片寬心形，葉基的耳突較開。

刺薯蕷

Dioscorea esculenta (Lour.)

科　　名	薯蕷科Dioscoreaceae
屬　　名	薯蕷屬
英文名	Asiatic yam, Lesser yam, Yam

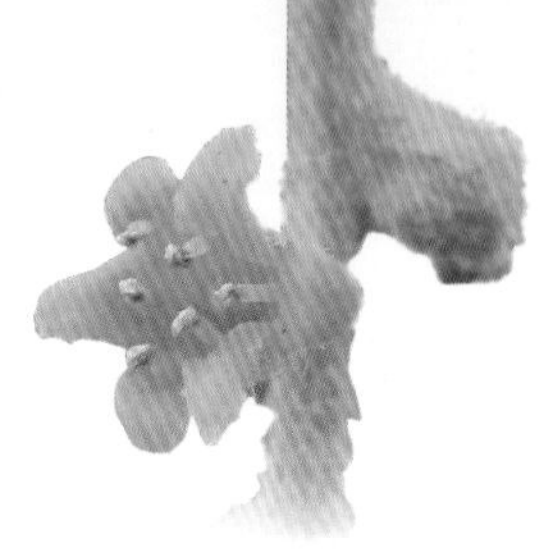

↑雄花具有6枚雄蕊，包被於綠色的6枚花被片中。

逆時針旋性被長柔毛藤本，具大型地下塊莖。莖圓柱狀，表面被褐色纖毛，節附近具2刺突，刺彎曲。葉互生，紙質，葉片圓形或廣卵形，葉基心形或具耳突，先端銳尖，全緣，葉面光滑或被毛，葉背被白色或黃色長柔毛。雄花序總狀腋生，花白色，雄花花萼表面被毛，花瓣6枚，雄蕊6枚。

↑老莖的表面具有許多逆向硬刺。

原產熱帶亞洲；栽培於台灣南部及蘭嶼。刺薯蕷是台灣南部淺山與蘭嶼可見的纏繞性藤本植物，全株表面被有褐色或白色的纖毛，加上常呈廣卵形，葉基心形的單生葉片，很容易就被當成還沒開花的牽牛花，正想伸手拉取它的藤本細莖，一個不小心就可能被它那微微倒鉤的刺突給勾傷。這成對生長於葉柄基部的刺突，可能是由托葉特化而來的構造，藉以防止天敵的攻擊，並協助植株蔓生，成爲刺薯蕷最令人印象深刻的特徵。其實刺薯蕷除了葉柄基部的刺突外，全株被褐色或白色纖

食

花期 1 2 3 4 5 6 **7 8 9 10** 11 12

↑刺薯蕷為早年引進栽培的薯蕷科植物，葉片草質而寬心形。

毛也與其他台灣產薯蕷科植物明顯不同。不像其他薯蕷屬成員那樣花枝招展，刺薯蕷的腋生總狀花序具有許多微小的白色花朵，花序軸與花被表面同樣被有纖毛，頗爲獨特。可能是花序纖細而不顯眼，或是貪吃的人們只在乎它地底膨大的塊莖，以往文獻對刺薯蕷的花部特徵著墨不多。

刺薯蕷和其他薯蕷科植物一樣，都是許多東亞地區民族的食物來源，在台灣南部的閩南族、西拉雅族、排灣族、達悟族等都有它的栽培紀錄。

↑嫩莖的葉柄基部可見成對的刺。

薄葉野山藥

Dioscorea japonica Thunb.

科　名	薯蕷科Dioscoreaceae
屬　名	薯蕷屬
英文名	Yam
別　名	山薯、日本山藥、日本薯蕷

↑蒴果具3翼，常成串懸掛於葉腋。

草質藤本，莖順時針旋性，基部偶具扁平刺；塊莖球形或不規則分支。葉對生，或近莖基部互生，卵狀三角形至披針形，3裂，先端漸尖、短尾或銳尖，基部箭形、戟形、耳形、心形或截形，草質或膜質。蒴果橫橢圓形，完全開裂。

↑葉形多變，圖中的葉片基部心形。

分布於中國、日本、韓國及琉球群島；台灣中、低海拔山區林緣可見。薄葉野山葉的葉形多變，對生的草質葉片雖呈長卵形，有時葉平截時而具淺耳突或深耳突，導致本種以往常被誤認爲其他同屬植物。

薄葉野山藥具有膨大的塊莖，有時能權充爲野菜的來源之一。

↑葉基平截的葉片間，有腋生的雌花序。

↑葉形多變，有時葉片的耳突極為明顯。

↑利用塊莖染成的紅褐色成品。

花期 1 2 3 4 5 6 7 8 9 10 11 12

薯蕷科

裡白葉薯榔

Dioscorea matsudae Hayata

科　名	薯蕷科Dioscoreaceae
屬　名	薯蕷屬
英文名	Yam

↑蒴果3瓣裂，內含許多扁圓形且具薄翼的種子。

光滑纏繞性多年生植物；莖常順時針旋繞，偶逆時針旋繞，表面光滑。葉對生，偶互生，橢圓狀披針形或橢圓形，先端銳尖；葉基鈍或截形，近革質；葉背白，具3～5條平行脈。雄花密生成腋生圓錐花序或簇生穗狀花序；花被片6枚。蒴果具3翼，先端凹陷，具柄。種子具翼。

↑裡白葉薯榔的圓錐花序腋生於長橢圓形的葉片間。

分布於印度東部、馬來半島、中國南部、琉球與台灣。在野外，裏白葉薯榔全年帶著長橢圓形的葉片，葉表總有3～5條平行脈，纏繞於樹枝或灌叢間；然而最引人注意的，莫過於它成串像是三片愛心形紙片黏成的蒴果，蒴果開裂後會散出輕飄飄的種子，外圍還有層薄翼，能讓種子緩緩飄落地面。

雖然裡白葉薯榔在北鄒族具有辟邪的功用，然而最獲原住民或漢民族通曉的，便是挖取它的塊根以供染色。裡白葉薯榔富含單寧酸，不需另添加媒染劑即可牢牢染上紅色，因此除了原住民族自行利用外，也會與鄰近民族交易以換取金錢。

←裡白葉薯榔的塊莖為傳統的紅褐色染料之一。

花期 1 2 3 **4** **5** **6** 7 8 9 10 11 12

山露兜

Freycinetia formosana Hemsl.

科　名	露兜樹科Pandanaceae
屬　名	山露兜屬
別　名	山林投

伏生攀緣藤本，達10m或更長；分支具不定根。葉硬革質，延長狀，線狀披針形，先端長漸尖，葉基狹窄，先端至基部銳利齒緣，葉背中脈上被刺。總狀花序2～4枚，生於一粗壯總梗；佛燄苞黃色。果穗圓柱狀，由許多密生核果組成，核果表面具不規則稜角。

↑開花後雄花序枯萎，轉為橘色。

山露兜爲大型的匍匐或攀緣木質化藤本植物，常占據生育地內向陽處的岩壁、稜線或裸露地，因此台灣北部、恆春半島東部及綠島、蘭嶼的山脊或山頂，常可見到成片蔓生的山露兜叢，形成難以穿越的障礙。山露兜的革質葉片叢生於莖幹先端，葉緣具有細微的鋸齒，雖然不像林投的葉片邊緣嚇人，葉背中脈上也不具鉤刺，但仍足以劃傷登山者的皮膚。花季時，山露兜於葉叢中抽出具短梗的肥厚總狀花序，由於花朵排列甚密，看起來就像花朵無梗的肉穗花序一樣。結實後果序不若林投般形成大型的聚花果，由密生的核果叢生於果序上。

花期 1 2 3 **4** **5** **6** 7 8 9 10 11 12

↑山露兜是許多低海拔迎風面山稜可見的攀緣木質藤本。

除了台灣以外，山露兜分布於琉球。雖然山露兜常造成開墾者或登山者的困擾，但開花時卻瀰漫著一股特殊的香氣，常使見到它的人們一時興起，帶回家玩賞品味。此外，山露兜堅韌的莖條處理後，也能如黃藤、蘭嶼省藤或土藤的藤條般，編成各式各樣的容器或器皿。

→開花初期雄性肉穗花序被革質的苞片包圍。

菝葜

Smilax china L.

科　名	菝葜科Smilacaceae
屬　名	菝葜屬
英文名	Greenbrier

↑捲鬚自托葉鞘先端伸出，為新生的莖蔓占領生存空間。

木質攀緣藤本，之字形彎曲或否，表面光滑或疏被刺。葉片卵圓形至廣橢圓形，偶為扁圓形，先端圓至淺凹，常具小尖頭，革質，下表面蒼白綠色或被白粉；葉鞘具翼及捲鬚。單生繖形花序，生長於無前葉的一年生枝條；繖形花序具10～20朵花。漿果球形，紅色。

↑有時葉片主脈可見深色斑紋。

廣布於日本、琉球、溫帶中國、緬甸北部、泰國北部、中南半島、菲律賓。台灣偶見於海濱至海拔2700m森林與草原、山丘旁，春季開花。菝葜是菝葜家族中另一種常見的木本攀緣植物，除了葉片較圓外，秋冬時鮮紅的漿果搭配翻黃的枝葉，顯得隔外應景。與其他台灣產菝葜科植物相比，菝葜藤蔓上的棘刺較爲稀疏，較不容易刺傷皮膚。

身爲常見的藤本植物，菝葜自然成爲極易取得的臨時繩索；此外，菝葜的全株各部位皆有不同民族食用與藥用，它的嫩葉曾被排灣族人摘取後水煮，根莖則曾被鄒族人報導取食；客家族群則採取它的嫩葉及果實食用。另外，它的根部能提煉紅色染料。

花期 1 2 3 4 5 6 7 8 9 **10** **11** 12

↑果實圓球形，成熟後轉為紅色。

↑繖形花序由許多綠色花朵組成。

↑菝葜的葉片基部具有托葉特化而來的捲鬚。

糙莖菝葜

Smilax bracteata Presl var. *verruculosa* (Merr.) T. Koyama

科　名	菝葜科Smilacaceae
屬　名	菝葜屬

↑雄花序。

莖近圓柱狀或具鈍3～4稜，攀緣性；分支微之字形彎曲，表面密被糙毛，且常疏被刺。葉片廣橢圓形至廣卵狀橢圓形，基部圓或驟縮，先端近銳尖或驟縮，具小尖頭，厚草質至薄革質；葉柄具捲鬚。花序腋生，雌雄花序具3～7繖形花序，花紅色。漿果橢圓形，成熟後為紫褐色。

分布於中南半島及菲律賓。台灣偶見於海拔100～1800m森林中。冬季開花。菝葜科植物是一群令人傷腦筋的蔓性植物；絕大多數台灣產的類群是具有捲鬚的藤本植物，藉由葉柄兩側的一對捲鬚纏繞在其他樹枝上蔓延；許多種類的蔓莖上具短而硬的刺，加上時常成片生長，因此爬山時常常被它絆住、劃破衣物或割傷皮膚。由於菝葜科植物的外形相近，許多種類鑑定時需仰賴捲鬚特徵，加上花期短而集中，增加辨識的困難度。糙莖菝葜是台灣產菝葜科植物中最容易辨認的種類之一，除了數量多、族群分布廣外，它的莖條上遍布糙毛，與其他莖條光滑的物種明顯不同，極易區分。

糙莖菝葜的根部能在麻布上染出咖啡色，為泰雅族與布農族的染料植物之一。另外，糙莖菝葜的革質葉片極為堅韌，在山上野炊時也能作為臨時的湯杓、餐具。

↑葉片橢圓形，葉面明顯可見三出脈。

花期 1 2 3 4 5 6 7 8 9 10 11 12

酸藤

Ecdysanthera rosea Hook. & Arn.

科　　名	夾竹桃科Apocynaceae
屬　　名	酸藤屬
英 文 名	Sour creeper
別　　名	紅背酸藤、酸葉膠藤、酸葉藤

大型攀緣藤本，分支纖細，表面光滑。葉橢圓形至倒卵狀長橢圓形，先端短尾狀，葉基漸狹，邊緣全緣，表面多少具光澤；葉柄紅色。花粉紅色，聚生成大而開展的頂生聚繖花序；花萼被毛，花冠筒廣鐘狀，先端鈍，短於花冠筒。蓇葖果2叉或水平狀展開，先端銳尖；種子表面被毛。

分布於爪哇、蘇門答臘至中國南部。台灣全島低海拔山區森林皆有分布。五月雪白的油桐花瓣紛飛之際，台灣低海拔山區的樹梢正悄悄披上一件粉紅色的衣裳，它就是木質的纖細藤本：酸藤。為使吸收更多陽光，酸藤會以纏繞方式爬上樹木的頂端，綻放的粉紅色小花集結成簇，將森林披上成片繽紛的粉紅，直到仲夏時節才默默褪去。

酸藤的幼枝、葉柄與葉背中肋呈紅紫褐色，對生葉片呈橢圓形。葉片內具有乳汁，淺嚐少許葉片可感覺到微酸，傳說早期原住民出外打獵，淺嚐酸藤的葉片能夠生津止渴。

↑酸藤為大型的攀緣性藤本。

↑粉紅色花朵疏生於聚繖花序分支先端。

花期 1 2 3 4 5 6 7 8 9 10 11 12

夾竹桃科

血藤

Mucuna macrocarpa Wall.

科　　名	豆科Leguminosae
屬　　名	血藤屬
英 文 名	Rusty-leaf mucuna
別　　名	大果油痲藤、長莢油痲藤、青山龍、青山龍藤

大型木質藤本，小分支被鏽色絨毛。小葉3枚，近革質，葉背被鏽色毛，頂小葉長橢圓形，先端具小尖頭。花15～30朵聚生於具長梗的總狀花序；翼瓣和龍骨瓣深紫色。莢果扁平，長可達40cm，豆莢表面密被毛。

血藤爲大型木質藤本，廣布於喜馬拉雅山區、緬甸、泰國、越南、中國，爲台灣全島中、低海拔山區林緣、河濱常見的大型木質藤本植物。平時我們看見的多是林緣、路旁翠綠的三出複葉，稚嫩的幼葉除了色澤較淺外，還被有鏽色的細毛與緣毛。在細雨紛飛的春末，血藤的老莖上默默抽出成串的總狀花序，開出紫紅色幽幻的大串蝶形花，若是無意間鑽入樹叢，說不定會爲眼前的景象震撼不已。除了視覺上的震撼，幽幻的紫紅色花朵也散發出魅惑的氣味，吸引爲它著迷的蜂類前來採蜜，並觸動龍骨瓣上的機關，藉以爲血藤傳遞花粉。

大型的蝶形花串在仲夏之際化作樹梢的大型果序，果序上吊著豆科植物典型的莢果，這帶有金屬光澤的大型莢果大多長過30cm，在一個夏季的滋養後，便從果莢兩側的縫線裂開，掉出一顆顆黑色扁平的堅硬豆籽，成爲下一個林間的小生命。

血藤中文名稱的由來與「血桐」頗爲相似，一旦折傷它纏繞性的粗壯藤蔓，沒幾分鐘，新切的傷口便沾滿一面血紅，這紅色的色素就是「單寧（tannin）」，具防止病蟲害藉機侵入植物體中。和其他藤本植物一樣，堅韌的藤莖可成爲綑綁物品的臨時繩索，或是成爲搭造陷阱的材料。血藤大型的豆莢常令來自都會的人們鐘愛不已，先民卻常採擷它的扁平種子，除了作爲動物可食用的食物和誘餌外，頑皮的小孩也會把堅硬的種子磨得發燙，成爲幼時惡作劇的幫兇。同屬的「蘭嶼血藤」也有同樣玩法，雖然外觀迥異、分布地點也完全不同，卻因爲同樣具有堅硬的種皮，而具有相同用途。

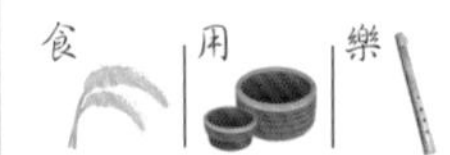

花期 1 2 **3** **4** **5** 6 7 8 9 10 11 12

豆科

↑血藤具有互生的三出複葉與大型的總狀花序。

↑血藤的大型莢果表面密被細毛。

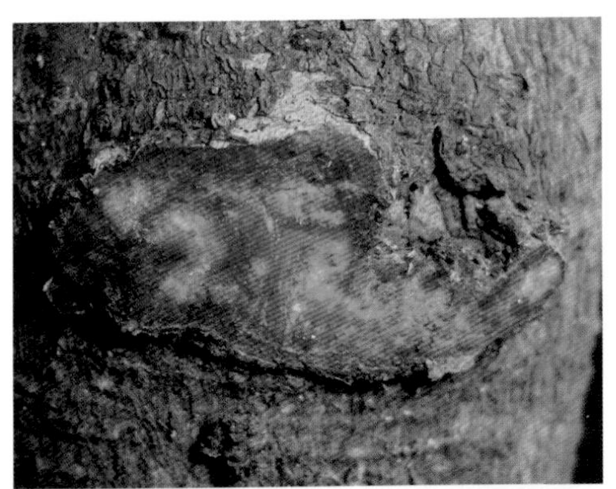

←血藤的汁液遇到空氣後也會氧化變成紅色。

↑蝶形花的旗瓣黃色，翼瓣與龍骨瓣呈暗紅色，於開花時散發獨特的氣味。

相似種比較

↑蘭嶼血藤的花瓣全為暗紅色，具有短而表面具脊紋的豆莢。

台灣魚藤

Millettia pachycarpa L.

科　　名	豆科Leguminosae
屬　　名	老荊藤屬
英 文 名	Taiwan millettia
別　　名	台灣雷藤、風藤、蕗藤、魚藤、毒藤、蕾藤、露藤

大型攀緣灌木。葉奇數羽狀，小葉對生，倒披針形，先端鈍，葉基鈍或銳尖，下表面被絨毛，具短葉柄。蝶形花腋生成直立總狀花序，表面被毛。莢果木質，球形至橢圓形，表面具瘤，不開裂，常具1枚種子。

↑台灣魚藤的莢果橢圓形，種子成熟後並不開裂。

分布於印度、東南亞與中國，台灣中、低海拔灌叢可見。台灣魚藤的莖葉極為大型，為台灣產相近物種中葉片最大型者。由於具有毒性，除了用來毒魚外，也廣泛被應用於防蟲害、毒老鼠。

「魚藤」這個名詞廣泛用來稱呼「具有麻醉效果，撒入水中能使魚兒昏迷以便捕捉」的豆科藤蔓。台灣本島所稱者除了「台灣魚藤」外，還有臨海分布的「三葉魚藤」，兩者皆具一回羽狀複葉，小葉長橢圓形，開花

花期 1 2 3 4 5 6 7 8 9 10 11 12

↑大型的總狀花序腋生於新生葉叢間。

時抽出腋生的圓錐花序。然而兩者結成的莢果完全不同，台灣魚藤的莢果圓球形，莢果表面被有許多疣突；三葉魚藤的莢果爲扁長橢圓形，表面具多數皺褶。

相似種比較

↑果實扁平，表面具多數皺紋。

←三葉魚藤的羽狀複葉多具5枚以上小葉，於夏日開出嬌小的白色花朵。

山葛

Pueraria montana (Lour.) Merr.

科　名	豆科Leguminosae
屬　名	葛藤屬
英文名	Kudzu, Kudzu-bean
別　名	山肉豆、台灣葛藤、粉葛、乾葛、葛根、葛麻藤、葛藤草、越南葛藤

纏繞性草質藤本，表面密被褐色毛。三出複葉，小葉菱卵形或卵狀披針形，先端漸尖，全緣，下表面密被銀色絨毛；托葉披針形，先端鈍，小托葉線形。蝶形花粉紅色或淺紫色，密生於腋生穗狀花序；花萼鐘狀，5脊。莢果線形，壓扁狀，表面被深褐色毛。

廣布於亞洲，近期引進並逸出於美洲，成爲入侵植物之一。台灣全島海拔1500m以下開闊地、荒地、路旁、林緣常見。山葛就是台灣隨處可見的「葛藤」，常在台灣山區開闊的邊緣成片生長，只見大型的三出複葉中伸出一串串直立的紫紅色花序，綴滿了蝶形花。然而，山葛的莢果不若花朵令人驚豔，綠色的莢果表面被著深色的褐毛，隱身於葉叢之中。

山葛是許多民族眼中的藥用植物，長年行走於山區的泰雅族、太魯閣族、布農族、鄒族、排灣族及阿美族人利用它莖蔓流出的汁液，或是嫩葉敷於外傷傷口止血；此外，它的根部有疏緩感冒症狀的療效，在日本甚至製成葛粉，作爲調養的食補良方之一。山葛的嫩莖和老莖的表皮堅韌，除了可作爲信手捻來的簡易繩索外，還能用來編成大型魚網、獵具；它也被鄒族及賽德克族人纏繞於酸痛患部，藉以疏緩病況。排灣族的五年祭會進行刺藤球的活動，族人手持長竹竿所刺的藤球，便是用山葛作爲材料。

↑排灣族五年祭時的替代品「刺球」，即利用山葛樹皮纏繞而成。

花期 1 2 3 4 5 6 7 8 **9 10 11** 12

↑山葛是全台中、低海拔山區與平野常見的纏繞性藤本植物。

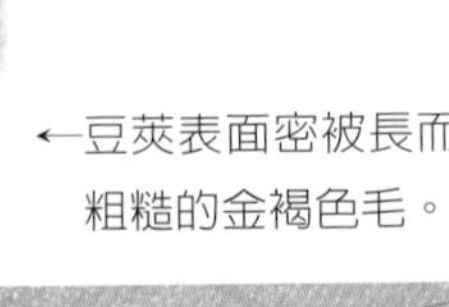

←豆莢表面密被長而粗糙的金褐色毛。

↑山葛的樹皮曬乾後，可用來綑綁家具、物品。

↑成串的紫色蝶形花會隨著時間而轉淡。

荖藤

Piper betle L.

↑葉片互生，葉柄邊緣白色膜質。

科　　名	胡椒科Piperaceae
屬　　名	胡椒屬
英 文 名	Betel, Betel pepper, Betel vine
別　　名	扶留、扶留藤、荖花、荖草、荖葉、枸醬、蒟醬

木質攀緣藤本；分支光滑。葉紙質至近革質，長橢圓狀卵形、卵形或圓卵形，先端漸尖，葉基心形或歪圓形，7脈，葉背疏被微毛；葉柄光滑。雄花穗懸垂，纖細，花梗表面光滑；雌花穗近懸垂，花梗光滑。果完全陷於花梗中聚生。

分布於馬來半島至印度。台灣南部、綠島、蘭嶼及小蘭嶼森林中可見。荖藤的莖葉常與檳榔一起食用，爲最常利用的胡椒屬植物；除了各民族自行採集、種植外，也用來交易買賣。檳榔攤的荖葉即爲荖藤雌株的葉片，無論雌株或者雄株，摘下的葉片皆具五出脈。同樣可夾入檳榔食用的荖花是雌株近成熟的果穗（聚合果），至於荖藤則爲雄株的莖藤。

←節上生根，使得荖藤莖能黏附於樹幹或岩壁上蔓延。

花期 1 2 3 4 5 6 7 8 9 10 11 12

↑荖藤的花序懸垂。

台灣原生的胡椒屬植物約有9種，其中許多物種零星分布於台灣南部低海拔山區，數量稀少。這些附生性藤本的胡椒屬植物是許多人在野外時，順手捻來的臨時繩索，僅有廣泛分布的物種具有較爲特殊的民俗用途。台灣胡椒屬植物的民俗用途與「檳榔」文化密不可分，胡椒屬的莖條或花序在嚼食檳榔時，與石灰一併加入剖開的檳榔果中食用可增加風味，因此，廣布的胡椒屬植物：荖藤就成爲重要的民族植物之一。

←荖藤葉片能增加檳榔的風味。

愛玉子

Ficus pumila L.var. *awkeotsang* (Makino) Corner

科　　名	桑科Moraceae
屬　　名	榕屬
英 文 名	Awkeotsang, Jelly-fig
別　　名	枳仔、草實子

大型常綠攀緣性木質藤本，分支紅褐色，漸無毛。葉互生，革質，長橢圓形至廣披針形，先端近漸尖或銳尖，葉基鈍，全緣，葉面具光澤。總花托外表深綠色具白點，成熟時轉為黑色，腋生，橢圓狀倒卵形或近錐形。

↑愛玉子是攀緣性木質藤本，常見於中南部山區。

台灣特有變種，廣泛分布於中南部山區海拔1200～1900m，並獲廣泛栽培。愛玉子是夏季消暑的聖品，在炎熱天氣來碗愛玉湯或愛玉冰，想必能頓時消暑，清涼暢快。雖然市面上有許多名爲「愛玉」的產品，但大多是利用洋菜或海藻膠製成，通常經過搓揉愛玉子果實後凝結而成的愛玉，裡頭會看到獨特的花柱或纖維，這才是正牌的愛玉產品。

或許是因爲愛玉令人無法抗拒的吸引力，使得原住民或家住山邊的漢人也會栽培這種攀緣性的藤本植物。一顆顆的「愛玉果」其實是一個隱頭花序，隱藏了無數朵單性小花，藉由特殊的榕果小蜂傳粉、結實，成就一粒粒芝麻大小的「愛玉子」，農民們將它們採下後將其剖開曝曬，成爲市面上流通的乾貨，也就是一包包的「愛玉子」。每到秋冬季節來到鄒族、布農族或其他原住民部落時，常

花期 1 2 3 **4 5 6 7 8 9** 10 11 12

↑隱頭花序大型，常呈卵形且先端銳尖。

常可見馬路邊成片日曬的愛玉子，成爲獨特的季節映象。

↑愛玉子能壓製成方便收納的籽磚。

相似種比較

↑薜荔是愛玉的原變種，攀緣的特性讓它成為都會牆面綠化的另類樹種。

→深秋時可見農家曝曬愛玉子的盛況。

倒地鈴

Cardiospermum halicacabum L.

科　　名	無患子科Sapindaceae
屬　　名	倒地鈴屬
英 文 名	Balloon plant, Love in a puff
別　　名	三角泡

攀緣性多年生草質藤本，莖表面具縱溝。二回羽狀複葉互生，小葉3枚，小葉裂片卵形至披針形，深鋸齒緣。聚繖花序由少數花組成，最基部分支特化為捲鬚狀。花白色帶綠色，具有單性與兩性花。種子球形，黑色，胎座白色。

原產熱帶美洲，現廣布於全球熱帶與亞熱帶地區。倒地鈴是台灣全島低海拔常見的草質藤本植物，藉由花序分支特化而來的捲鬚，將纖細的莖與別緻的羽狀複葉帶上樹梢，或是成片占據荒野，其最引人注目的，是結果時高懸莖梢的模樣像極了懸垂的銅鈴。這輕盈的銅鈴由3瓣果皮組成，裡頭富含空氣，因此閩南語稱它爲「三角泡」。更驚奇的是果實裡的中軸上常長著黑色種子，種子與中軸相連之處有著「愛心」形狀的白色斑紋，這就是種子的「胎座（placentation）」；媽媽在懷孕期間藉由臍帶供應寶寶營養，出生後便在我們身上留下肚臍；倒地鈴的愛心形胎座就像我們的肚臍一樣，藉由此處吸收母體的養分，離開母株後留下母愛的印記。

有人會將這氣球般的果實當成童玩，或是將種子珍藏在罐子裡；達悟族媽媽們則利用它黝黑而堅硬的種子，仔細地挑選、琢磨，串成兒子頸上的項鍊。即使現代已有人造的華麗串珠，然而達悟族媽媽的愛心依然不隨時代變遷而改變。

↑ 黑色種子是以往串珠的用材之一。

→黑色種子表面有心形的胎座紋路。

樂

花期 1 2 **3 4 5 6 7 8** 9 10 11 12

無患子科

↑授粉成功後子房逐漸膨大。

↑倒地鈴是攀緣性的草質藤本，具有二回羽狀複葉。

↑成熟的扁球形果實富含空氣，就像散落地表的鈴鐺。

中名索引

六 劃

七 劃

八 劃

九 劃

十 劃

十一劃

十二劃

學名索引

參考文獻

- Blackburn, F. 1984. Sugar-cane. Longman Inc., Essex, UK.
- Hillocks, R. J., J. M. Thresh, and A. C. Bellotti. 2002. Cassava: Biology, Production and Utilization. CABI Publishing, Cambridge, Massachusetts, USA.
- Lebot, V. 2009. Tropical Root and Tuber Crops: Cassava, Sweet Potato, yams and Aroids. CABI Publishing, Cambridge, Massachusetts, USA.
- Purugganan, M. D. and D. Q. Fuller. 2009. The Nature of Selection during Plant Domestication. Nature 457: 843-848.
- 王相華，1995。民俗植物——恆春社頂部落。台灣省林業試驗所，台北市，台灣。
- 李麗雲、林佳靜、陳文德、鄭漢文，2009。卑南族的家與植物、人文篇。國立臺灣史前文化博物館，台東縣，台灣。
- 吳佰祿，2009。采田福地——台博館藏平埔傳奇導覽手冊。國立臺灣博物館，台北市，台灣。
- 林得次、劉烱錫，1998。達魯馬克的植物文化。台東縣永續發展學會，台東市，台灣。
- 邱紹傑、彭宏源，2008。台灣客家民族植物 圖鑑篇。行政院農業委員會林務局，台北市，台灣。
- 邱紹傑、彭宏源，2008。台灣客家民族植物 應用篇。行政院農業委員會林務局，台北市，台灣。
- 高琇瑩、賴美麗、簡碧蓮、陳淑寶、李秋芳，2004。走進太魯閣—峽谷步道篇。內政部營建署太魯閣國家公園管理處，花蓮縣，台灣。
- 許雅芬、張振陽、陳秋香、吳佳靜、吳玉婷、王芳屏、文上瑜，2002。與山海共舞原住民。秋雨文化事業股份有限公司，台北市，台灣。
- 張季珍、劉烱錫，2010。初鹿（Mulivelivek）部落民族植物之研究。原住民自然人文期刊 2: 69-120。
- 張振岳，1997。噶瑪蘭人的手工織布法。台灣風物 47(4): 113-130。
- 黃啓瑞、董景生，2009。邦查米阿勞——東台灣阿美民族植物。行政院農業委員會林務局，台北市，台灣。
- 葉茂生，1999。台灣山地作物資源彩色圖鑑。台灣省政府農林廳，台中縣霧峰鄉，台灣。

- 湯淺浩史，2000。瀨川孝吉 台灣原住民族影像誌——鄒族篇。南天書局，台北市，台灣。
- 湯淺浩史，2009。瀨川孝吉 台灣原住民族影像誌——布農族篇。南天書局，台北市，台灣。
- 魯志玉，2011。刺竹、綠珊瑚與林投——早期台灣聚落防衛植物的生態特性與施種情形。台灣博物季刊 30 (2): 48-51.
- 董景生、王光玉、林麗君，2005。綠色葛蕾扇——南澳泰雅的民族植物。行政院農業委員會林務局，台北市，台灣。
- 董景生、黃啓瑞、邦卡兒 海放南，2008。走山拉姆岸——中央山脈布農民族植物。行政院農業委員會林務局，台北市，台灣。
- 錢春塘，2009。錢姓族譜——竹塹社皆只公派下世系史蹟。竹塹社皆只公派下祖塔管理委員會，新埔鎮，新竹縣，台灣。
- 鄭漢文、王相華、鄭惠芬、賴紅炎，2005。排灣族民族植物。行政院農業委員會林業試驗所，台北市，台灣。
- 鄭漢文、呂勝由，2000。蘭嶼島雅美民族植物。地景企業股份有限公司，台北市，台灣。
- 劉克襄，2006。失落的蔬果。二魚文化事業有限公司，台北市，台灣。
- 劉巧雲、陳靜怡，2001。認識平埔族群的第N種方法。原民文化事業有限公司，台北市，台灣。
- 劉秀美、魏美玲、賴奇郁、蘇宇薇，2011。火光下的凝召—Sakizaya人的返家路。花蓮市公所，花蓮市，台灣。
- 蔣慕琰、徐玲明、陳富永，2002。入侵植物小花蔓澤蘭（*Mikania micrantha* Kunth）之確認。植物保護學會會刊 44: 61-65.

台灣自然圖鑑 021

台灣民族植物圖鑑

作者	鍾明哲、楊智凱
主編	徐惠雅
編輯	許裕苗
校對	許裕苗、鍾明哲
美術編輯	李敏慧、張仕昇
創辦人	陳銘民
發行所	晨星出版有限公司 台中市407工業區30路1號1樓 TEL：04-23595820　FAX：04-23550581 行政院新聞局局版台業字第2500號
法律顧問	陳思成律師
初版	西元2012年5月10日
再版	西元2020年6月15日（四刷）
總經銷	知己圖書股份有限公司 台北市106辛亥路一段30號9樓 TEL：02-23672044 / 23672047　FAX：02-23635741 台中市407工業30路1號1樓 TEL：04-23595819　FAX：04-23595493 E-mail：service@morningstar.com.tw 網路書店 http://www.morningstar.com.tw
郵政劃撥	15060393（知己圖書股份有限公司）
讀者專線	02-23672044
印刷	上好印刷股份有限公司

定價 690 元

ISBN 978-986-177-590-6

Published by Morning Star Publishing Inc.

Printed in Taiwan

國家圖書館出版品預行編目資料

台灣民族植物圖鑑 / 鍾明哲, 楊智凱著 -- 初版. --
台中市：晨星, 2012.05
面；　公分.－－（台灣自然圖鑑；21）

ISBN 978-986-177-590-6（平裝）

1.植物圖鑑 2.台灣

376.16025　　101004268

◆讀者回函卡◆

以下資料或許太過繁瑣，但卻是我們瞭解您的唯一途徑，

誠摯期待能與您在下一本書中相逢，讓我們一起從閱讀中尋找樂趣吧！

姓名：＿＿＿＿＿＿＿＿ 性別：□男 □女 生日： ／ ／

教育程度：＿＿＿＿＿＿＿

職業：□學生 □教師 □內勤職員 □家庭主婦

□企業主管 □服務業 □製造業 □醫藥護理

□軍警 □資訊業 □銷售業務 □其他＿＿＿＿＿＿

E-mail：＿＿＿＿＿＿＿＿＿＿＿＿＿＿ 聯絡電話：＿＿＿＿＿＿＿＿＿＿

聯絡地址：□□□＿＿＿＿＿＿＿＿＿＿＿＿＿＿＿＿＿＿＿

購買書名：台灣民族植物圖鑑

·誘使您購買此書的原因？

□於＿＿＿＿書店尋找新知時 □看＿＿＿＿報時瞄到 □受海報或文案吸引

□翻閱＿＿＿＿雜誌時 □親朋好友拍胸脯保證 □＿＿＿＿電台DJ熱情推薦

□電子報的新書資訊看起來很有趣 □對晨星自然FB的分享有興趣 □瀏覽晨星網站時看到的

□其他編輯萬萬想不到的過程：＿＿＿＿＿＿＿＿＿＿＿＿＿＿＿＿＿＿

·您覺得本書在哪些規劃上需要再加強或是改進呢？

□封面設計＿＿＿＿ □尺寸規格＿＿＿＿ □版面編排＿＿＿＿ □字體大小＿＿＿＿

□內容＿＿＿＿ □文／譯筆＿＿＿＿ □其他＿＿＿＿

·下列出版品中，哪個題材最能引起您的興趣呢？

台灣自然圖鑑：□植物 □哺乳類 □魚類 □鳥類 □蝴蝶 □昆蟲 □爬蟲類 □其他＿＿＿＿

飼養&觀察：□植物 □哺乳類 □魚類 □鳥類 □蝴蝶 □昆蟲 □爬蟲類 □其他＿＿＿＿

台灣地圖：□自然 □昆蟲 □兩棲動物 □地形 □人文 □其他＿＿＿＿

自然公園：□自然文學 □環境關懷 □環境議題 □自然觀點 □人物傳記 □其他＿＿＿＿

生態館：□植物生態 □動物生態 □生態攝影 □地形景觀 □其他＿＿＿＿

台灣原住民文學：□史地 □傳記 □宗教祭典 □文化 □傳說 □音樂 □其他＿＿＿＿

自然生活家：□自然風DIY手作 □登山 □園藝 □觀星 □其他＿＿＿＿

·除上述系列外，您還希望編輯們規畫哪些和自然人文題材有關的書籍呢？＿＿＿＿＿＿

·您最常到哪個通路購買書籍呢？ □博客來 □誠品書店 □金石堂 □其他＿＿＿＿＿＿

很高興您選擇了晨星出版社，陪伴您一同享受閱讀及學習的樂趣。只要您將此回函郵寄回本社，或傳真至（04）2355-0581，我們將不定期提供最新的出版及優惠訊息給您，謝謝！

若行有餘力，也請不吝賜教，好讓我們可以出版更多更好的書！

·其他意見：＿＿＿＿＿＿＿＿＿＿＿＿＿＿＿＿＿＿＿＿＿＿＿＿

晨星出版有限公司 編輯群，感謝您！

請填妥後對折裝訂，貼妥郵票後寄出即可

郵票

407
台中市工業區30路1號
晨星出版有限公司

請沿虛線摺下裝訂，謝謝！

填問卷，送好書

凡**填妥問卷後寄回**，只要附上60元郵票，我們即贈送您**自然公園系列《野地協奏曲》一書**。（若贈品送完，將以其他書籍代替，恕不另行通知）

搜尋 / **晨星自然**

天文、動物、植物、登山、生態攝影、自然風DIY……各種最新最夯的自然大小事，盡在「**晨星自然**」臉書，快點加入吧！

晨星出版有限公司 編輯群，感謝您！

贈書洽詢專線：04-23595820#112